全彩视频图解系列

U0502099

全彩视频图解
电子元器件快速入门与提高

蔡杏山　主编

電子工業出版社
Publishing House of Electronics Industry
北京・BEIJING

内 容 简 介

本书以“全彩＋图解＋视频”方式介绍电子元器件，主要内容有电阻器、电容器、电感器、变压器、二极管、三极管、光电器件、电声器件、显示器件、晶闸管、场效应管、IGBT、继电器、干簧管、传感器、贴片元器件和集成电路等。本书配套光盘中附有用数字万用表检测38个电子元器件的详细操作视频，以供读者观看。

本书具有起点低、由浅入深、语言通俗易懂等特点，并且内容结构安排符合学习认知规律。本书适合作为初学者系统学习电子元器件的自学图书，也适合作为职业院校电类专业的电子元器件教材。

图书在版编目（CIP）数据

全彩视频图解电子元器件快速入门与提高 / 蔡杏山主编 .
— 北京 : 电子工业出版社 , 2017.1
(全彩视频图解系列)
ISBN 978-7-121-30485-9

Ⅰ . ①全…　Ⅱ . ①蔡…　Ⅲ . ①电子元器件－图解　Ⅳ . ① TN6-64

中国版本图书馆 CIP 数据核字（2016）第 287264 号

策划编辑：王敬栋
责任编辑：底　波
印　　刷：北京盛通印刷股份有限公司
装　　订：北京盛通印刷股份有限公司
出版发行：电子工业出版社
　　　　　北京市海淀区万寿路 173 信箱　邮编　100036
开　　本：787×1092　1/16　印张：18.25 字数：464 千字
版　　次：2017 年 1 月第 1 版
印　　次：2017 年 1 月第 1 次印刷
印　　数：3000　　　定价：79.00 元（含光盘 1 张）

凡所购买电子工业出版社图书有缺损问题，请向购买书店调换。若书店售缺，请与本社发行部联系，联系及邮购电话：（010）88254888，88258888。

质量投诉请发邮件至 zlts@phei.com.cn，盗版侵权举报请发邮件至 dbqq@phei.com.cn。

本书咨询联系方式：（010）88254451。

前言

Preface

电子元器件是构建电子系统最基础的部件，如果将电视机、DVD 机、手机、数码相机、摄像机、计算机、洗衣机的电气控制系统、空调的电气控制系统、数控机床的电气控制系统、汽车的电气控制系统、导弹的电气控制系统等解剖开来，你会发现不管多么复杂的电子系统，实际上都是由一个个电子元器件拼在一起组成的。在将电子元器件拼装（设计制作）成电子应用系统时，必须了解各种电子元器件；当电子应用系统出现故障时，归根结底就是该系统中的某个或某些电子元器件出现问题，只有从众多的电子元器件中检测出损坏的电子元器件并更新，才能修好该电子应用系统。

本书采用“全彩 + 图解 + 视频”方式编写，能让读者轻松快速掌握各种电子元器件，本书适合自学，也适合作为培训教材。本书主要有以下特点。

1．章节安排符合人的认知规律。读者只要从前往后逐章节阅读本书，便会水到渠成掌握书中内容。

2．起点低，语言通俗易懂。读者只要有初中文化便可阅读本书，由于语言通俗易懂，阅读时会感觉很顺畅。

3．采用大量的图像并用详细的文字进行说明。

4．知识要点用加粗文字重点标注。为了帮助读者掌握知识要点，书中用阴影和文字加粗的方法突出显示知识要点，指示学习重点。

5．图文采用全彩制作及印制。这样除了让读者学习时有强的临场感外，还会有很好的视觉体验，保持在愉快的心情下学习。

6．配有视频光盘。对于书中的一些难点和关键内容，由经验丰富的老师现场讲解并录制成视频文件，附带在本书的配套光盘中，读者可将这些文件复制到手机中随时观看学习。

7．免费网络答疑。读者在学习过程中遇到疑难问题，可以登录易天电学网（http：//www.eTV100.com）进行提问，也可观看网站上与图书有关的辅导材料，读者还可以在该网站了解本套丛书的新书信息。

本书在编写过程中得到了许多教师的支持，其中蔡玉山、詹春华、黄勇、何慧、黄晓玲、蔡春霞、刘凌云、刘海峰、刘元能、邵永亮、朱球辉、蔡华山、蔡理峰、万四香、蔡理刚、何丽、梁云、唐颖、王娟、戴艳花、邓艳姣、何彬、何宗昌、蔡理忠、黄芳、谢佳宏、李清荣、蔡任英和邵永明等参与了资料的收集和部分章节的编写工作，在此一并表示感谢。由于我们水平有限，书中的错误和疏漏在所难免，望广大读者和同仁批评指正。

编　者

目录

Contents

第1章

电　阻　器

电阻器是一种最为常用的电子元器件，电阻器主要分为固定电阻器、电位器和敏感电阻器三类。固定电阻器的阻值固定无法改变，电位器的阻值可通过手动调节来改变，而敏感电阻器的阻值会随施加条件（如温度、湿度、压力、光线、磁场和气体）变化而发生改变。排阻是一种将多个电阻器以一定的方式连接起来并封装成多引脚的元器件。

1.1 固定电阻器

1.1.1 外形与符号

固定电阻器是一种阻值固定不变的电阻器。固定电阻器的实物外形和电路符号如图 1-1 所示。在图 1-1（b）中，上方为国家标准的电阻器符号，下方为国外常用的电阻器符号（在一些国外技术资料常见）。

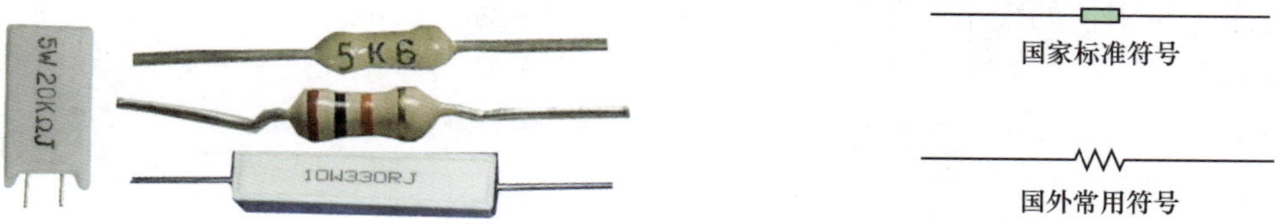

(a) 实物外形　　(b) 电路符号

图 1-1　固定电阻器

1.1.2 电阻器的降压、限流、分流和分压功能说明

固定电阻器的主要功能有降压、限流、分流和分压。固定电阻器的功能说明如图 1-2 所示。

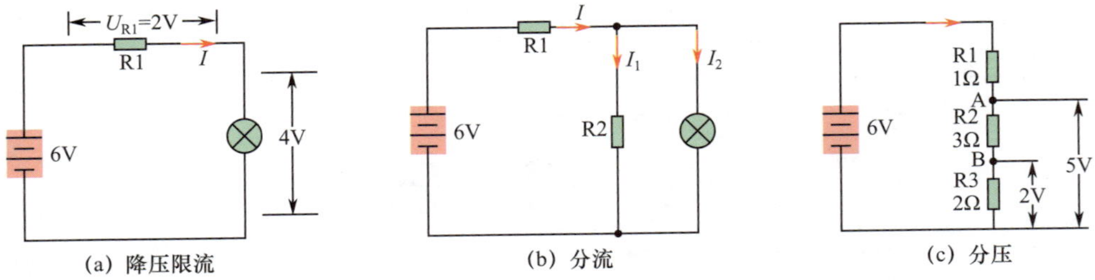

图 1-2　固定电阻器的功能说明图

1. 降压限流功能

在图 1-2（a）中，电阻器 R1 与灯泡串联，如果用导线直接代替 R1，加到灯泡两端的电压有 6V，流过灯泡的电流很大，灯泡将会很亮，串联电阻 R1 后，由于 R1 上有 2V 电压，灯泡两端的电压就被降低到 4V，同时由于 R1 对电流有阻碍作用，流过灯泡的电流也就减小。电阻器 R1 在这里就起着降压、限流功能。

2. 分流功能

在图 1-2（b）中，电阻器 R2 与灯泡并联，流过 R1 的电流 I 除了一部分流过灯泡外，还有一路经R2流回到电源，这样流过灯泡的电流减小，灯泡变暗。R2的这种功能称为分流。

3. 分压功能

在图 1-2（c）中，电阻器 R1、R2 和 R3 串联，从电源正极出发，每经过一个电阻器，电压会降低一次，电压降低多少取决于电阻器阻值的大小，阻值越大，电压降低越多，图中的 R1、R2 和 R3 将 6V 电压分成 5V 和 3V 的电压。

1.1.3　阻值的标注方法

为了表示阻值的大小，电阻器在出厂时会在表面标注阻值。标注在电阻器上的阻值称为标称阻值。电阻器的实际阻值与标称阻值往往有一定的差距，这个差距称为误差。电阻器标称阻值和误差的标注方法主要有直标法和色环法。

1. 直标法

直标法是指用文字符号（数字和字母）在电阻器上直接标注出阻值和误差的方法。直标法的阻值单位有欧姆（Ω）、千欧姆（kΩ）和兆欧姆（MΩ）。

误差大小表示一般有两种方式：一是用罗马数字 I、II、III 分别表示误差为 ±5%、±10%、±20%，如果不标注误差，则误差为 ±20%；二是用字母来表示，各字母对应的误差见表 1-1，如 J、K 分别表示误差为 ±5%、±10%。

表 1-1　字母与阻值误差对照表

字母	B	C	D	F	G	J	K	M	N
允许偏差	±0.1	±0.25	±0.5	±1	±2	±5	±10	±20	±30

直标法常见的表示形式见表 1-2。

表 1-2 直标法常见的表示形式

直标法常见的表示形式	例 图
◆用“数值 + 单位 + 误差”表示 右图中的四个电阻器都采用这种方式，它们分别标注 12kΩ±10 %、12kΩ Ⅱ、12kΩ10 %、12kΩK，虽然误差标注形式不同，但都表示电阻器的阻值为 12kΩ，误差为 ±10%。	12kΩ±10%　12kΩ10% 12kΩII　12kΩK 阻值均为12kΩ、误差为±10%
◆用单位代表小数点表示 右图中的四个电阻采用这种表示方式，1k2 表示 1.2kΩ，3M3 表示 3.3MΩ，3R3（或 3Ω3）表示 3.3Ω，R33（或 Ω33）表示 0.33Ω。	1k2 → 1.2kΩ　3R3 → 3.3Ω 3M3 → 3.3MΩ　R33 → 0.33Ω
◆用“数值 + 单位”表示 这种标注法没标出误差，表示误差为 ±20%，右图中的两个电阻器均采用这种方式，它们分别标注 12kΩ、12k，表示的阻值都为 12kΩ，误差为 ±20%。	12kΩ 12k 阻值均为12kΩ、误差为±20%
◆用数字直接表示 一般 1kΩ 以下的电阻采用这种形式，右图中的两个电阻采用这种表示方式，12 表示 12Ω，120 表示 120Ω。	12 → 12Ω 120 → 120Ω

2. 色环法

色环法是指在电阻器上标注不同颜色圆环来表示阻值和误差的方法。图 1-3 中的两个电阻器就采用了色环法来标注阻值和误差，其中一只电阻器上有四条色环，称为四环电阻器，另一只电阻器上有五条色环，称为五环电阻器。五环电阻器的阻值精度较四环电阻器更高。

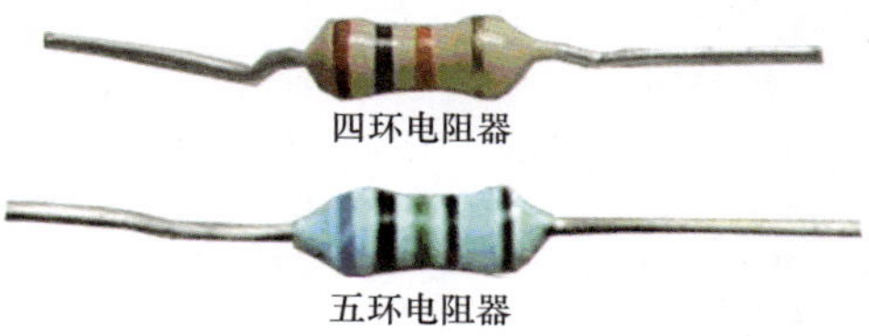

图 1-3 色环电阻器

1）色环含义

要正确识读色环电阻器的阻值和误差，必须先了解各种色环代表的意义。色环电阻器各色环代表的意义见表 1-3。

表 1-3　四环色环电阻器各色环颜色代表的意义及数值

色环颜色	第一环（有效数）	第二环（有效数）	第三环（倍乘数）	第四环（误差数）
棕	1	1	$\times 10^1$	±1%
红	2	2	$\times 10^2$	±2%
橙	3	3	$\times 10^3$	
黄	4	4	$\times 10^4$	
绿	5	5	$\times 10^5$	±0.5%
蓝	6	6	$\times 10^6$	±0.2%
紫	7	7	$\times 10^7$	±0.1%
灰	8	8	$\times 10^8$	
白	9	9	$\times 10^9$	
黑	0	0	$\times 10^0 = 1$	
金				±5%
银				±10%
无色环				±20%

2）四环电阻器的识读

四环电阻器阻值与误差的识读如图 1-4 所示。

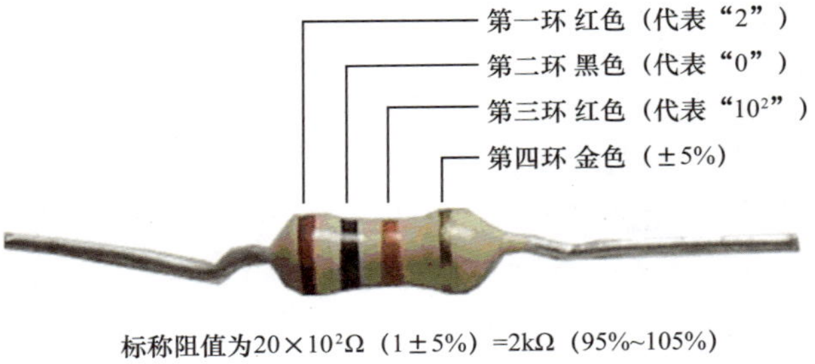

图 1-4　四环电阻器阻值和误差的识读

四环电阻器的识读具体过程如下。

第一步：判别色环排列顺序。

四环电阻器的色环顺序判别规律如下：

- 四环电阻的第四条色环为误差环，一般为金色或银色，因此如果靠近电阻器一个引脚的色环颜色为金、银色，该色环必为第四环，从该环向另一引脚方向排列的三条色环顺序依次为三、二、一。
- 对于色环标注标准的电阻器，一般第四环与第三环间隔较近。

第二步：识读色环。

按照第一、二环为有效数环，第三环为倍乘数环，第四环为误差数环，再对照表 1-3 各色环代表的数字识读出色环电阻器的阻值和误差。

3）五环电阻器的识读

五环电阻器阻值与误差的识读方法与四环电阻器基本相同，不同在于五环电阻器的第一、二、三环为有效数环，第四环为倍乘数环，第五环为误差数环。另外，五环电阻器的误差数环颜色除了有金、银色外，还可能是棕、红、绿、蓝和紫色。五环电阻器的识读如图 1-5 所示。

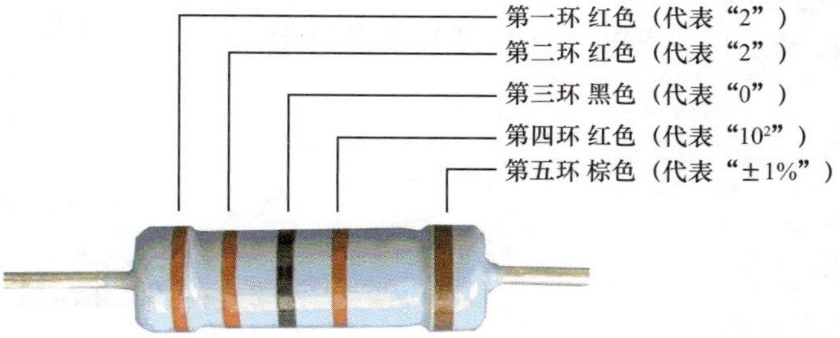

图 1-5　五环电阻器阻值和误差的识读

1.1.4　标称阻值系列

电阻器是由厂家生产出来的，但厂家不能随意生产任何阻值的电阻器。为了生产、选购和使用的方便，国家规定了电阻器阻值的系列标称值，该标称值分 E-24、E-12 和 E-6 三个系列，具体见表 1-4。

表 1-4　电阻器的标称阻值系列

标称阻值系列	允许误差（%）	误差等级	标称值
E-24	±5	Ⅰ	1，0，1.1，1.2，1.3，1.5，1.6，1.8，2.0，2.2，2.4，2.7，3.0，3.3，3.6，3.9，4.3，4.7，5.1，5.6，6.2，6.8，7.5，8.2，9.1
E-12	±15	Ⅱ	1.0，1.2，1.5，1.8，2.2，2.7，3.3，3.9，4.7，5.6，6.8，8.2
E—6	±20	Ⅲ	1.0，1.5，2.2，3.3，4.7，6.8

国家标准规定：生产某系列的电阻器，其标称阻值应等于该系列中标称值的 10n（n 为正整数）倍。例如，E-24 系列的误差等级为 I，允许误差范围为 ±5%，若要生产 E-24 系列（误差为 ±5%）的电阻器，厂家可以生产标称阻值为 1.3Ω、13Ω、130Ω、1.3kΩ、13kΩ、130kΩ、1.3MΩ…的电阻器，而不能生产标称阻值是 1.4Ω、14Ω、140Ω…的电阻器。

1.1.5 额定功率

额定功率是指在一定的条件下元器件长期使用允许承受的最大功率。电阻器额定功率越大，允许流过的电流越大。固定电阻器的额定功率也要按国家标准进行标注，其标称系列有 1/8W、1/4W、1/2W、1W、2W、5W 和 10W 等。小电流电路一般采用功率为 1/8W ～ 1/2W 的电阻器，而大电流电路中常采用 1W 以上的电阻器。

电阻器额定功率识别方法如下。

（1）对于标注了功率的电阻器，可根据标注的功率值来识别功率大小。图 1-6 中的电阻器标注的额定功率值为 10W，阻值为 330Ω，误差为 ±5%。

（2）对于没有标注功率的电阻器，可根据长度和直径来判别其功率大小。长度和直径值越大，功率越大，图 1-7 中的一大一小两个色环电阻器，大电阻的功率更大。

图 1-6 根据标注识别功率

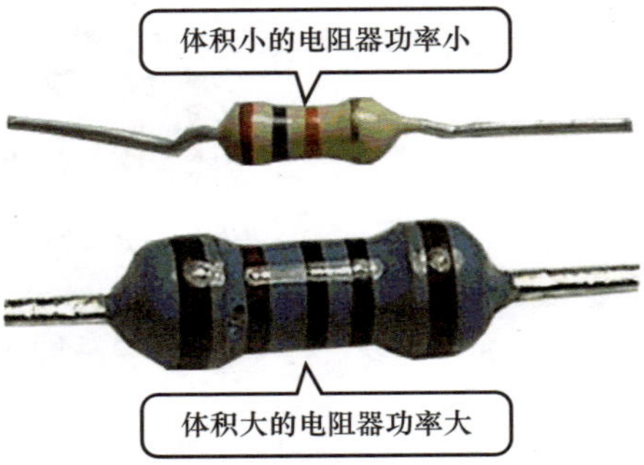

图 1-7 根据体积大小来判别功率

（3）在电路图中，为了表示电阻器的功率大小，一般会在电阻器符号上标注一些标志。电阻器上标注的标志与对应功率值如图 1-8 所示。1W 以下用线条表示，1W 以上的直接用数字表示功率大小（旧标准用罗马数字表示）。

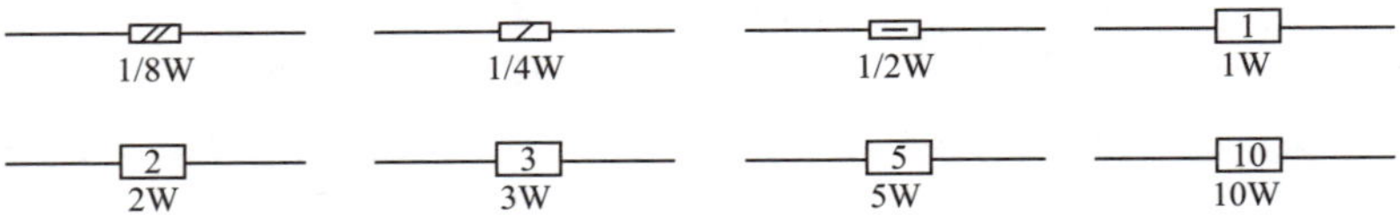

图 1-8 电路图中电阻器的功率标志

1.1.6 选用

电子元器件的选用是学习电子技术一个重要的内容。在选用元器件时，不同技术层次的人考虑问题不同，从事电子产品研发的人员需要考虑元器件很多参数，这样才能保证生产出来的电子产品性能好，并且不易出现问题，而对大多数从事维修、制作和简单设计的电子爱好者来说，只要考虑元器件的一些重要参数就可以解决实际问题。本书中介绍的各种元器件的选用方法主要是针对广大初级、中级层次的电子技术人员。

1. 选用举例

在选用电阻器时，主要考虑电阻器的阻值、误差、额定功率和极限电压。在图 1-9 中，要求通过电阻器 R 的电流 $I=0.01\text{A}$，请选择合适的电阻器来满足电路实际要求。

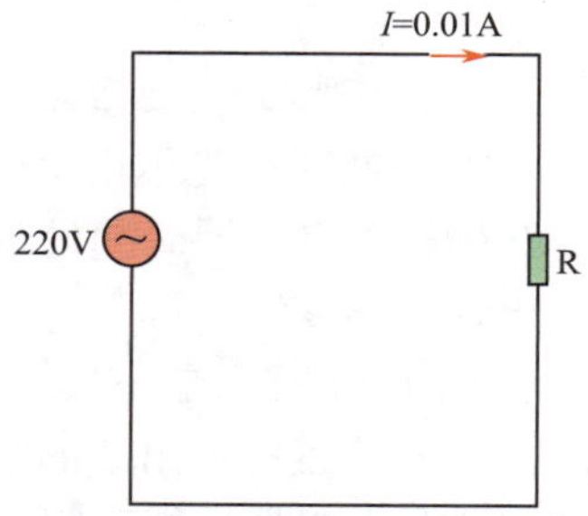

图 1-9 电阻器选用例图

电阻器的选用过程如下。

①确定阻值。用欧姆定律可求出电阻器的阻值 $R=U/I=220\text{V}/0.01\text{A}=22000\Omega=22\text{k}\Omega$。

②确定误差。对于电路来说，误差越小越好，这里选择电阻器误差为 ±5%，若难于找到误差为 ±5%，也可选择误差为 ±10%。

③确定功率。根据功率计算公式可求出电阻器的功率大小为 $P=I^2R=(0.01\text{A})^2\times22000\Omega=2.2\text{W}$，为了让电阻器能长时间使用，选择的电阻器功率应在实际功率的两倍以上，这里选择电阻器功率为 5W。

④确定被选电阻器的极限电压是否满足电路需要。当电阻器用在高电压小电流的电路时，可能功率满足要求，但电阻器的极限电压小于电路加到它两端的电压，电阻器会被击穿。

电阻器的极限电压可用 $U=\sqrt{PR}$ 来求，这里的电阻器极限电压 $U=\sqrt{5\times22000}\approx331\text{V}$，该值大于两端所加的 220V 电压，故可正常使用。当电阻器的极限电压不够时，为了保证电阻器在电路中不被击穿，可根据情况选择阻值更大或功率更大的电阻器。

综上所述，为了让图 1-9 电路中电阻器 R 正常工作并满足要求，应选择阻值为 22kΩ、误差为 ±5%、额定功率为 5W 的电阻器。

2. 电阻器选用技巧

在实际工作中，经常会遇到所选择的电阻器无法与要求一致的情况，这时可按下面方法解决。

①对于要求不高的电路，在选择电阻器时，其阻值和功率应与要求值尽量接近，并且额定功率只能大于要求值，若小于要求值，电阻器容易被烧坏。

②若无法找到某个阻值的电阻器，可采用多个电阻器并联或串联的方式来解决。电阻器串联时阻值增大，并联时阻值减小。

③若某个电阻器功率不够，可采用多个大阻值的小功率电阻器并联，或采用多个小阻值小功率的电阻器串联，不管采用并联还是串联，每个电阻器承受的功率都会变小。至于每个电阻器应选择多大功率，可用 $P=U^2/R$ 或 $P=I^2R$ 来计算，再考虑两倍左右的裕量。

在图 1-9 中，如果无法找到 22kΩ、5W 的电阻器，可用两个 44 kΩ 的电阻器并联来充当 22kΩ 的电阻器。由于这两个电阻器阻值相同，并联在电路中消耗功率也相同，单个电阻器在电路中承受功率 $P=U^2/R=220^2/44000=1.1\text{W}$，考虑两倍的裕量，功率可选择 2.5W。也就是说将两个 44 kΩ、2.5W 的电阻器并联，可替代一个 22kΩ、5W 的电阻器。

如果采用两个 11kΩ 电阻器串联来替代图 1-9 中的电阻器，两个阻值相同的电阻器串联在电路中，它们消耗功率相同，单个电阻器在电路中承受的功率 $P=(U/2)^2/R=1102/11000=1.1\text{W}$，考虑两倍的裕量，功率选择2.5W。也就是说，将两个11 kΩ、2.5W的电阻器串联，同样可替代一个22kΩ、5W的电阻器。

1.1.7 用指针万用表检测固定电阻器

固定电阻器常见故障有开路、短路和变值。检测固定电阻器使用万用表的欧姆挡。

在检测时，先识读出电阻器上的标称阻值，然后选用合适的挡位并进行欧姆校零，然后开始检测电阻器。测量时为了减小测量误差，应尽量让万用表指针指在欧姆刻度线中央，若表针在刻度线上过于偏左或偏右时，应切换更大或更小的挡位重新测量。

图1-10所示是一只标称阻值为1.5kΩ的色环电阻器，用指针万用表测量如图1-11所示。若万用表测量出来的阻值与电阻器的标称阻值相同，说明该电阻器正常；若测量出来的阻值与电阻器的标称阻值有偏差，但在误差允许范围内，电阻器也算正常。

若测量出来的阻值无穷大，说明电阻器开路。

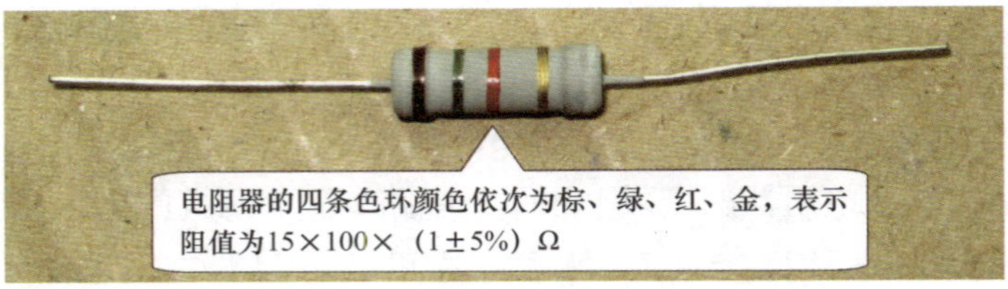

电阻器的四条色环颜色依次为棕、绿、红、金，表示阻值为15×100×（1±5%）Ω

图1-10 一只标称阻值为1.5kΩ的色环电阻器

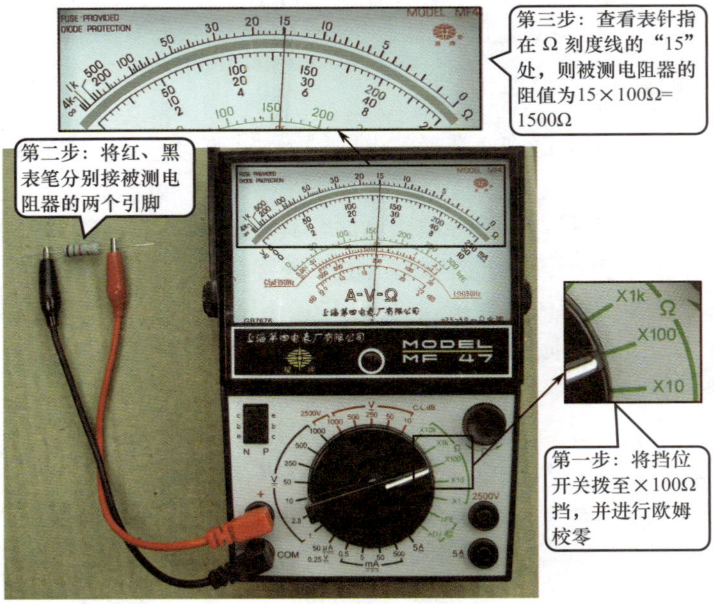

第三步：查看表针指在Ω刻度线的“15”处，则被测电阻器的阻值为15×100Ω=1500Ω
第二步：将红、黑表笔分别接被测电阻器的两个引脚
第一步：将挡位开关拨至×100Ω挡，并进行欧姆校零
MODEL MF47
A-V-Ω
X1k
X100
X10
COM

图1-11 用指针万用表测量固定电阻器的阻值

若测量出来的阻值为 0，说明电阻器短路。

若测量出来的阻值大于或小于电阻器的标称阻值，并超出误差允许范围，说明电阻器变值。

1.1.8　用数字万用表检测固定电阻器（附视频操作演示）

用数字万用表检测固定电阻器如图 1-12 所示，详细操作过程请打开本书配套光盘中的“固定电阻器的检测”视频文件观看。

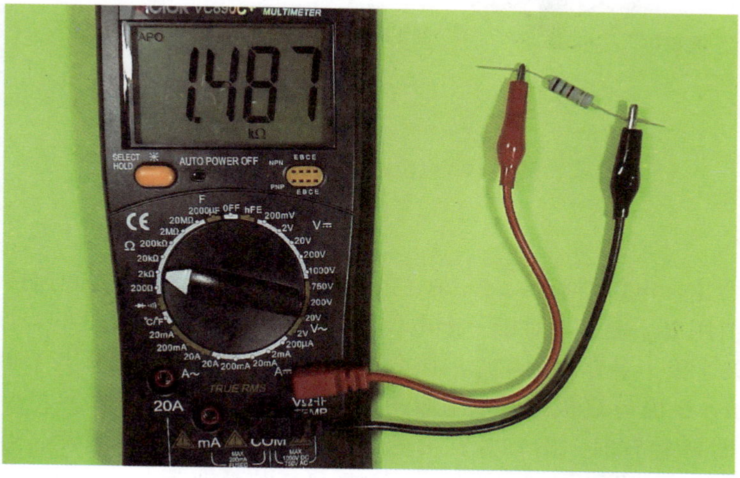

图 1-12　用数字万用表测量固定电阻器的阻值

1.2　电位器

1.2.1　外形与符号

电位器是一种阻值可以通过调节而变化的电阻器，又称可变电阻器。常见电位器的实物外形及电位器的电路符号如图 1-13 所示。

(a) 实物外形　　(b) 电路符号

图 1-13　电位器

1.2.2 结构与原理

电位器种类很多，但结构基本相同，电位器的结构示意图如图 1-14 所示。

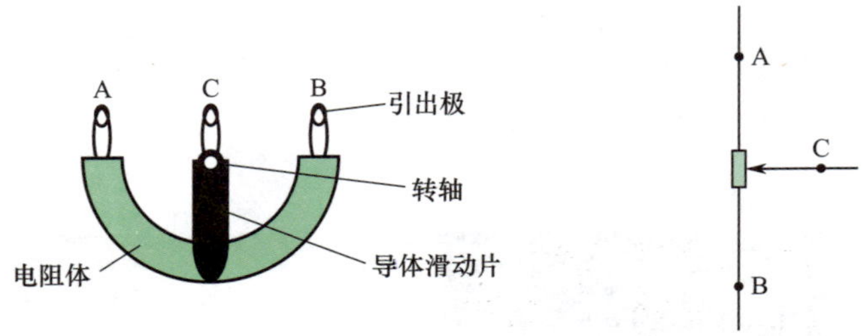

图 1-14 电位器的结构示意图

从图中可看出，电位器有 A、C、B 三个引出极，在 A、B 极之间连接着一段电阻体，该电阻体的阻值用 R_{AB} 表示，对于一个电位器，R_{AB} 的值是固定不变的，该值为电位器的标称阻值，C 极连接一个导体滑动片，该滑动片与电阻体接触，A 极与 C 极之间电阻体的阻值用 R_{AC} 表示，B 极与 C 极之间电阻体的阻值用 R_{BC} 表示，$R_{AC}+R_{BC}=R_{AB}$。

当转轴逆时针旋转时，滑动片往 B 极滑动，R_{BC} 减小，R_{AC} 增大；当转轴顺时针旋转时，滑动片往 A 极滑动，R_{BC} 增大，R_{AC} 减小，当滑动片移到 A 极时，$R_{AC}=0$，而 $R_{BC}=R_{AB}$。

1.2.3 应用

电位器与固定电阻器一样，都具有降压、限流和分流的功能，不过由于电位器具有阻值可调性，故它可随时调节阻值来改变降压、限流和分流的程度。电位器的应用说明如图 1-15 所示。

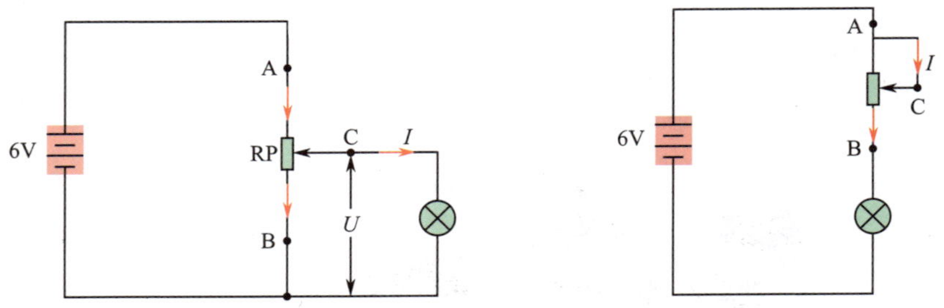

(a) 应用一　(b) 应用二

图 1-15 电位器的应用说明图

1. 应用一

在图 1-15（a）电路中，电位器 RP 的滑动端与灯泡与连接，当滑动端向下移动时，灯泡会变暗。灯泡变暗的原因如下。

（1）当滑动端下移时，AC 段的阻体变长，R_{AC} 增大，对电流阻碍大，流经 AC 段阻体的电流减小，从 C 端流向灯泡的电流也随之减少，同时由于 R_{AC} 增大使 AC 段阻体降压增大，加到灯泡两端的电压 U 降低。

（2）当滑动端下移时，在 AC 段阻体变长的同时，BC 段阻体变短，R_{BC} 减小，流经 AC 段的电流除了一路从 C 端流向灯泡时，还有一路经 BC 段阻体直接流回电源负极，由于 BC 段电阻变短，分流增大，使 C 端输出流向灯泡的电流减小。

电位器 AC 段的电阻起限流、降压作用，而 CB 段的电阻起分流作用。

2. 应用二

在图 1-15（b）电路中，电位器 RP 的滑动端 C 与固定端 A 连接在一起，由于 AC 段阻体被 A、C 端直接连接的导线短路，电流不会流过 AC 段阻体，而是直接由 A 端经导线到 C 端，再经 CB 段阻体流向灯泡。当滑动端下移时，CB 段的阻体变短，R_{BC} 阻值变小，对电流阻碍小，流过的电流增大，灯泡变亮。

电位器 RP 在该电路中起着降压、限流作用。

1.2.4　种类

电位器种类较多，通常可分为普通电位器、微调电位器、带开关电位器和多联电位器等。

1. 普通电位器

普通电位器一般是指带有调节手柄的电位器，常见有旋转式电位器和直滑式电位器，如图 1-16 所示。

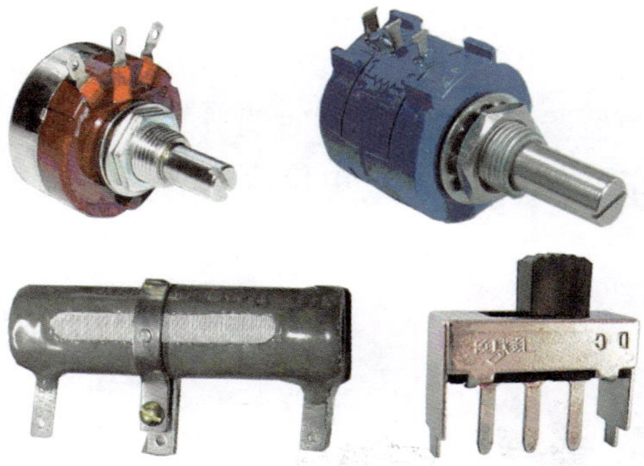

图 1-16　普通电位器

2. 微调电位器

微调电位器又称微调电阻器，通常是指没有调节手柄的电位器，并且不经常调节，如图 1-17 所示。

图 1-17 微调电位器

3. 带开关电位器

带开关电位器是一种将开关和电位器结合在一起的电位器，收音机中调音量兼开关机的部件就是带开关电位器。带开关电位器的实物外形与符号如图 1-18 所示，带开关电位器的电路符号中的虚线表示电位器和开关同轴调节。

从实物外形图可以看出，带开关电位器将开关和电位器连为一体，共同受转轴控制，当转轴顺时针旋到一定位置时，转轴凸起部分顶起开关，E、F 间就处于断开状态，当转轴逆时针旋转时，开关依靠弹力闭合，继续旋转转轴时，就开始调节 A、C 和 B、C 间的电阻。

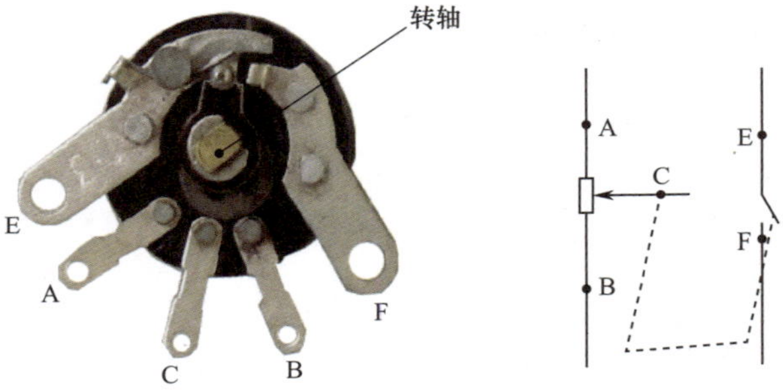

图 1-18 带开关电位器

4. 多联电位器

多联电位器是将多个电位器结合在一起同时调节的电位器。常见的多联电位器实物外形如图 1-19（a）所示，从左至右依次是双联电位器、三联电位器和四联电位器，图 1-19（b）为双联电位器的电路符号。

(a) 实物外形　　(b) 电路符号

图 1-19 多联电位器

1.2.5　主要参数

电位器的主要参数有标称阻值、额定功率和阻值变化特性。

1. 标称阻值

标称阻值是指电位器上标注的阻值，该值就是电位器两个固定端之间的阻值。与固定电阻器一样，电位器也有标称阻值系列，电位器采用 E-12 和 E-6 系列。电位器有线绕和非线绕两种类型，对于线绕电位器，允许误差有 ±1%、±2%、±5% 和 ±10%；对于非线绕电位器，允许误差有 ±5%、±10% 和 ±20%。

2. 额定功率

额定功率是指在一定的条件下电位器长期使用允许承受的最大功率。电位器功率越大，允许流过的电流也越大。

电位器功率也要按国家标称系列进行标注，并且对非线绕和线绕电位器标注有所不同，非线绕电位器的标称系列有 0.25W、0.5W、1W、1.6W、2W、3W、5W、0.5W、1W、2W、30W 等，线绕电位器的标称系列有 0.025W、0.05W、0.1W、0.25W、2W、3W、5W、10W、16W、25W、40W、63W 和 100W 等。从标称系列可以看出，线绕电位器功率可以做得更大。

3. 阻值变化特性

阻值变化特性是指电位器阻值与转轴旋转角度（或触点滑动长度）的关系。根据阻值变化特性不同，电位器可分为直线式（X）、指数式（Z）和对数式（D），三种电位器转角与阻值变化规律如图 1-20 所示。

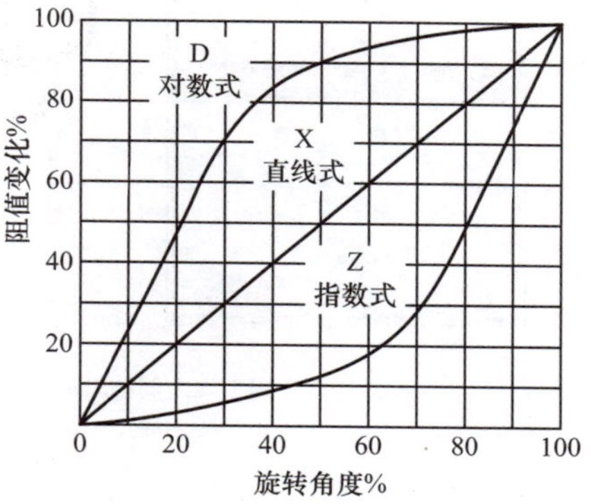

图 1-20　三种电位器转角与阻值变化规律

直线式电位器的阻值与旋转角度呈直线关系，当旋转转轴时，电位器的阻值会匀速变化，即电位器的阻值变化与旋转角度大小呈正比关系。直线式电位器阻体上的导电物质分布均匀，所以具有这种特性。

指数式电位器的阻值与旋转角度呈指数关系，在刚开始转动转轴时，阻值变化很慢，随着转动角度增大，阻值变化很大。指数式电位器的这种性质是因为阻体上的导电物质分布不均匀。指数式电位器通常用在音量调节电路中。

对数式电位器的阻值与旋转角度呈对数关系，在刚开始转动转轴时，阻值变化很快，随着转动角度增大，阻值变化变慢。指数式电位器与对数式电位器性质正好相反，因此常用在与指数式电位器要求相反的电路中，如电视机的音调控制电路和对比度控制电路。

1.2.6　用指针万用表检测电位器

电位器检测使用万用表的欧姆挡。在检测时，先测量电位器两个固定端之间的阻值，正常测量值应与标称阻值一致，然后再测量一个固定端与滑动端之间的阻值，同时旋转转轴，正常测量值应在0至标称阻值范围内变化。若是带开关电位器，还要检测开关是否正常。

电位器检测分两步，只有每步测量均正常才能说明电位器正常。电位器的检测如图1-21所示。

电位器的检测步骤如下。

第一步：测量电位器两个固定端之间的阻值。将万用表拨至R×1kΩ挡（该电位器标称阻值为20kΩ），红、黑表笔分别与电位器两个固定端接触，如图1-21（a）所示，然后在刻度盘上读出阻值大小。

若电位器正常，测得的阻值应与电位器的标称阻值相同或相近（在误差范围内）。

若测得的阻值为无穷大，说明电位器两个固定端之间开路。

若测得的阻值为0，说明电位器两个固定端之间短路。

若测得的阻值大于或小于标称阻值，说明电位器两个固定端之间阻体变值。

第二步：测量电位器一个固定端与滑动端之间的阻值。万用表仍置于R×1kΩ挡，红、黑表笔分别接电位器任意一个固定端和滑动端接触，如图1-21（b）所示，然后旋转电位器转轴，同时观察刻度盘表针。

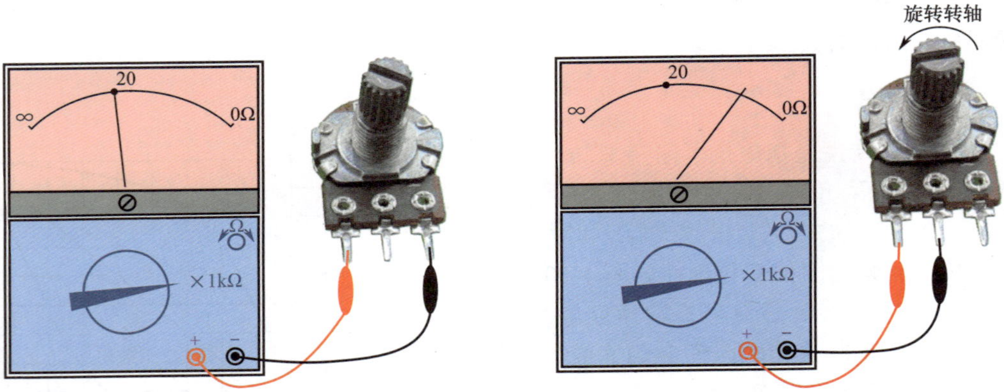

(a) 测两个固定端之间的阻值　　(b) 测固定端与滑动端之间的阻值

图1-21　电位器的检测

若电位器正常，表针会发生摆动，指示的阻值应在0～20kΩ范围内连续变化。

若测得的阻值始终为无穷大，说明电位器固定端与滑动端之间开路。

若测得的阻值为0，说明电位器固定端与滑动端之间短路。

若测得的阻值变化不连续、有跳变，说明电位器滑动端与阻体之间接触不良。

对于带开关电位器，除了要用上面的方法检测电位器部分是否正常外，还要检测开关部分是否正常。开关电位器开关部分的检测如图1-22所示。

将万用表置于R×1Ω挡，把电位器旋至“关”位置，红、黑表笔分别接开关的两个端子，正常测量出来的阻值应为无穷大，然后把电位器旋至“开”位置，测出来的阻值应为0，如果在开或关位置测得的阻值均为无穷大，说明开关无法闭合，若测得的阻值均为0，说明开关无法断开。

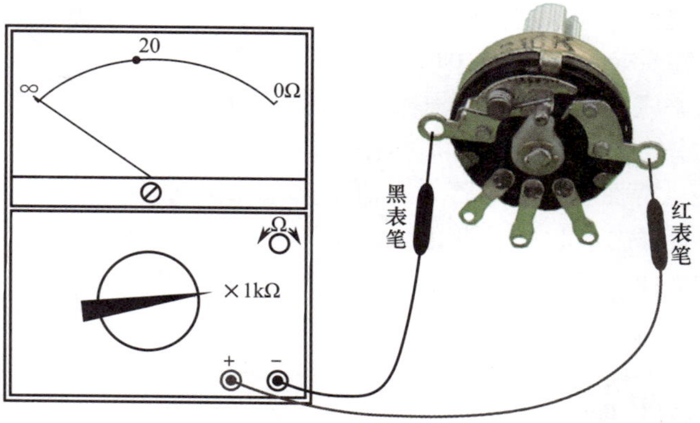

图 1-22　检测带开关电位器的开关

1.2.7　用数字万用表检测电位器（附视频操作演示）

用数字万用表检测电位器如图 1-23 所示，详细操作过程请打开本书配套光盘中的“电位器的检测”视频文件观看。

图 1-23　用数字万用表测量电位器

1.2.8　选用

在选用电位器时，主要考虑标称阻值、额定功率和阻值变化特性应与电路要求一致，如果难以找到各方面合符要求的电位器，可按下面的原则用其他电位器替代。

（1）标称阻值应尽量相同，若无标称阻值相同的电位器，可以用阻值相近的替代，但标称阻值不能超过要求阻值的 ±20%。

（2）额定功率应尽量相同，若无功率相同的电位器，可以用功率大的电位器替代，一般不允许用小功率的电位器替代大功率电位器。

（3）阻值变化特性应相同，若无阻值变化特性相同的电位器，在要求不高的情况下，可用直线式电位器替代其他类型的电位器。

（4）在满足上面三点要求外，应尽量选择外形和体积相同的电位器。

1.3 敏感电阻器

敏感电阻器是指阻值随某些外界条件改变而变化的电阻器。敏感电阻器种类很多，常见的有光敏电阻器、热敏电阻器、湿敏电阻器、压敏电阻器、力敏电阻器和磁敏电阻器等。

1.3.1 光敏电阻器

光敏电阻器是一种对光线敏感的电阻器，当照射的光线强弱变化时，阻值也会随之变化，通常光线越强阻值越小。根据光的敏感性不同，光敏电阻器可分为可见光光敏电阻器（硫化镉材料）、红外光光敏电阻器（砷化镓材料）和紫外线光敏电阻器（硫化锌材料）。其中硫化镉材料制成的可见光光敏电阻器应用最广泛。

1. 外形与符号

光敏电阻器外形与符号如图 1-24 所示。

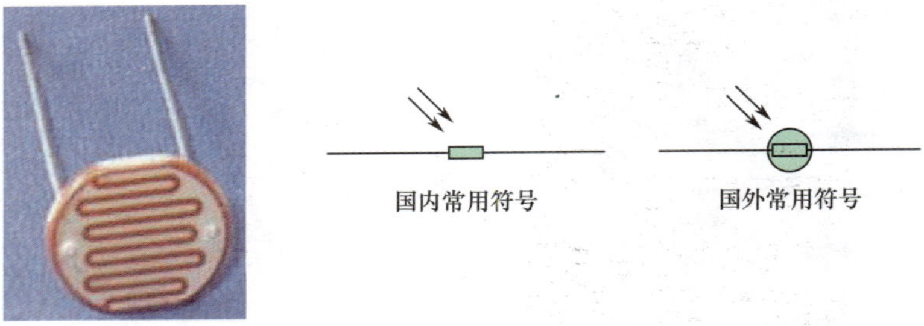

(a) 实物外形　　(b) 符号

图 1-24　光敏电阻器

2. 应用

光敏电阻器的功能与固定电阻器一样，不同在于它的阻值可以随光线强弱变化而变化。光敏电阻器的应用说明如图 1-25 所示。

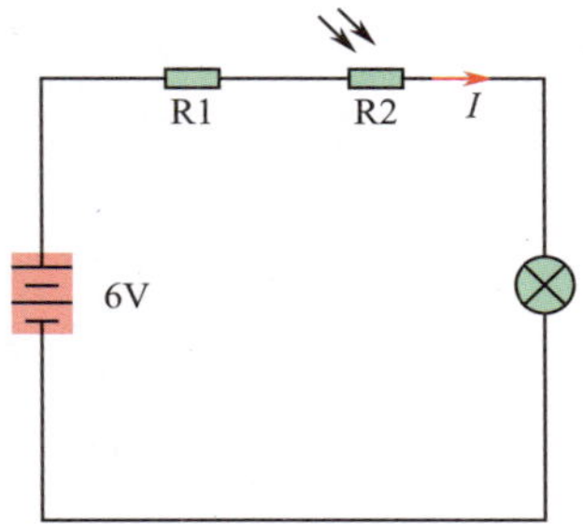

(a) 应用一

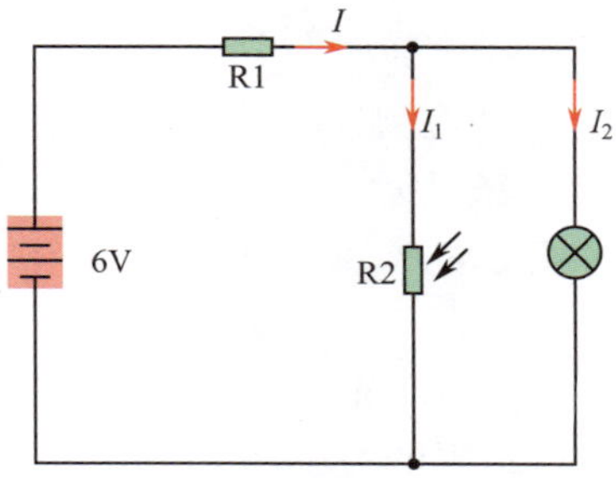

(b) 应用二

图 1-25　光敏电阻器的应用说明图

（1）应用一

在图 1-25（a）中，若光敏电阻器 R2 无光线照射，R2 的阻值会很大，流过灯泡的电流很小，灯泡很暗。若用光线照射 R2，R2 阻值变小，流过灯泡的电流增大，灯泡变亮。

（2）应用二

在图 1-25（b）中，若光敏电阻器 R2 无光线照射，R2 的阻值会很大，经 R2 分掉的电流少，流过灯泡的电流大，灯泡很亮。若用光线照射 R2，R2 阻值变小，经 R2 分掉的电流多，流过灯泡的电流减少，灯泡变暗。

3. 主要参数

光敏电阻器的参数很多，主要参数有暗电流和暗阻、亮电流与亮阻、额定功率、最大工作电压及光谱响应等。

1）暗电流和暗阻

在两端加有电压的情况下，无光照射时流过光敏电阻器的电流称暗电流；在无光照射时光敏电阻器的阻值称为暗阻，暗阻通常在几百千欧以上。

2）亮电流和亮阻

在两端加有电压的情况下，有光照射时流过光敏电阻器的电流称亮电流；在有光照时光敏电阻器的阻值称为亮阻，亮阻一般在几十千欧以下。

3）额定功率

额定功率是指光敏电阻器长期使用时允许的最大功率。光敏电阻器的额定功率有 5 ～ 300mW 多种规格选择。

4）最大工作电压

最大工作电压是指光敏电阻器工作时两端允许的最高电压，一般为几十伏至上百伏。

5）光谱响应

光谱响应又称光谱灵敏度，它是指光敏电阻器在不同颜色光线照射下的灵敏度。

光敏电阻器除了有上述参数外，还有光照特性（阻值随光照强度变化的特性）、温度系数（阻值随温度变化的特性）和伏安特性（两端电压与流过电流的关系）等。

4. 用指针万用表检测光敏电阻器

光敏电阻器检测分两步，只有两步测量均正常才能说明光敏电阻器正常。光敏电阻器的检测如图 1-26 所示。

光敏电阻器的检测步骤如下。

第一步：测量暗阻。万用表拨至 R×10kΩ 挡，用黑色的布或纸将光敏电阻器的受光面遮住，如图 1-26（a）所示，再将红、黑表笔分别接光敏电阻器两个电极，然后在刻度盘上查看测得暗阻的大小。

若暗阻大于 100kΩ，说明光敏电阻器正常。

若暗阻为 0，说明光敏电阻器短路损坏。

若暗阻小于 100kΩ，通常是光敏电阻器性能变差。

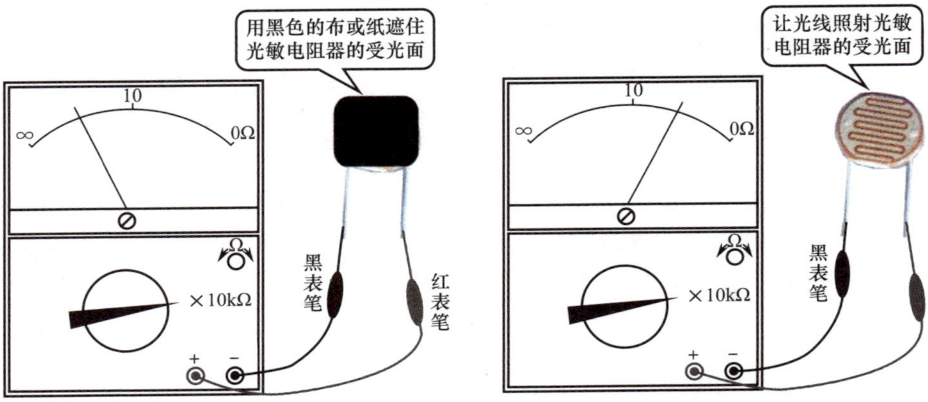

(a) 第一步　　(b) 第二步

图 1-26　光敏电阻器的检测

第二步：测量亮阻。万用表拨至 R×1kΩ 挡，让光线照射光敏电阻器的受光面，如图 1-26（b）所示，再将红、黑表笔分别接光敏电阻器两个电极，然后在刻度盘上查看测得亮阻的大小。

若亮阻小于 10kΩ，说明光敏电阻器正常。

若亮阻大于 10kΩ，通常是光敏电阻器性能变差。

若亮阻为无穷大，说明光敏电阻器开路损坏。

5. 用数字万用表检测光敏电阻器（附视频操作演示）

用数字万用表检测光敏电阻器如图 1-27 所示，详细操作过程请打开本书配套光盘中的“光敏电阻器的检测”视频文件观看。

图 1-27　用数字万用表检测光敏电阻器

1.3.2　热敏电阻器

热敏电阻器是一种对温度敏感的电阻器，它一般由半导体材料制作而成，当温度变化时其阻值也会随之变化。

1. 外形与符号

热敏电阻器实物外形和电路符号如图 1-28 所示。

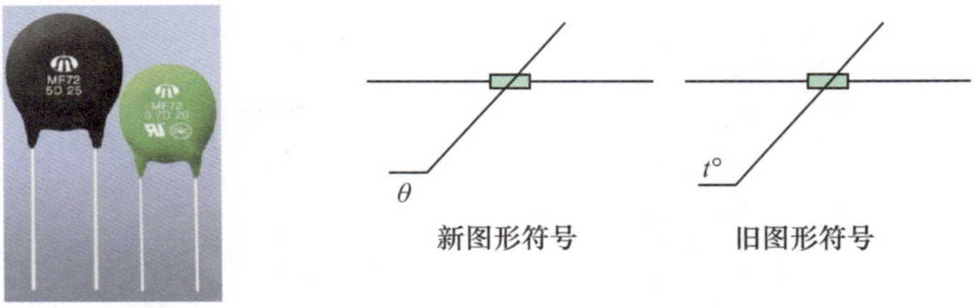

(a) 实物外形　　(b) 电路符号

图 1-28　热敏电阻器

2. 种类

热敏电阻器种类很多，通常可分为正温度系数热敏电阻器（PTC）和负温度系数热敏电阻器（NTC）两类。

1）负温度系数热敏电阻器（NTC）

负温度系数热敏电阻器简称 NTC，其阻值随温度升高而减小。NTC 是由氧化锰、氧化钴、氧化镍、氧化铜和氧化铝等金属氧化物为主要原料制作而成的。根据使用温度条件不同，负温度系数热敏电阻器可分为低温（-60 ～ 300℃）、中温（300 ～ 600℃）、高温（>600℃）三种。

NTC 的温度每升高 1℃，阻值会减小 1% ～ 6%，阻值减小程度视不同型号而定。NTC 广泛用于温度补偿和温度自动控制电路，如冰箱、空调、温室等温控系统常采用 NTC 作为测温元件。

2）正温度系数热敏电阻（PTC）

正温度系数热敏电阻器简称 PTC，其阻值随温度升高而增大。PTC 是在钛酸钡（$BaTiO_3$）中掺入适量的稀土元素制作而成的。

PTC 可分为缓慢型和开关型。缓慢型 PTC 的温度每升高 1℃，其阻值会增大 0.5% ～ 8%。开关型 PTC 有一个转折温度（又称居里点温度，钛酸钡材料 PTC 的居里点温度一般为 120℃左右），当温度低于居里点温度时，阻值较小，并且温度变化时阻值基本不变（相当于一个闭合的开关），一旦温度超过居里点温度，其阻值会急剧增大（相当于开关断开）。

缓慢型 PTC 常用在温度补偿电路中，开关型 PTC 由于具有开关性质，常用在开机瞬间接通而后又马上断开的电路中，如彩电的消磁电路和冰箱的压缩机启动电路就用到开关型 PTC。

3. 应用

热敏电阻器具有阻值随温度变化而变化的特点，一般用在与温度有关的电路中。热敏电阻器的应用说明如图 1-29 所示。

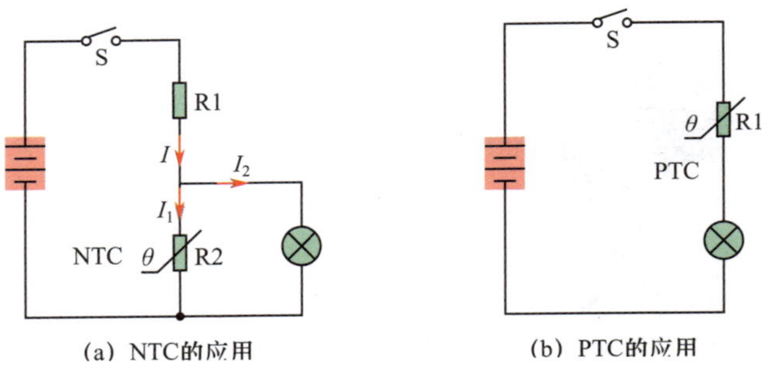

图 1-29　热敏电阻器的应用说明图

1）NTC 的应用

在图 1-29（a）中，R2（NTC）与灯泡相距很近，当开关 S 闭合后，流过 R1 的电流分为两路，一路流过灯泡，另一路流过 R2，由于开始 R2 温度低，阻值大，经 R2 分掉的电流小，灯泡流过的电流大而且很亮，因为 R2 与灯泡距离近，受灯泡的烘烤而温度上升，阻值变小，分掉的电流增大，流过灯泡的电流减小，灯泡变暗，回到正常亮度。

2）PTC 的应用

在图 1-29（b）图中，当合上开关 S 时，有电流流过 R1（开关型 PTC）和灯泡，由于开始 R1 温度低，阻值小（相当于开关闭合），流过电流大，灯泡很亮，随着电流流过 R1，R1 温度升高，当 R1 温度达到居里点温度时，R1 的阻值急剧增大（相当于开关断开），流过的电流很小，灯泡无法被继续点亮而熄灭，在此之后，流过的小电流维持 R1 为高阻值，灯泡一直处于熄灭状态。如果要灯泡重新亮，可先断开 S，然后等待几分钟，让 R1 冷却下来，然后闭合 S，灯泡会亮一下又熄灭。

4. 用指针万用表检测热敏电阻器

热敏电阻器检测分两步，只有两步测量均正常才能说明热敏电阻器正常，在这两步测量时还可以判断出电阻器的类型（NTC 或 PTC）。

热敏电阻器的检测如图 1-30 所示。

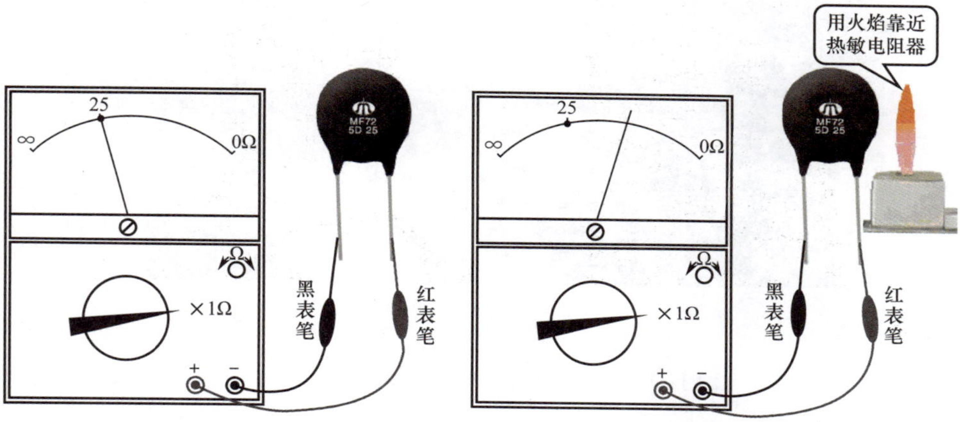

(a) 第一步　　(b) 第二步

图 1-30 热敏电阻器的检测

热敏电阻器的检测步骤如下。

第一步：测量常温下（25℃左右）的标称阻值。根据标称阻值选择合适的欧姆挡，图中的热敏电阻器的标称阻值为 25Ω，故选择 R×1Ω 挡，将红、黑表笔分别接触热敏电阻器两个电极，如图 1-30（a）所示，然后在刻度盘上查看测得阻值的大小。

若阻值与标称阻值一致或接近，说明热敏电阻器正常。

若阻值为 0，说明热敏电阻器短路。

若阻值为无穷大，说明热敏电阻器开路。

若阻值与标称阻值偏差过大，说明热敏电阻器性能变差或损坏。

第二步：改变温度测量阻值。用火焰靠近热敏电阻器（不要让火焰接触电阻器，以免烧坏电阻器），如图 1-30（b）所示，让火焰的热量对热敏电阻器进行加热，然后将红、黑表笔分别接触热敏电阻器两个电极，再在刻度盘上查看测得阻值的大小。

若阻值与标称阻值比较有变化，说明热敏电阻器正常。

若阻值往大于标称阻值方向变化，说明热敏电阻器为 PTC。

若阻值往小于标称阻值方向变化，说明热敏电阻器为 NTC。

若阻值不变化，说明热敏电阻器损坏。

5. 用数字万用表检测热敏电阻器（附视频操作演示）

用数字万用表检测热敏电阻器如图 1-31 所示，详细操作过程请打开本书配套光盘中的“热敏电阻器的检测”视频文件观看。

图 1-31　用数字万用表检测热敏电阻器

1.3.3　湿敏电阻器

湿敏电阻器是一种对湿度敏感的电阻器，当湿度变化时其阻值也会随之变化。湿敏电阻器分为正温度特性湿敏电阻器（阻值随湿度增大而增大）和负温度特性湿敏电阻器（阻值随湿度增大而减小）。

1. 外形与符号

湿敏电阻器外形与电路符号如图 1-32 所示。

2. 应用

湿敏电阻器具有湿度变化时阻值也会变化的特点，利用该特点可以用湿敏电阻器作为传感器来检测环境湿度大小。图 1-33 所示就是一个用湿敏电阻器制作的简易湿度指示表电路。

图 1-33 中的 R2 是一个正温度系数湿敏电阻器，将它放置在需检测湿度的环境中（如

放在厨房内），当闭合开关 S 后，流过 R1 的电流分为两路：一路经 R2 流到电源负极，另一路流过电流表回到电源负极。若厨房的湿度较低，R2 的阻值小，分流掉的电流大，流过电流表的电流较小，指示的电流值小，表示厨房内的湿度低；若厨房的湿度很大，R2 的阻值变大，分流掉的电流小，流过电流表的电流增大，指示的电流值大，表示厨房内的湿度大。

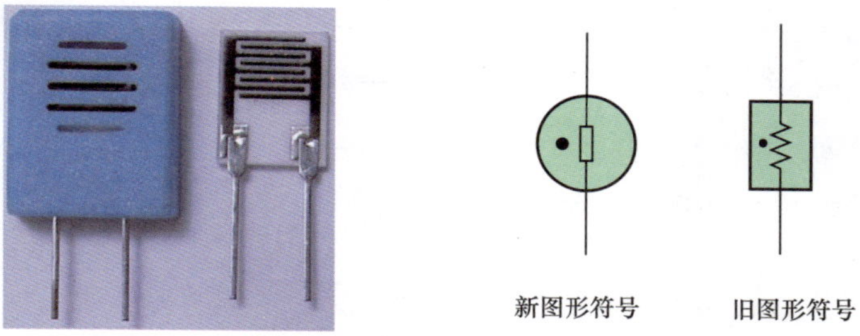

(a) 实物外形　　(b) 电路符号

图 1-32　热敏电阻器

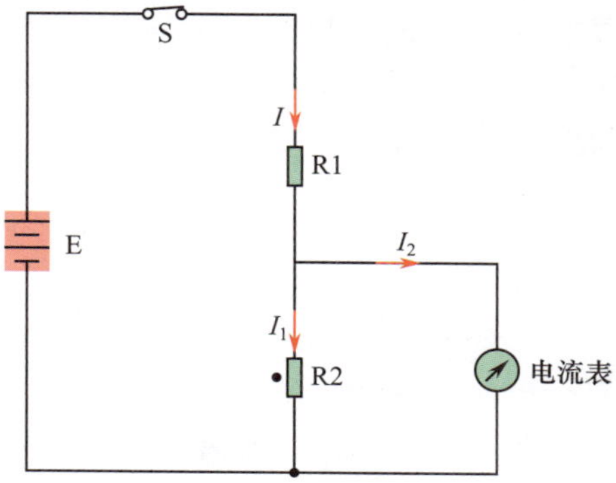

图 1-33　用湿敏电阻器制作的简易湿度指示表电路

3. 检测

湿敏电阻器检测分两步，在这两步测量时还可以检测出其类型（正温度系数或负温度系数），只有两步测量均正常才能说明湿敏电阻器正常。湿敏电阻器的检测如图 1-34 所示。

湿敏电阻器的检测步骤如下。

第一步：在正常条件下测量阻值。根据标称阻值选择合适的欧姆挡，如图 1-34(a)所示，图中的湿敏电阻器标称阻值为 200Ω，故选择 R×10Ω 挡，将红、黑表笔分别接湿敏电阻器两个电极，然后在刻度盘上查看测得阻值的大小。

若湿敏电阻器正常，测得的阻值与标称阻值一致或接近。

若阻值为 0，说明湿敏电阻器短路。

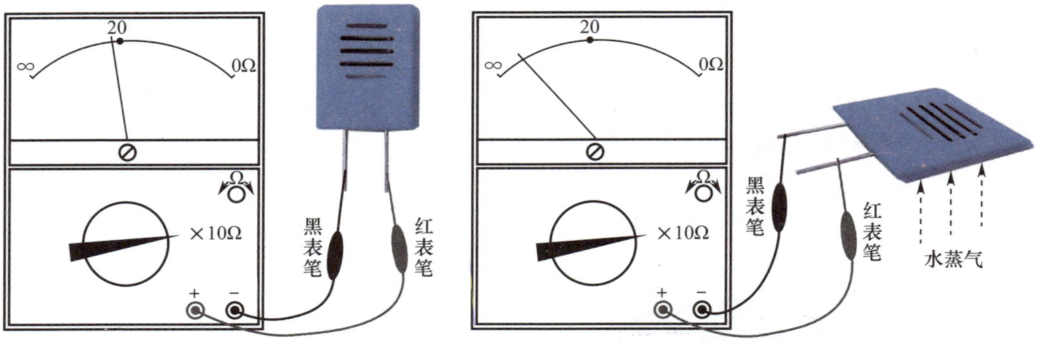

(a) 第一步　　(b) 第二步

图 1-34　湿敏电阻器的检测

若阻值为无穷大，说明湿敏电阻器开路。

若阻值与标称阻值偏差过大，说明湿敏电阻器性能变差或损坏。

第二步：改变湿度测量阻值。将红、黑表笔分别接湿敏电阻器两个电极，再把湿敏电阻器放在水蒸气上方（或者用嘴对湿敏电阻器哈气），如图 1-34（b）所示，然后再在刻度盘上查看测得阻值的大小。

若湿敏电阻器正常，测得的阻值与标称阻值比较应有变化。

若阻值往大于标称阻值方向变化，说明湿敏电阻器为正温度系数。

若阻值往小于标称阻值方向变化，说明湿敏电阻器为负温度系数。

若阻值不变化，说明湿敏电阻器损坏。

1.3.4　压敏电阻器

压敏电阻器是一种对电压敏感的特殊电阻器，当两端电压低于标称电压时，其阻值接近无穷大，当两端电压超过压敏电压值时，阻值急剧变小，如果两端电压回落至压敏电压值以下时，其阻值又恢复到接近无穷大。压敏电阻器种类较多，以氧化锌（ZnO）为材料制作而成的压敏电阻器应用最为广泛。

1. 外形与电路符号

压敏电阻器外形与电路符号如图 1-35 所示。

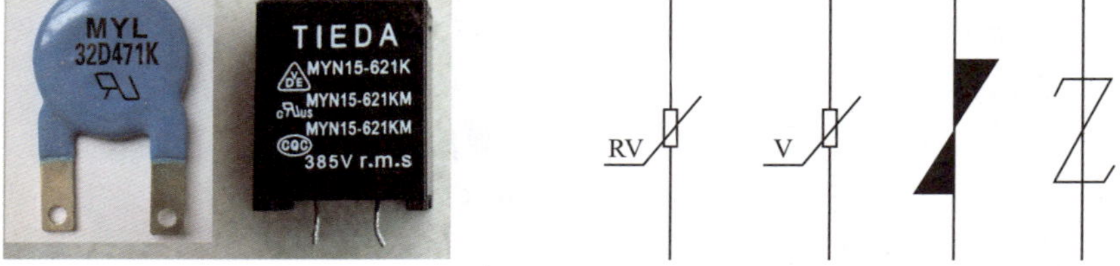

(a) 实物外形　　(b) 电路符号

图 1-35　压敏电阻器

2. 参数识读

压敏电阻器参数很多，主要参数有压敏电压、最大连续工作电压和最大限制电压。

压敏电压又称击穿电压或阈值电压，当加到压敏电阻器两端电压超过压敏电压时，阻值会急剧减小。最大连续工作电压是指压敏电阻器长期使用时两端允许的最高交流或直流电压；最大限制电压是指压敏电阻器两端不允许超过的电压。对于压敏电阻器，若最大连续工作交流电压为 U，则最大连续工作直流电压约为 $1.3U$，压敏电压约为 $1.6U$，最大限制电压约为 $2.6U$。

压敏电阻器的压敏电压可在 10 ～ 9000V 范围选择。压敏电阻器一般会标出压敏电压值。在图 1-36 中，压敏电阻器标注“621K”，其中“621”表示压敏电压为 $62\times10^1=620V$，“K”表示误差为 ±10%，若标注为“620”则表示压敏电压为 $62\times10^0=62V$。

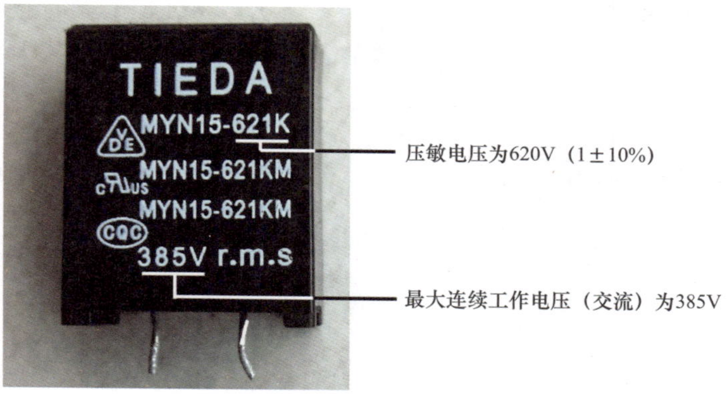

图 1-36 压敏电阻器的参数识别

3. 应用

压敏电阻器具有过压时阻值变小的性质，利用该性质可以将压敏电阻器应用在保护电路中。图 1-37 所示是一个家用电器保护器，在使用时将它接在 220V 市电和家用电器之间。

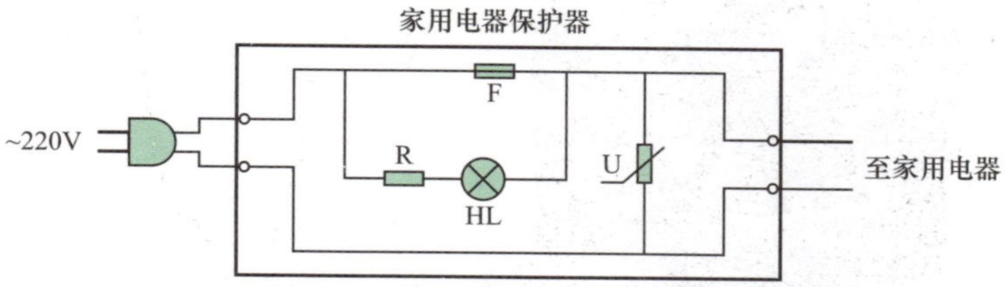

图 1-37 压敏电阻器构成的家用电器保护器

在正常工作时，220V 市电通过保护器中的熔断器 F 和导线送给家用电器。当某些因素（如雷电窜入电网）造成市电电压上升时，上升的电压通过插头、导线和熔断器加到压敏电阻器两端，压敏电阻器马上击穿而阻值变小，流过熔断器和压敏电阻器的电流急剧增大，熔断器瞬间熔断，高电压无法到达家用电器，从而保护了家用电器不被高压损坏。在熔断器熔断后，有较小的电流流过高阻值的电阻 R 和灯泡，灯泡亮，指示熔断器损坏。由于压敏电阻器具有自我恢复功能，在电压下降后阻值又变为无穷大，当更换熔断器后，保护器可重新使用。

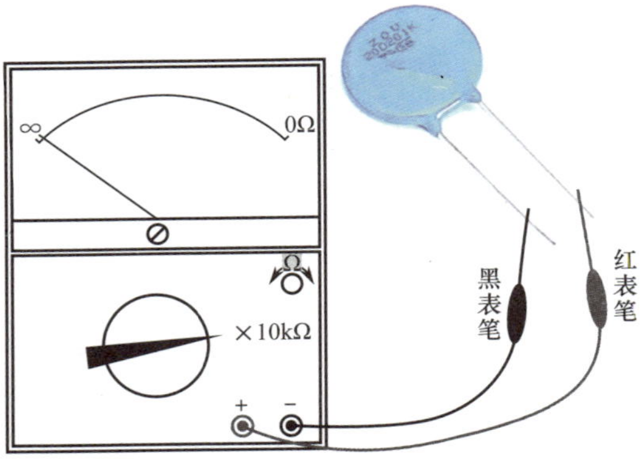

图 1-38　压敏电阻器的检测

4. 用指针万用表检测压敏电阻器

由于压敏电阻器两端电压低于压敏电压时不会导通，故可以用万用表欧姆挡检测其好坏。万用表置于 R×10kΩ 挡，如图 1-38 所示，将红、黑表笔分别接压敏电阻器两个引脚，然后在刻度盘上查看测得阻值的大小。

若压敏电阻器正常，阻值应为无穷大或接近无穷大

若阻值为 0，说明压敏电阻器短路。

若阻值偏小，说明压敏电阻器漏电，不能使用。

5. 用数字万用表检测压敏电阻器（附视频操作演示）

用数字万用表检测压敏电阻器如图 1-39 所示，详细操作过程请打开本书配套光盘中的“压敏电阻器的检测”视频文件观看。

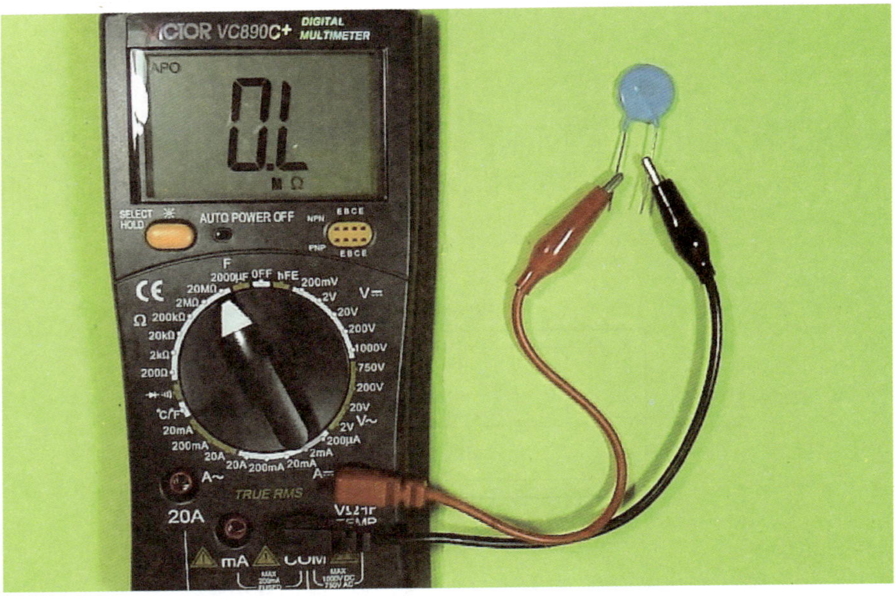

图 1-39　用数字万用表检测压敏电阻器

1.3.5　力敏电阻器

力敏电阻器是一种对压力敏感的电阻器，当施加给它的压力变化时，其阻值也会随之变化。

1. 外形与符号

力敏电阻器外形与电路符号如图 1-40 所示。

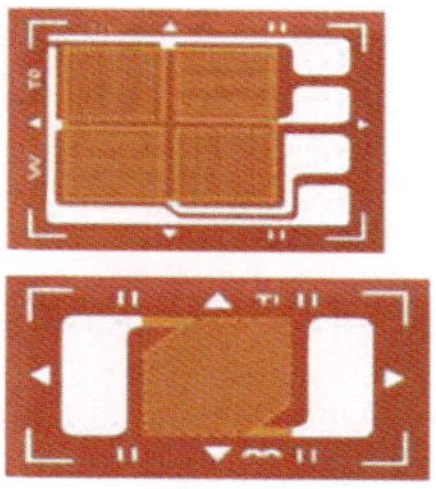
(a) 实物外形

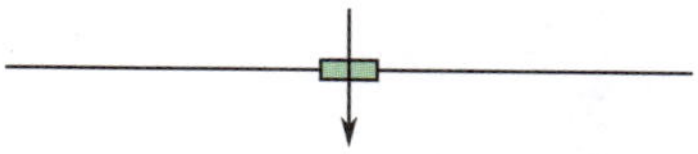
(b) 电路符号

图 1-40　力敏电阻器

2. 结构原理

力敏电阻器的压敏特性是由内部封装的电阻应变片来实现的。电阻应变片有金属电阻应变片和半导体应变片两种，这里简单介绍金属电阻应变片。金属电阻应变片的结构如图 1-41 所示。

从图中可以看出，金属电阻应变片主要由金属电阻应变丝构成，当对金属电阻应变丝施加压力时，应变丝的长度和截面积（粗细）就会发生变化，施加的压力越大，应变丝越细越长，其阻值就越大。在使用应变片时，一般将电阻应变片粘贴在某物体上，当对该物体施加压力时，物体会变形，粘贴在物体上的电阻应变片也一起产生形变，应变片的阻值就会发生改变。

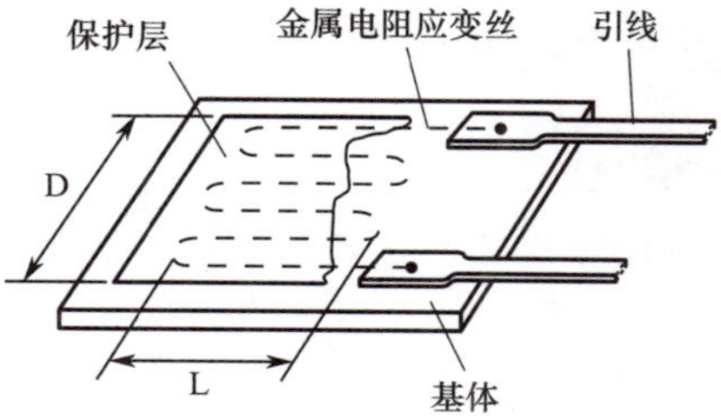

图 1-41　金属电阻应变片的结构

3. 应用

力敏电阻器具有阻值随施加的压力变化而变化的特点，利用该特点可以用力敏电阻器作为传感器来检压力的大小。图 1-42 所示就是一个用力敏电阻器制作的简易压力指示器。

在制作压力指示器前，先将力敏电阻器 R2（电阻应变片）紧紧粘贴在钢板上，然后按图 1-42 将力敏电阻器引脚与电路连接好，再对钢板施加压力让钢板变形，由于力敏电阻器与钢板紧贴在一起，所以力敏电阻器也随之变形。对钢板施加压力越大，钢板变形越严重，力敏电阻器 R2 变形也越严重，R2 阻值增大，对电流分流少，流过电流表的电流增大，指示电流值越大，表明施加给钢板的压力越大。

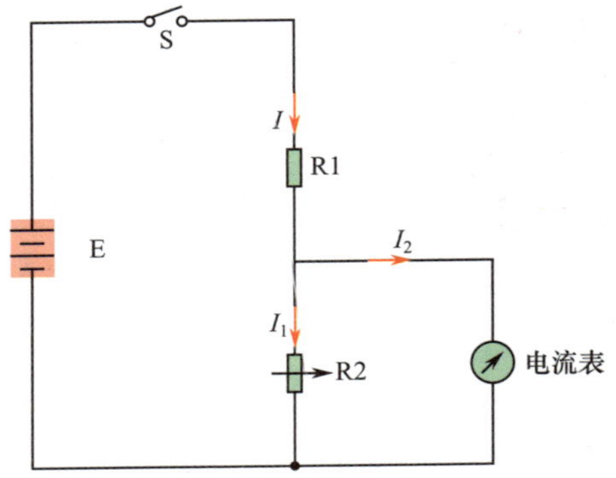

图 1-42　用力敏电阻器制作的简易压力指示器

4. 检测

力敏电阻器的检测通常分为两步。

第一步：在未施加压力的情况下测量其阻值。正常阻值应与标称阻值一致或接近，否则说明力敏电阻器损坏。

第二步：将力敏电阻器放在有弹性的物体上，然后用手轻轻压挤力敏电阻器（切不可用力过大，以免力敏电阻器过于变形而损坏），再测量其阻值。正常阻值应随施加的压力大小变化而变化，否则说明力敏电阻损坏。

1.3.6　敏感电阻器的型号命名方法

敏感电阻器的型号命名分为四部分：

第一部分用字母表示主称。用字母“M”表示主称为敏感电阻器。

第二部分用字母表示类别。

第三部分用数字或字母表示用途或特征。

第四部分用数字或字母、数字混合表示序号。

敏感电阻器的型号命名及含义见表 1-5。

表 1-5 敏感电阻器的型号命名及含义

第一部分主称		第二部分类别		第三部分用途或特征														第四部分序号
				热敏电阻器		压敏电阻器		光敏电阻器		湿敏电阻器		气敏电阻器		磁敏元件		力敏元件		
字母	含义	字母	含义	数字	用途或特征	字母	用途或特征	数字	用途或特征	字母	用途或特征	字母	用途或特征	字母	用途或特征	数字	用途或特征	
M	敏感元件	Z	正温度系数热敏电阻器	1	普通用	W	稳压用	1	紫外线	C	测湿用	Y	烟敏	Z	电阻器	1	硅应变片	用数字或数字、字母混合表示
		F	负温度系数热敏电阻器	2	稳压用	G	高压保护用	2	紫外线			J	酒精			2	硅应变梁	
		Y	压敏电阻器	3	微波测量用	P	高频用	3	紫外线			K	可燃性			3	硅林	
		S	湿敏电阻器	4	旁热式	N	高能用	4	可见光							4		
		Q	气敏电阻器	5	测温用	K	高可靠用	5	可见光			N	N 型			5		
		G	光敏电阻器	6	控温用	L	防雷用	6	可见光	K	控湿用	P	P 型	W	电位器	6		
		C	磁敏电阻器	7	消磁用	H	灭弧用	7	红外线							7		
		L	力敏电阻器	8	线性用	Z	消噪用	8	红外线							8		
				9	恒温用	B	补偿用	9	红外线							9		
				0	特殊用	C	消磁用	0	特殊							0		

举例：

RRC5（温度测量与控制用热敏电阻器）	MG45-14（可见光敏电阻器）	MS01-A（通用型号湿敏电阻器）	MY31-270/3（270V/3kA 普通压敏电阻器）
R—电阻器	M—敏感电阻器	M—敏感电阻器	M—敏感电阻器
R—热敏	G—光敏电阻器	S—湿敏电阻器	Y—压敏电阻器
C—温度测量与控制	4—可见光	01-A—序号	31—序号
5—序号	5-14—序号		270—标称电压为 270V
			3—通流容量为 3kA

1.4 排阻

排阻又称电阻排，它是由多个电阻器按一定的方式制作并封装在一起而构成的。排阻具有安装密度高和安装方便等优点，广泛用在数字电路系统中。

1.4.1 实物外形

常见的排阻实物外形如图 1-43 所示，前面两种为直插封装式（SIP）排阻，后一种为表面贴装式（SMD）排阻。

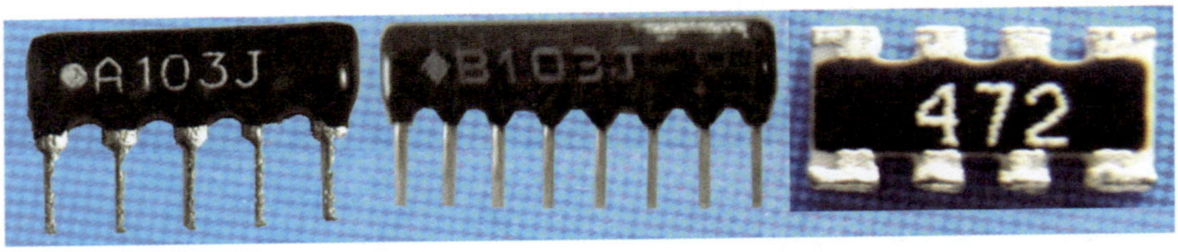

图 1-43 常见的排阻实物外形

1.4.2 命名方法

排阻命名一般由四部分组成：
第一部分为内部电路类型；
第二部分为引脚数（由于引脚数可直接看出，故该部分可省略）；
第三部分为阻值；
第四部分为阻值误差。

排阻命名方法见表 1-6。

表 1-6 排阻命名方法

第一部分 电路类型	第二部分 引脚数	第三部分 阻值	第四部分 阻值误差
A：所有电阻公用一端，公共端从左端（第 1 引脚）引出 B：每个电阻有各自独立引脚，相互间无连接 C：各个电阻首尾相连，各连接端均有引出脚 D：所有电阻公用一端，公共端从中间引出 E、F、G、H、I：内部连接较为复杂，详见表 1-7	4 ～ 14	3 位数字 （第 1、2 位为有效数，第 3 位为有效数后面 0 的个数，如 102 表示 1000Ω）	F：±1% G：±2% J：±5%

举例：排阻 A08472J- 八个引脚 4700（1±5%）Ω 的 A 类排阻。

1.4.3 种类与结构

根据内部电路结构不同，排阻种类可分为 A、B、C、D、E、F、G、H、I。排阻虽然种类很多，但最常用的为 A、B 类。排阻的种类及结构见表 1-7。

表 1-7　排阻的种类及结构

电路结构代码	等效电路	电路结构代码	等效电路
A	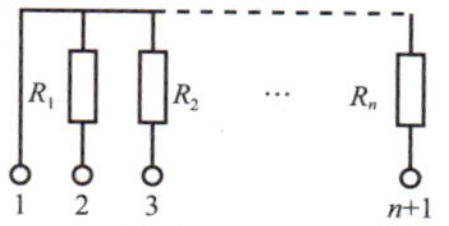 $R_1=R_2=\cdots=R_n$	C	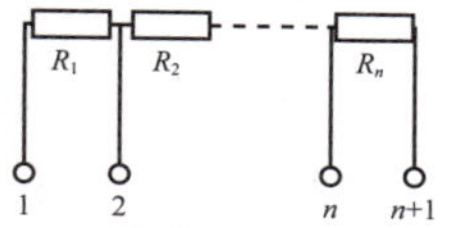 $R_1=R_2=\cdots=R_n$
B	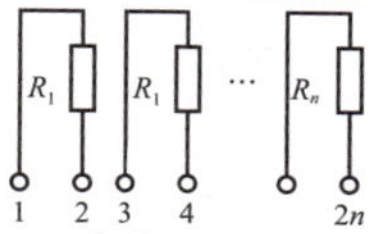 $R_1=R_2=\cdots=R_n$	D	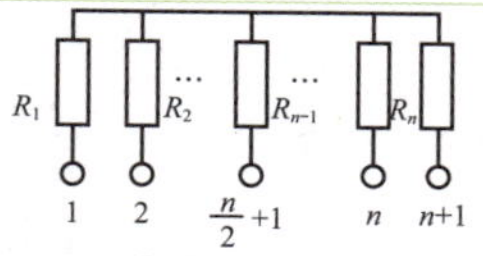 $R_1=R_2=\cdots=R_n$
E	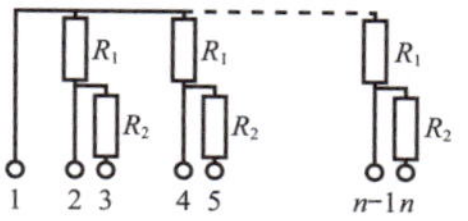 $R_1=R_2$或$R_1\neq R_2$	G	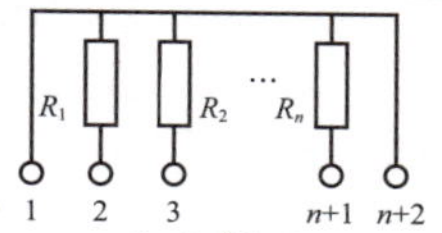 $R_1=R_2$或$R_1\neq R_2$
F	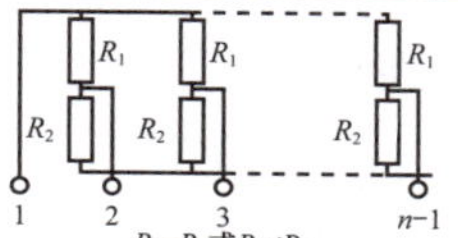 $R_1=R_2$或$R_1\neq R_2$	H	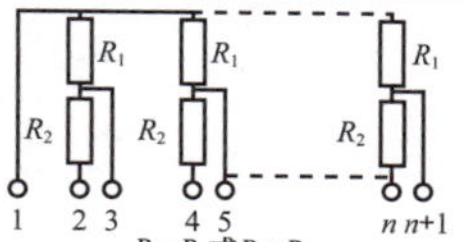 $R_1=R_2$或$R_1\neq R_2$

1.4.4　用指针万用表检测排阻

1. 好坏检测

在检测排阻前，要先找到排阻的第 1 引脚，第 1 引脚旁一般有标记（如圆点），也可正对排阻字符，字符左下方第一个引脚即为第 1 引脚。

在检测时，根据排阻的标称阻值，将万用表置于合适的欧姆挡，图 1-44 所示是测量一只 10kΩ 的 A 型排阻（A103J），万用表选择 R×1kΩ 挡，将黑表笔接排阻的第 1 引脚不动，红表笔依次接第 2、3、…、8 引脚，如果排阻正常，第 1 引脚与其他各引脚的阻值均

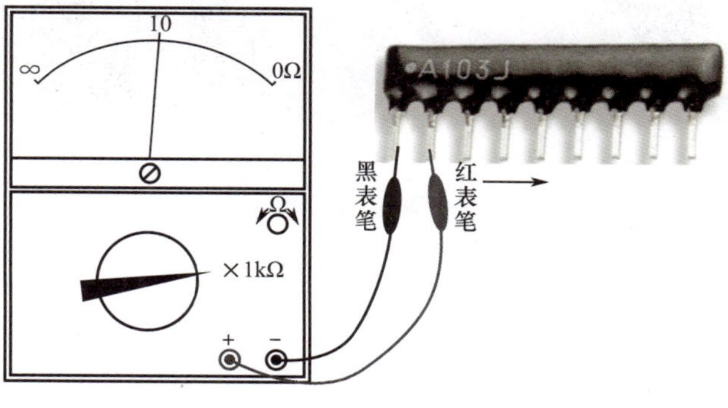

图 1-44　排阻的检测

为 10kΩ，如果第 1 引脚与某引脚的阻值为无穷大，则该引脚与第 1 引脚之间的内部电阻开路。

2. 类型判别

在判别排阻的类型时，可以直接查看其表面标注的类型代码，然后对照表 1-7 就可以了解该排阻的内部电路结构。如果排阻表面的类型代码不清晰，可以用万用表检测来判断其类型。

在检测时，将万用表拨至 R×10Ω 挡，用黑表笔接第 1 引脚，红表笔接第 2 引脚，记下测量值，然后保持黑表笔不动，红表笔再接第 3 引脚，并记下测量值，再用同样的方法依次测量并记下其他引脚阻值，分析第 1 引脚与其他引脚的阻值规律，对照表 1-7 判断出所测排阻的类型，比如第 1 引脚与其他各引脚阻值均相等，所测排阻应为 A 型，如果第 1 引脚与第 2 引脚之后所有引脚的阻值均为无穷大，则所测排阻为 B 型。

1.4.5 用数字万用表检测排阻（附视频操作演示）

用数字万用表检测排阻如图 1-45 所示，详细操作过程请打开本书配套光盘中的“排阻的检测”视频文件观看。

图 1-45　用数字万用表检测排阻

第2章

变压器与电感器

变压器和电感器都是由导线绕制而成的，变压器具有改变交流电压和交流电流大小的功能，电感器具有“通直阻交”和“阻碍变化的电流”的特性。

2.1 变压器

2.1.1 外形与电路符号

变压器可以改变交流电压或交流电流的大小。常见变压器的实物外形及电路符号如图 2-1 所示。

(a) 实物外形　　(b) 电路符号

图 2-1　变压器

2.1.2 结构、原理和功能

1. 结构

两组相距很近、又相互绝缘的线圈就构成了变压器。变压器的结构如图 2-2 所示，从图中可以看出，变压器主要由绕组和铁芯组成。绕组通常由漆包线（在表面涂有绝缘层的导线）或纱包线绕制而成，与输入信号连接的绕组称为一次绕组（或称为初级线圈），输出信号的绕组称为二次绕组（或称为次级线圈）。

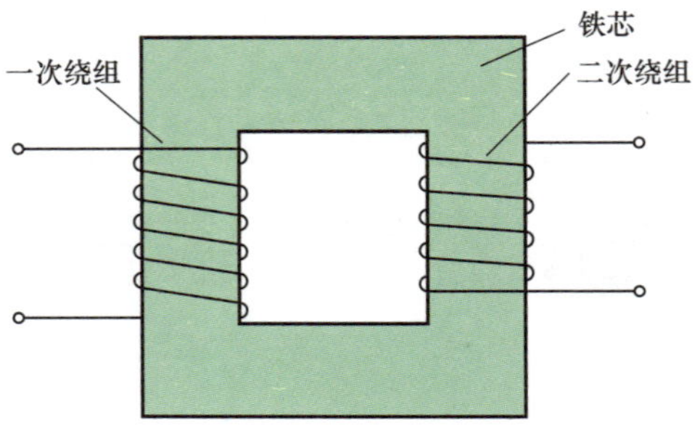

图 2-2　变压器的结构示意图

2. 工作原理

变压器是利用电 - 磁和磁 - 电转换原理工作的。下面以图 2-3 所示电路来说明变压器的工作原理。

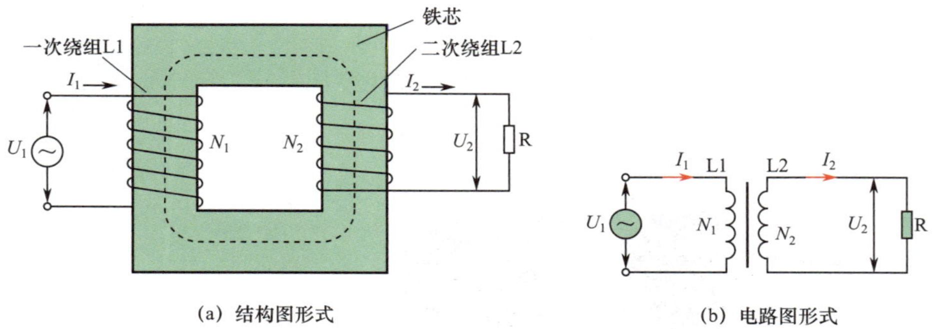

图 2-3　变压器工作原理说明图

当交流电压 U_1 送到变压器的一次绕组 L_1 两端时（L_1 的匝数为 N_1），有交流电流 I_1 流过 L1，L1 马上产生磁场，磁场的磁感线沿着导磁良好的铁芯穿过二次绕组 L2（其匝数为 N_2），有磁感线穿过 L2，L2 上马上产生感应电动势，此时 L2 相当一个电源，由于 L2 与电阻 R 连接成闭合电路，L2 就有交流电流 I_2 输出并流过电阻 R，R 两端的电压为 U_2。

变压器的一次绕组进行电 - 磁转换，而二次绕组进行磁 - 电转换。

3. 功能

变压器可以改变交流电压大小，也可以改变交流电流大小。

1）改变交流电压

变压器既可以升高交流电压，也能降低交流电压。在忽略电能损耗的情况下，变压器一次电压 U_1、二次电压 U_2 与一次绕组匝数 N_1、二次绕组匝数 N_2 的关系如下。

$$\frac{U_1}{U_2}-\frac{N_1}{N_2}=n$$

n 称作匝数比或电压比，由上面的式子可知。

（1）当二次绕组匝数 N_2 多于一次绕组的匝数 N_1 时，二次电压 U_2 就会高于一次电压 U_1。即 $n=\frac{N_1}{N_2}<1$ 时，变压器可以提升交流电压，故电压比 $n<1$ 的变压器称为升压变压器。

（2）当二次绕组匝数 N_2 少于一次绕组的匝数 N_1 时，变压器能降低交流电压，故 $n>1$ 的变压器称为降压变压器。

（3）当二次绕组匝数 N_2 与一次绕组的匝数 N_1 相等时，变压器不会改变交流电压的大小，即一次电压 U_1 与二次电压 U_2 相等。这种变压器虽然不能改变电压大小，但能对一次、二次电路进行电气隔离，故 $n=1$ 变压器常用作隔离变压器。

2）改变交流电流

变压器不但能改变交流电压的大小，还能改变交流电流的大小。由于变压器对电能损耗很少，可忽略不计，故变压器的输入功率 P_1 与输出功率 P_2 相等，即

$$P_1=P_2$$

$$U_1\cdot I_1=U_2\cdot I_2$$

$$\frac{U_1}{U_2}=\frac{I_2}{I_1}$$

从上面式子可知，变压器的一次、二次电压与一、二次电流成反比，若提升了二次电压，就会使二次电流减小，降低二次电压，二次电流会增大。

综上所述，对于变压器来说，匝数越多的线圈两端电压越高，流过的电流越小。例如，某个电源变压器上标注“输入电压 220V，输出电压 6V”，那么该变压器的一次、二次绕组匝数比 $n=220/6=110/3\approx37$，当将该变压器接在电路中时，二次绕组流出的电流是一次绕组流入电流的 37 倍。

2.1.3　特殊绕组变压器

前面介绍的变压器一次、二次绕组分别只有一组绕组，实际应用中经常会遇到其他一些形式绕组的变压器。一些特殊绕组变压器如图 2-4 所示。

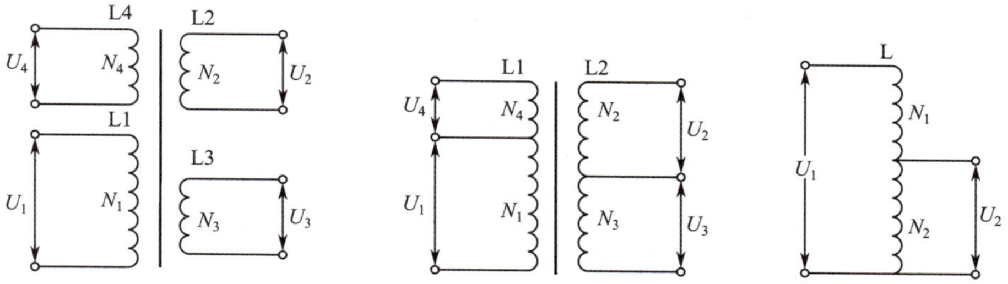

（a）多绕组变压器　　（b）多抽头变压器　　（c）单绕组变压器

图 2-4　特殊绕组变压器

1. 多绕组变压器

多绕组变压器的一次、二次绕组由多个绕组组成，图 2-4（a）所示是一种典型的多个绕组的变压器，如果将 L1 作为一次绕组，那么 L2、L3、L4 都是二次绕组，L1 绕组上的电压与其他绕组的电压关系都满足$\frac{U_1}{U_2}=\frac{I_2}{I_1}$。

例如，$N_1=1000$、$N_2=200$、$N_3=50$、$N_4=10$，当 $U_1=220\text{V}$ 时，U_2、U_3、U_4 电压分别是 44V、11V 和 2.2V。

对于多绕组变压器，各绕组的电流不能按 $U_1U_2=I_2I_1$ 来计算，而遵循 $P_1=P_2+P_3+P_4$，即 $U_1I_1=U_2I_2+U_3I_3+U_4I_4$，当某个二次绕组接的负载电阻很小时，该绕组流出的电流会很大，其输出功率就增大，其他二次绕组输出电流就会减小，功率也相应减小。

2. 多抽头变压器

多抽头变压器的一次、二次绕组由两个绕组构成，除了本身具有四个引出线外，还在绕组内部接出抽头，将一个绕组分成多个绕组。图 2-4（b）所示是一种多抽头变压器。从图中可以看出，多抽头变压器由抽头分出的各绕组之间电气上是连通的，并且两个绕组之间共用一个引出线，而多绕组变压器各个绕组之间电气上是隔离的。如果将输入电压加到匝数为 N_1 的绕组两端，该绕组称为一次绕组，其他绕组就都是二次绕组，各绕组之间的电压关系都满足$\frac{U_1}{U_2}=\frac{I_2}{I_1}$。

3. 单绕组变压器

单绕组变压器又称自耦变压器，它只有一个绕组，通过在绕组中引出抽头而产生一次、二次绕组。单绕组变压器如图 2-4（c）所示。如果将输入电压 U_1 加到整个绕组上，那么整个绕组就为一次绕组，其匝数为（N_1+N_2），匝数为 N_2 的绕组为二次绕组，U_1、U_2 电压关系满足$\frac{U_1}{U_2}=\frac{N_1+N_2}{N_2}$。

2.1.4 种类

变压器种类较多，可以根据铁芯、用途及工作频率等进行分类。

1. 按铁芯种类分类

变压器按铁芯种类不同，可分为空心变压器、磁芯变压器和铁芯变压器，它们的电路符号如图 2-5 所示。

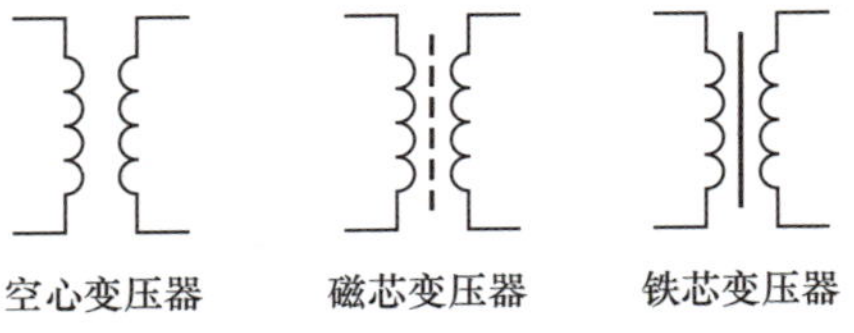

图 2-5　三种变压器的电路符号

空心变压器是指一次、二次绕组没有绕制支架的变压器。磁芯变压器是指一次、二次绕组绕在磁芯（如铁氧体材料）上构成的变压器。铁芯变压器是指一次、二次绕组绕在铁芯（如硅钢片）构成的变压器。

2. 按用途分类

变压器按用途不同，可分为电源变压器、音频变压器、脉冲变压器、恒压变压器、自耦变压器和隔离变压器等。

3. 按工作频率分类

变压器按工作频率不同，可分为低频变压器、中频变压器和高频变压器。

1）低频变压器

低频变压器是指用在低频电路中的变压器。低频变压器铁芯一般采用硅钢片，常见的铁芯形状有 E 形、C 形和环形，如图 2-6 所示。

图 2-6　常见的变压器铁芯

E 形铁芯优点是成本低，缺点是磁路中的气隙较大，效率较低，工作时电噪声较大。C 形铁芯是由两块形状相同的 C 形铁芯组合而成，与 E 形铁芯相比，其磁路中气隙较小，性能有所提高。环型铁芯由冷轧硅钢带卷绕而成，磁路中无气隙，漏磁极小，工作时电噪声较小。

常见的低频变压器有电源变压器和音频变压器，如图 2-7 所示。

图 2-7　常见的低频变压器

电源变压器的功能是提升或降低电源电压。其中降低电压的降压变压器最为常见，一些手机充电器、小型录音机的外置电源内部都采用降压电源变压器，这种变压器一次绕组匝数多，接 220V 交流电压，而二次绕组匝数少，输出较低的交流电压。在一些优质的功放机中，常采用环形电源变压器。

音频变压器用在音频信号处理电路中，如收音机、录音机的音频放大电路常用音频变压器来传输信号，当在两个电路之间加接音频变压器后，音频变压器可以将前级电路的信号最大程度传送到后级电路。

2）中频变压器

中频变压器是指用在中频电路中的变压器。无线电设备采用的中频变压器又称中周，中周是将一次、二次绕组绕在尼龙支架（内部装有磁芯）上，并用金属屏蔽罩封装起来而构成的。中周的外形、结构与电路符号如图 2-8 所示。

图 2-8　中周（中频变压器）

中周常用在收音机和电视机等无线电设备中，主要用来选频（即从众多频率的信号中选出需要频率的信号），调节磁芯在绕组中的位置可以改变一次、二次绕组的电感量，就能选取不同频率的信号。

3）高频变压器

高频变压器是指用在高频电路中的变压器。高频变压器一般采用磁芯或空心，其中采用磁芯的更为多见，最常见的高频变压器就是收音机的磁性天线，其外形和电路符号如图 2-9 所示。

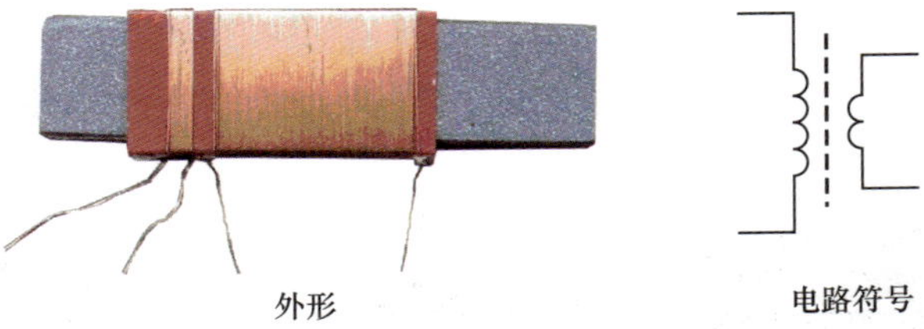

图 2-9　磁性天线（高频变压器）

磁性天线的一次、二次绕组都绕在磁棒上，一次绕组匝数很多，二次绕组匝数很少。磁性天线的功能是从空间接收无线电波，当无线电波穿过磁棒时，一次绕组上会感应出无线电波信号电压，该电压再感应到二次绕组上，二次绕组上的信号电压送到电路进行处理。磁性天线的磁棒越长，截面积越大，接收下来的无线电波信号越强。

2.1.5　主要参数

变压器的主要参数有电压比、额定功率、频率特性和效率等。

1. 电压比

变压器的电压比是指一次绕组电压 U_1 与二次绕组电压 U_2 之比，它等于一次绕组匝数 N_1 与二次绕组 N_2 的匝数比，即$n=\frac{U_1}{U_2}=\frac{N_1}{N_2}$。

降压变压器的电压比 $n>1$，升压变压器的电压比 $n<1$，隔离变压器的电压比 $n=1$。

2. 额定功率

额定功率是指在规定工作频率和电压下，变压器能长期正常工作时的输出功率。变压器的额定功率与铁芯截面积、漆包线的线径等有关，变压器的铁芯截面积越大、漆包线径越粗，其输出功率就越大。

一般只有电源变压器才有额定功率参数，其他变压器由于工作电压低、电流小，通常不考虑额定功率。

3. 频率特性

频率特性是指变压器有一定的工作频率范围。不同工作频率范围的变压器，一般不能互换使用，如不能用低频变压器代替高频变压器。当变压器在其频率范围外工作时，会出现温度升高或不能正常工作等现象。

4. 效率

效率是指在变压器接额定负载时，输出功率 P_2 与输入功率 P_1 的比值。变压器效率可用下面的公式计算：

$$\eta=\frac{P_2}{P_1}\times 100\%$$

η 值越大，表明变压器损耗越小，效率越高，变压器的效率值一般在 60%~100% 之间。

2.1.6　用指针万用表检测变压器

在检测变压器时，通常要测量各绕组的电阻、绕组间的绝缘电阻、绕组与铁芯之间的绝缘电阻。下面以图 2-10 所示的电源变压器为例来说明变压器的检测方法（注，该变压器输入电压为 220V、输出电压为 3V-0V-3V、额定功率为 3V · A）。

变压器的检测如图 2-11 所示。

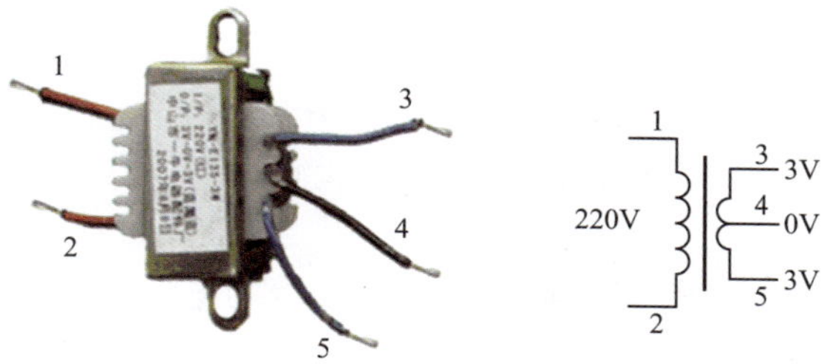

图 2-10　一种常见的电源变压器

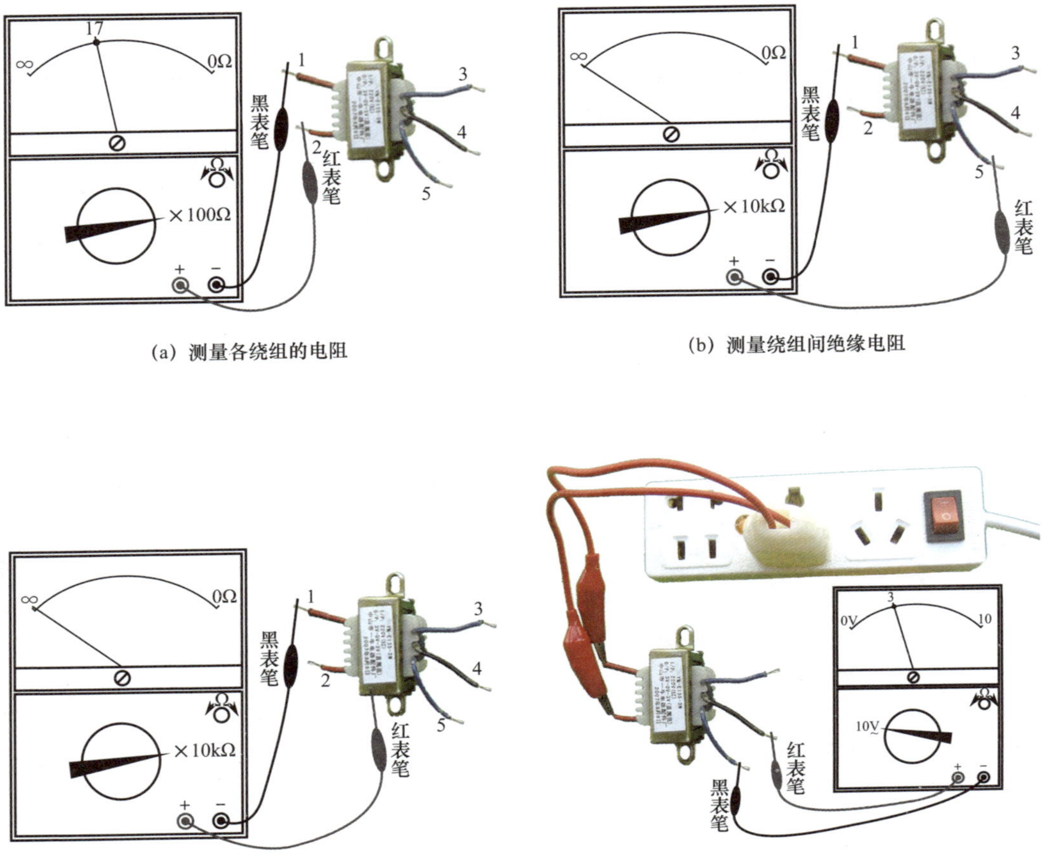

(a) 测量各绕组的电阻　(b) 测量绕组间绝缘电阻

(c) 测量绕组与铁芯间的绝缘电阻　(d) 测量空载二次电压

图 2-11　变压器的检测

变压器的检测步骤如下。

第一步：测量各绕组的电阻。

万用表拨至 R×100Ω 挡，红、黑表笔分别接变压器的 1、2 端，测量一次绕组的电阻，如图 2-11（a）所示，然后在刻度盘上读出阻值大小。图中显示的是一次绕组的正常阻值，为 1.7kΩ。

若测得的阻值为无穷大，说明一次绕组开路。

若测得的阻值为 0，说明一次绕组短路。

若测得的阻值偏小，则可能是一次绕组匝间出现短路。

然后万用表拨至 R×1Ω 挡，用同样的方法测量变压器的 3、4 端和 4、5 端的电阻，正常约几欧。

一般来说，变压器的额定功率越大，一次绕组的电阻越小，变压器的输出电压越高，其二次绕组电阻越大（因匝数多）。

第二步：测量绕组间绝缘电阻。

万用表拨至 R×10kΩ 挡，红、黑表笔分别接变压器一次、二次绕组的一端，如

图 2-11（b）所示，然后在刻度盘上读出阻值大小。图中显示的是阻值为无穷大，说明一次、二次绕组间绝缘良好。

若测得的阻值小于无穷大，说明一次、二次绕组间存在短路或漏电。

第三步：测量绕组与铁芯间的绝缘电阻。

万用表拨至 R×10k Ω 挡，红表笔接变压器铁芯或金属外壳、黑表笔接一次绕组的一端，如图 2-11（c）所示，然后在刻度盘上读出阻值大小。图中显示的是阻值为无穷大，说明绕组与铁芯间绝缘良好。

若测得的阻值小于无穷大，说明一次绕组与铁芯间存在短路或漏电。

再用同样的方法测量二次绕组与铁芯间的绝缘电阻。

对于电源变压器，一般还要按图 2-11（d）所示方法测量其空载二次电压。先给变压器的一次绕组接 220V 交流电压，然后用万用表的 10V 交流挡测量二次绕组某两端的电压，测出的电压值应与变压器标称二次绕组电压相同或相近，允许有 5% ～ 10% 的误差。若二次绕组所有接线端间的电压都偏高，则一次绕组局部有短路。若二次绕组某两端电压偏低，则该两端间的绕组有短路。

2.1.7 用数字万用表检测变压器（附视频操作演示）

用数字万用表检测变压器如图 2-12 所示，详细操作过程请打开本书配套光盘中的“变压器的检测”视频文件观看。

图 2-12　用数字万用表检测变压器

2.1.8 选用

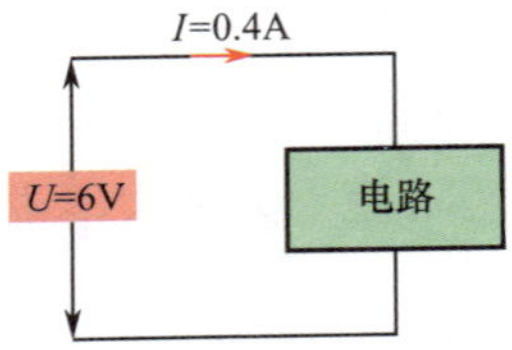

图 2-13 电源变压器选用例图

1. 电源变压器的选用

选用电源变压器时，输入、输出电压要符合电路的需要，额定功率应大于电路所需的功率。如图 2-13 所示，该电路需要 6V 交流电压供电、最大输入电流为 0.4A，为了满足该电路的要求，可选用输入电压为 220V、输出电压为 6V、功率为 3V · A（3V · A>6V×0.4A）的电源变压器。

对于一般的电源电路，可选用 E 形铁芯的电源变压器，若是高保真音频功率放大器的电源电路，则应选用 C 形或环形铁芯的变压器。对于输出电压、输出功率相同且都是铁芯材料的电源变压器，通常可以直接互换。

2. 其他类型的变压器

虽然变压器基本工作原理相同，但由于铁芯材料、绕组形式和引脚排列等不同，造成变压器种类繁多。在设计制作电路时，选用变压器时要根据电路的需要，从结构、电压比、频率特性、工作电压和额定功率等方面考虑。在检修电路中，最好用同型号的变压器代换已损坏的变压器，若无法找到同型号，尽量找到参数相似变压器进行代换。

2.2 电感器

2.2.1 外形与符号

将导线在绝缘支架上绕制一定的匝数（圈数）就构成了电感器。常见的电感器的实物外形如图 2-14（a）所示，根据绕制的支架不同，电感器可分为空心电感器（无支架）、磁芯电感器（磁性材料支架）和铁芯电感器（硅钢片支架），它们的电路符号如图 2-14（b）所示。

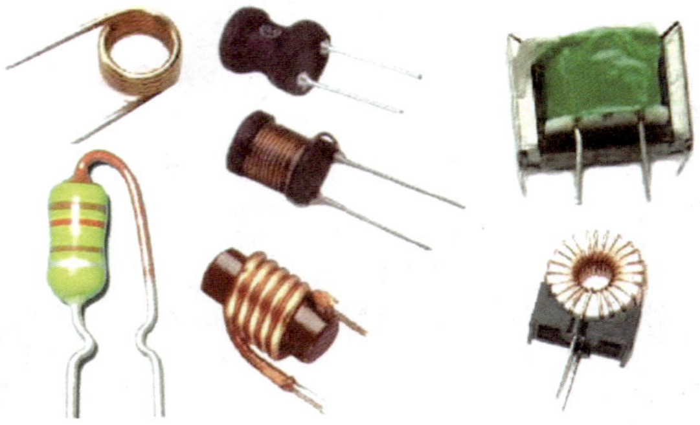
(a) 实物外形

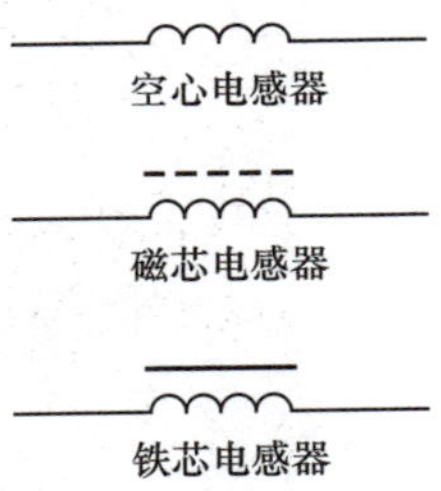

(b) 电路图符号

图 2-14 电感器

2.2.2 主要参数与标注方法

1. 主要参数

电感器的主要参数有电感量、误差、品质因数和额定电流等。

1）电感量

电感器由线圈组成，当电感器通过电流时就会产生磁场，电流越大，产生的磁场越强，穿过电感器的磁场（又称为磁通量 φ）就越大。实验证明，通过电感器的磁通量 φ 和通入的电流 I 成正比关系。磁通量 φ 与电流的比值称为自感系数，又称电感量 L，用公式表示为

$$L=\frac{\varphi}{I}$$

电感量的基本单位为亨利（简称亨），用字母“H”表示，此外还有毫亨（mH）和微亨（μH），它们之间的关系是：

$$1\text{H}=10^3\text{mH}=10^6\,\mu\text{H}$$

电感器的电感量大小主要与线圈的匝数（圈数）、绕制方式和磁芯材料等有关。线圈匝数越多、绕制的线圈越密集，电感量就越大；有磁芯的电感器比无磁芯的电感量大；电感器的磁芯磁导率越高，电感量也就越大。

（2）误差

误差是指电感器上标称电感量与实际电感量的差距。对于精度要求高的电路，电感器的允许误差范围通常为 ±0.2% ～ ±0.5%，一般的电路可采用误差为 ±10%~±15% 的电感器。

（3）品质因数（Q 值）

品质因数也称 Q 值，是衡量电感器质量的主要参数。品质因素是指当电感器两端加某一频率的交流电压时，其感抗 X_L（$X_L=2\pi fL$）与直流电阻 R 的比值。用公式表示：

$$Q=\frac{X_L}{R}$$

从上式可以看出，感抗越大或直流电阻越小，品质因数就越大。电感器对交流信号的阻碍称为感抗，其单位为欧姆。电感器的感抗大小与电感量有关，电感量越大，感抗越大。

提高品质因数既可通过提高电感器的电感量来实现，也可通过减小电感器线圈的直流电阻来实现。例如，粗线圈绕制而成的电感器，直流电阻较小，其 Q 值高；有磁芯的电感器较空心电感器的电感量大，其 Q 值也高。

（4）额定电流

额定电流是指电感器在正常工作时允许通过的最大电流值。电感器在使用时，流过的电流不能超过额定电流，否则电感器就会因发热而使性能参数发生改变，甚至会因过流而烧坏。

2. 参数标注方法

电感器的参数标注方法主要有直标法和色标法。电感器的参数标注方法说明见表 2-1。

表 2-1　电感器的参数标注方法说明

电感器参数标注方法	例图
◆直标法 电感器采用直标法标注时，一般会在外壳上标注电感量、误差和额定电流值。右图列出了几个采用直标法标注的电感器。 在标注电感量时，通常会将电感量值及单位直接标出。在标注误差时，分别用Ⅰ、Ⅱ、Ⅲ表示 ±5%、±10%、±20%。在标注额定电流时，用 A、B、C、D、E 分别表示 50mA、150mA、300mA、0.7A 和 1.6A	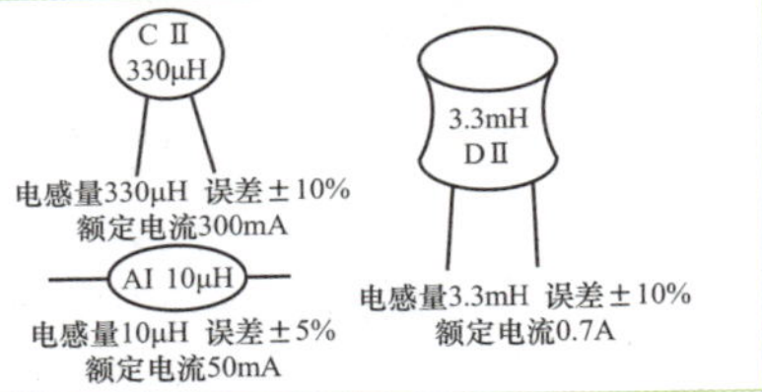
◆色标法 色标法是采用色点或色环标在电感器上来表示电感量和误差的方法。色码电感器采用色标法标注，其电感量和误差标注方法同色环电阻器，单位为 μH。色码电感器的各种颜色含义及代表的数值与色环电阻器相同，具体可见表 1-3。色码电感器颜色的排列顺序方法也与色环电阻器相同。色码电感器与色环电阻器识读仅在于单位不同，色码电感器单位为 μH。色码电感器的识别如右图所示，图中的色码电感器上标注“红棕黑银”表示电感量为 21 μH，误差为 ±10%	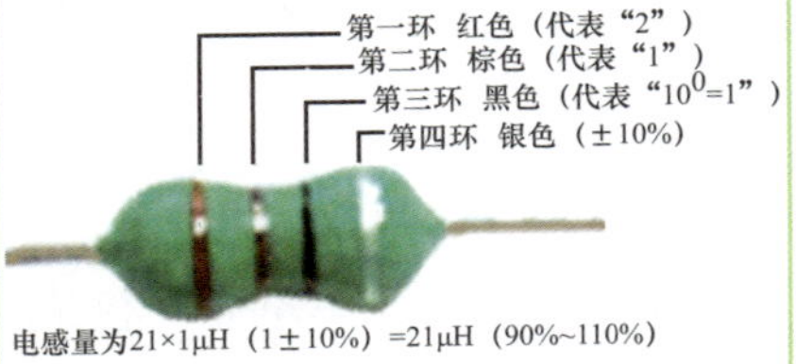

2.2.3　电感器的“通直阻交”和“阻碍变化的电流”性质说明

电感器的主要性质有“通直阻交”和“阻碍变化的电流”。

1. 电感器“通直阻交”性质

电感器的“通直阻交”是指电感器对通过的直流信号阻碍很小，直流信号可以很容易通过电感器，而交流信号通过时会受到较大的阻碍。

电感器对通过的交流信号有较大的阻碍，这种阻碍称为感抗，感抗用 X_L 表示，感抗的单位是欧姆（Ω）。电感器的感抗大小与自身的电感量和交流信号的频率有关，感抗大小可以用以下公式计算

$$X_L = 2\pi fL$$

式中：X_L 表示感抗，单位为 Ω；f 表示交流信号的频率，单位为 Hz；L 表示电感器的电感量，单位为 H。

由上式可以看出：交流信号的频率越高，电感器对交流信号的感抗越大；电感器的电感量越大，对交流信号感抗也越大。

举例：在图 2-15 所示的电路中，交流信号的频率为 50Hz，电感器的电感量为 200mH，那么电感器对交流信号的感抗就为：

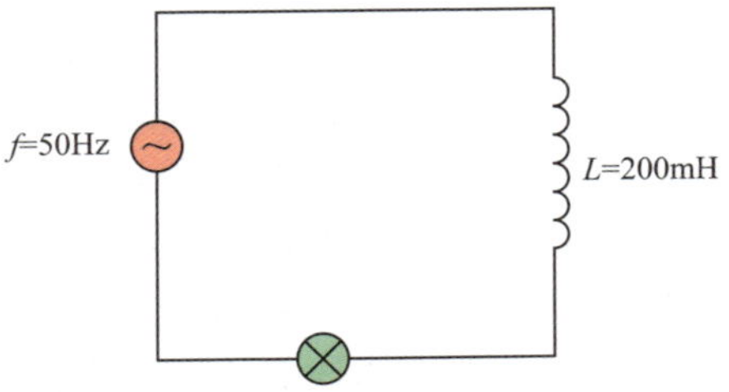

图 2-15　感抗计算例图

$$X_L = 2\pi fL = 2\times3.14\times50\times200\times10^{-3}$$
$$= 62.8\ (\Omega)$$

2. 电感器“阻碍变化的电流”性质

当变化的电流流过电感器时，电感器会产生自感电动势来阻碍变化的电流。下面以图 2-16 所示的两个电路来说明电感器的这个性质。

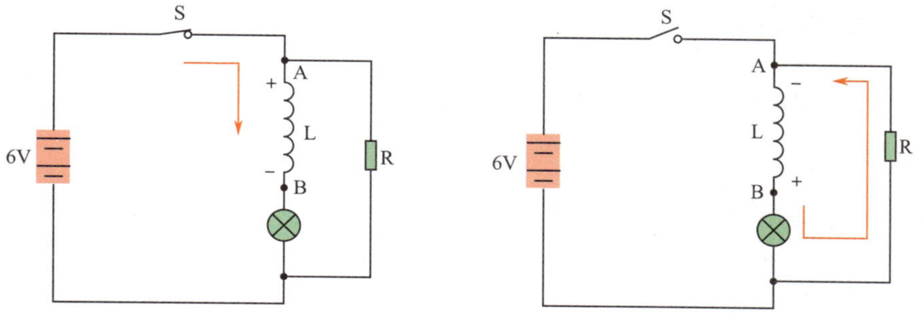

(a) 开关闭合，灯泡慢慢变亮　　(b) 开关断开，灯泡慢慢熄灭

图 2-16　电感器“阻碍变化的电流”说明图

在图 2-16（a）中，当开关 S 闭合时，会发现灯泡不是马上亮起来，而是慢慢亮起来。这是因为当开关闭合后，有电流流过电感器，这是一个增大的电流（从无到有），电感器马上产生自感电动势来阻碍电流增大，其极性是 A 正 B 负，该电动势使 A 点电位上升，电流从 A 点流入较困难，也就是说，电感器产生的这种电动势对电流有阻碍作用。由于电感器产生 A 正 B 负自感电动势的阻碍，流过电感器的电流不能一下子增大，而是慢慢增大，所以灯泡慢慢变亮，当电流不再增大（即电流大小恒定）时，电感器上的电动势消失，灯泡亮度也就不变了。

如果将开关 S 断开，如图 2-16（b）所示，会发现灯泡不是马上熄灭，而是慢慢暗下来。这是因为当开关断开后，流过电感器的电流突然变为 0，也就是说流过电感器的电流突然变小（从有到无），电感器马上产生 A 负 B 正的自感电动势，由于电感器、灯泡和电阻器 R 连接成闭合回路，电感器的自感电动势会产生电流流过灯泡，电流方向是：电感器 B 正→灯泡→电阻器 R→电感器 A 负，开关断开后，该电流维持灯泡继续发光，随着电感器上的电动势逐渐降低，流过灯泡的电流慢慢减小，灯泡也就慢慢变暗了。

从上面的电路分析可知，**只要流过电感器的电流发生变化（不管是增大还是减小），电感器都会产生自感电动势，电动势的方向总是阻碍电流的变化。**

电感器“阻碍变化的电流”性质非常重要，在以后的电路分析中经常要用到该性质。为了让读者能更透彻地理解电感器这个性质，再来看图 2-17 所示的两个例子。

(a) 电流增大时　　(b) 电流减小时

图 2-17　电感器性质解释图

在图 2-17（a）中，流过电感器的电流是逐渐增大的，电感器会产生 A 正 B 负的电动势阻碍电流增大（可理解为 A 点为正，A 点电位升高，电流通过较困难）；在图 2-17（b）中，流过电感器的电流是逐渐减小的，电感器会产生 A 负 B 正的电动势阻碍电流减小（可理解为 A 点为负时，A 点电位低，吸引电流流过来，阻碍它减小）。

2.2.4 种类

电感器种类较多，下面主要介绍几种典型的电感器。

1. 可调电感器

可调电感器是指电感量可以调节的电感器。可调电感器的电路符号和实物外形如图 2-18 所示。

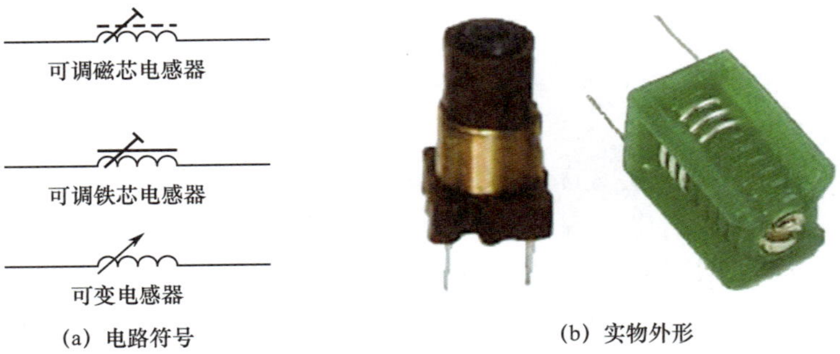

图 2-18　可调电感器

可调电感器是通过调节磁芯在线圈中的位置来改变电感量的，磁芯进入线圈内部越多，电感器的电感量越大。如果电感器没有磁芯，可以通过减少或增多线圈的匝数来降低或提高电感器的电感量，另外，改变线圈之间的疏密程度也能调节电感量。

2. 高频扼流圈

高频扼流圈又称高频阻流圈，它是一种电感量很小的电感器，常用在高频电路中，其电路符号如图 2-19（a）所示。

高频扼流圈又分为空心和磁芯，空心高频扼流圈多用较粗铜线或镀银铜线绕制而成，可以通过改变匝数或匝距来改变电感量；磁芯高频扼流圈用铜线在磁芯材料上绕制一定的匝数构成，其电感量可以通过调节磁芯在线圈中的位置来改变。

高频扼流圈在电路中的作用是“阻高频，通低频”。如图 2-19（b）所示，当高频扼流圈输入高、低频信号和直流信号时，高频信号不能通过，只有低频和直流信号能通过。

图 2-19　高频扼流圈

3. 低频扼流圈

低频扼流圈又称低频阻流圈，是一种电感量很大的电感器，常用在低频电路(如音频电路和电源滤波电路)中，其电路符号如图 2-20（a）所示。

低频扼流圈是用较细的漆包线在铁芯(硅钢片)或铜芯上绕制很多匝数制成的。低频扼流圈在电路中的作用是“通直流，阻低频”。如图 2-20（b）所示，当低频扼流圈输入高、低频和直流时，高、低频信号均不能通过，只有直流信号才能通过。

（a）电路符号

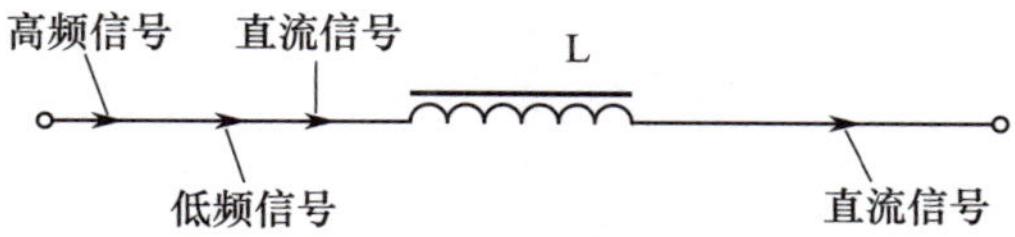

（b）低频扼流圈在电路中的应用

图 2-20　低频扼流圈

4. 色码电感器

色码电感器是一种高频电感线圈，它是在磁芯上绕上一定匝数的漆包线，再用环氧树脂或塑料封装而制成的。色码电感器的工作频率范围一般在 10kHz ～ 200MHz 之间，电感量在 0.1 ～ 3300μH 范围内。色码电感器是具有固定电感量的电感器，其电感量标注与识读方法与色环电阻器相同，但色码电感器的电感量单位为 μH。

2.2.5　用指针万用表检测电感器

电感器的电感量和 Q 值一般用专门的电感测量仪和 Q 表来测量，一些功能齐全的万用表也具有电感量测量功能。

电感器常见的故障有开路和线圈匝间短路。电感器实际上就是线圈，由于线圈的电阻一般比较小，测量时一般用万用表的 R×1Ω 挡，电感器的检测如图 2-21 所示。

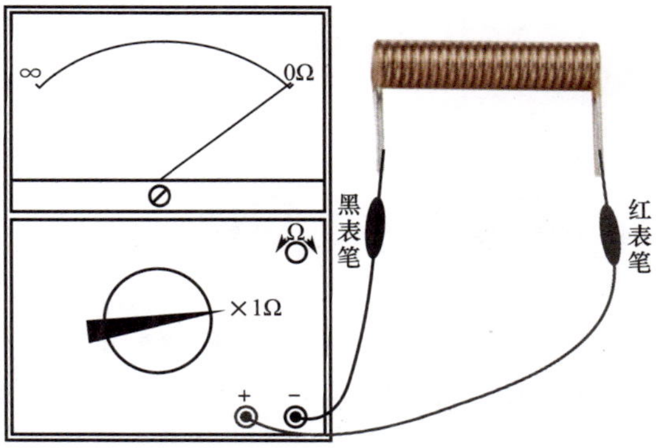

图 2-21　电感器的检测

线径粗、匝数少的电感器电阻小，接近于 0Ω，线径细、匝数多的电感器阻值较大。在测量电感器时，万用表可以很容易检测出是否开路（开路时测出的电阻为无穷大），但很难判断它是否匝间短路，因为电感器匝间短路时电阻减小很少，解决方法是：当怀疑电感器匝间有短路，万用表又无法检测出来时，可更换新的同型号电感器，故障排除则说明原电感器已损坏。

2.2.6　用数字万用表检测电感器（附视频操作演示）

用数字万用表检测电感器如图 2-22 所示，详细操作过程请打开本书配套光盘中的“电感器的检测”视频文件观看。

图 2-22　用数字万用表检测电感器

2.2.7　选用

在选用电感器时，要注意以下几点。

（1）选用电感器的电感量必须与电路要求一致，额定电流选大一些不会影响电路。

（2）选用电感器的工作频率要适合电路。低频电路一般选用硅钢片铁芯或铁氧体磁芯的电感器，而高频电路一般选用高频铁氧体磁芯或空心的电感器。

（3）对于不同的电路，应该选用相应性能的电感器，在检修电路时，如果遇到损坏的电感器，并且该电感器功能比较特殊，通常需要用同型号的电感器更换。

（4）在更换电感器时，不能随意改变电感器的线圈匝数、间距和形状等，以免电感器的电感量发生变化。

（5）对于可调电感器，为了让它在电路中达到较好的效果，可将电感器接在电路中进行调节。调节时可借助专门的仪器，也可以根据实际情况凭直觉调节，如调节电视机中与图像处理有关的电感器时，可一边调节电感器磁芯，一般观察画面质量，质量最佳时调节就最准确。

（6）对于色码电感器或小型固定电感器时，当电感量相同、额定电流相同时，一般可以代换。

（7）对于有屏蔽罩的电感器，在使用时需要将屏蔽罩与电路地连接，以提高电感器的抗干扰性。

第3章 电 容 器

电容器是一种可以储存电荷的元器件，其储存电荷的多少称为容量。电容器可分为固定电容器与可变电容器，固定电容器的容量不能改变，而可变电容器的容量可采用手动方式调节。

3.1 固定电容器

3.1.1 结构、外形与电路符号

电容器是一种可以储存电荷的元器件。相距很近且中间隔有绝缘介质（如空气、纸和陶瓷等）的两块导电极板就构成了电容器。固定电容器的结构、外形与电路符号如图 3-1 所示。

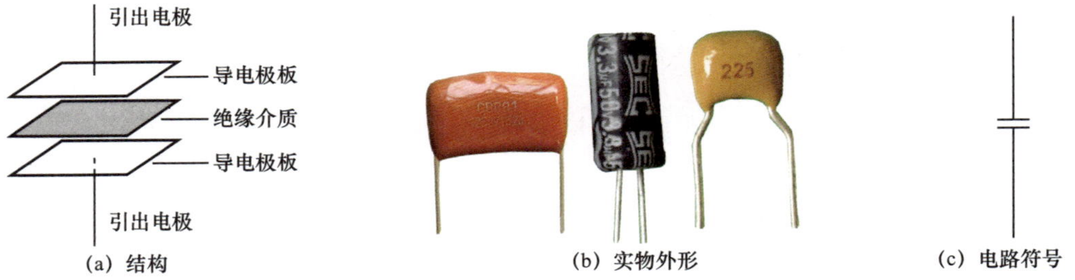

图 3-1　电容器

3.1.2 主要参数

电容器主要参数有标称容量、允许误差、额定电压和绝缘电阻等。

1. 容量与允许误差

电容器能储存电荷，其储存电荷的多少称为容量。这一点与蓄电池类似，不过蓄电池

储存电荷的能力比电容器大得多。电容器的容量越大，储存的电荷越多。电容器的容量大小与下面的因素有关。

（1）两导电极板相对面积。相对面积越大，容量越大。

（2）两极板之间的距离。极板相距越近，容量越大。

（3）两极板中间的绝缘介质。在极板相对面积和距离相同的情况下，绝缘介质不同的电容器，其容量不同。

电容器的容量单位有法拉 (F)、毫法 (mF)、微法 (μF)、纳法 (nF) 和皮法 (pF)，它们的关系是

$$1F=10^3mF=10^6\mu F=10^9nF=10^{12}pF$$

标注在电容器上的容量称为标称容量。允许误差是指电容器标称容量与实际容量之间允许的最大误差范围。

2. 额定电压

额定电压又称电容器的耐压值，它是指在正常条件下电容器长时间使用两端允许承受的最高电压。一旦加到电容器两端的电压超过额定电压，两极板之间的绝缘介质容易被击穿而失去绝缘能力，造成两极板短路。

3. 绝缘电阻

电容器两极板之间隔着绝缘介质，绝缘电阻用来表示绝缘介质的绝缘程度。绝缘电阻越大，表明绝缘介质绝缘性能越好，如果绝缘电阻比较小，绝缘介质绝缘性能下降，就会出现一个极板上的电流会通过绝缘介质流到另一个极板上，这种现象称为漏电。由于绝缘电阻小的电容器存在着漏电，故不能继续使用。

一般情况下，无极性电容器的绝缘电阻为无穷大，而有极性电容器（电解电容器）绝缘电阻很大，但一般达不到无穷大。

3.1.3　电容器的“充电、放电”和“隔直、通交”性质说明

电容器的性质主要有“充电”、“放电”和“隔直”、“通交”。

1. 电容器的“充电”和“放电”性质

“充电”和“放电”是电容器非常重要的性质，下面以图 3-2 所示的电路来说明该性质。

1）充电

在图 3-2（a）电路中，当开关 S1 闭合后，从电源正极输出电流经开关 S1 流到电容器的金属极板 E 上，在极板 E 上聚集了大量的正电荷，由于金属极板 F 与极板 E 相距很近，又因为同性相斥，所以极板 F 上的正电荷受到很近的极板 E 上正电荷的排斥而流走，这些正电荷汇合形成电流到达电源的负极，极板 F 上就剩下很多负电荷，结果在电容器的上、下极板就储存了大量的上正下负的电荷。（注：在常态时，金属极板 E、F 不呈电性，但上下极板上都有大量的正负电荷，只是正负电荷数相等呈中性。）

电源输出电流流经电容器，在电容器上获得大量电荷的过程称为电容器的“充电”。

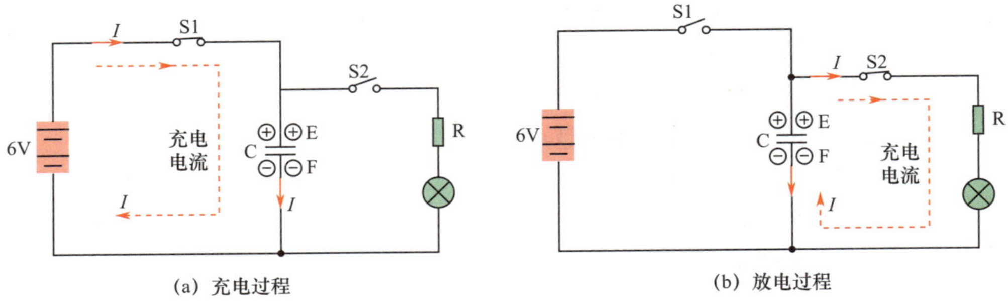

图 3-2　电容充电、放电性质说明图

2）放电

在图 3-2（b）电路中，先闭合开关 S1，让电源对电容器 C 充得上正下负的电荷，然后断开 S1，再闭合开关 S2，电容器上的电荷开始释放，电荷流经的途径：电容器极板 E 上的正电荷流出，形成电流→开关 S2→电阻 R→灯泡→极板 F，中和极板 F 上的负电荷。大量的电荷移动形成电流，该电流经灯泡，灯泡发光。随着极板 E 上的正电荷不断流走，正电荷的数量慢慢减少，流经灯泡的电流减少，灯泡慢慢变暗，当极板 E 上先前充得的正电荷全放完后，无电流流过灯泡，灯泡熄灭，此时极板 F 上的负电荷也完全被中和，电容器两极板上先前充得的电荷消失。**电容器一个极板上的正电荷经一定的途径流到另一个极板，中和该极板上负电荷的过程称为电容器的“放电”。**

电容器充电后两极板上储存了电荷，两极板之间也就有了电压，这就像杯子装水后有水位一样。电容器极板上的电荷数与两极板之间的电压有一定的关系，具体可这样概括：**在容量不变情况下，电容器储存的电荷数与两端电压成正比，**即

$$Q=C\cdot U$$

式中：Q 表示电荷数（单位：库仑）；C 表示容量（单位：法拉）；U 表示电容器两端的电压（单位：伏特）。

这个公式可以从以下几个方面来理解。

①在容量不变的情况下（C 不变），电容器充得电荷越多（Q 增大），两端电压越高（U 增大）。这就像杯子大小不变时，杯子中装得水越多，杯子的水位越高一样。

②若向容量一大一小的两只电容器充相同数量的电荷（Q 不变），那么容量小的电容器两端的电压更高（C 小 U 大）。这就像往容量一大一小的两只杯子装入同样多的水时，小杯子中的水位更高一样。

2. 电容器的“隔直”和“通交”性质

电容器的“隔直”和“通交”是指直流不能通过电容器，而交流能通过电容器。下面以图 3-3 所示的电路来说明电容器的“隔直、通交”性质。

1）隔直

在图 3-3（a）电路中，电容器与直流电源连接，当开关 S 闭合后，直流电源开始对电容器充电，充电途径：电源正极→开关 S→电容器的上极板获得大量正电荷→通过电荷

的排斥作用（电场作用），下极板上的大量正电荷被排斥流出，形成电流→灯泡→电源的负极，有电流流过灯泡，灯泡亮。随着电源对电容器不断充电，电容器两端电荷越来越多，两端电压越来越高，当电容器两端电压与电源电压相等时，电源不能再对电容器充电，无电流流到电容器上极板，下极板也就无电流流出，无电流流过灯泡，灯泡熄灭。

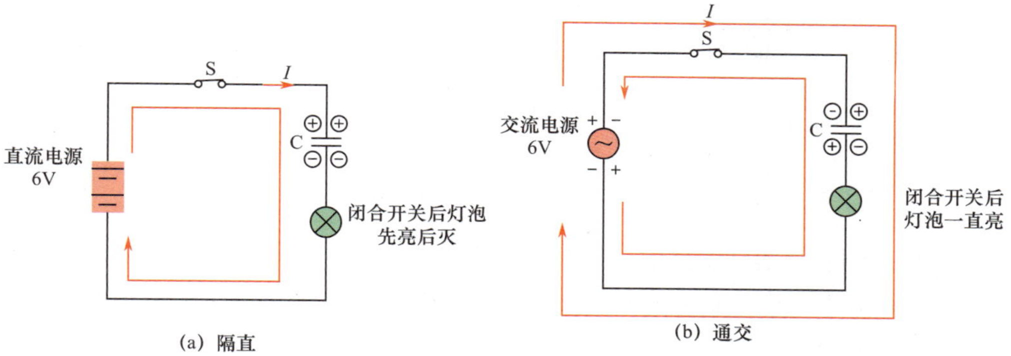

图 3-3 电容器“隔直、通交”性质说明图

以上过程说明：**在刚开始时直流可以对电容器充电而通过电容器，该过程持续时间很短，充电结束后，直流就无法通过电容器，这就是电容器的“隔直”性质。**

2）通交

在图3-3(b)电路中，电容器与交流电源连接，由于交流电的极性是经常变化的，故图3-3（b）中的交流电源的极性也是经常变化的，一段时间极性是上正下负，下一段时间极性变为下正上负。开关S闭合后，当交流电源的极性是上正下负时，交流电源从上端输出电流，该电流对电容器充电，充电途径：交流电源上端→开关S→电容器→灯泡→交流电源下端，有电流流过灯泡，灯泡发光，同时交流电源对电容器充得上正下负的电荷；当交流电源的极性变为上负下正时，交流电源从下端输出电流，它经过灯泡对电容反充电，电流途径是：交流电源下端→灯泡→电容器→开关S→交流电源上端，有电流流过灯泡，灯泡发光，同时电流对电容器反充得上负下正的电荷，这次充得的电荷极性与先前充得电荷极性相反，它们相互中和抵消，电容器上的电荷消失。当交流电源极性重新变为上正下负时，又可以对电容器进行充电，以后不断重复上述过程。

从上面的分析可以看出，**由于交流电源的极性不断变化，使得电容器充电和反充电（中和、抵消）交替进行，从而始终有电流流过电容器，这就是电容器“通交”性质。**

3）电容器对交流有阻碍作用

电容器虽然能通过交流，但对交流也有一定的阻碍，这种阻碍称之为容抗，用X_C表示，容抗的单位是欧姆Ω。在图3-4电路中，两个电路中的交流电源电压相等，灯泡也一样，但由于电容器的容抗对交流有阻碍作用，故图3-4（b）中的灯泡要暗一些。

电容器的容抗与交流信号频率、电容器的容量有关，交流信号频率越高，电容器对交流信号的容抗越小，电容器容量越大，它对交流信号的容抗越小。在图3-4（b）电路中，若交流电频率不变，电容器容量越大，灯泡越亮；或者电容器容量不变，交流电频率越高灯泡越亮。这种关系可用下式表示。

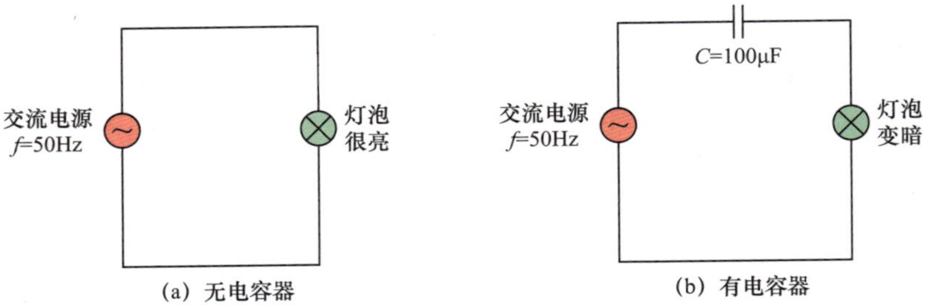

图 3-4　容抗说明图

$$X_C=\frac{1}{2\pi fC}$$

式中：X_C 表示容抗；f 表示交流信号频率；π 为常数 3.14。

在图 3-4 (b) 电路中，若交流电源的频率 f=50Hz，电容器的容量 C=100μF，那么该电容器对交流电的容抗为：

$$X_C=\frac{1}{2\pi fC}=\frac{1}{2\times3.14\times50\times100\times10^{-6}}\approx31.8\Omega$$

3.1.4　极性

固定电容器可分为无极性电容器和有极性电容器。

1. 无极性电容器

无极性电容器的引脚无正负极之分。无极性电容器的电路符号如图 3-5（a）所示，常见无极性电容器外形如图 3-5（b）所示。无极性电容器的容量小，但耐压高。

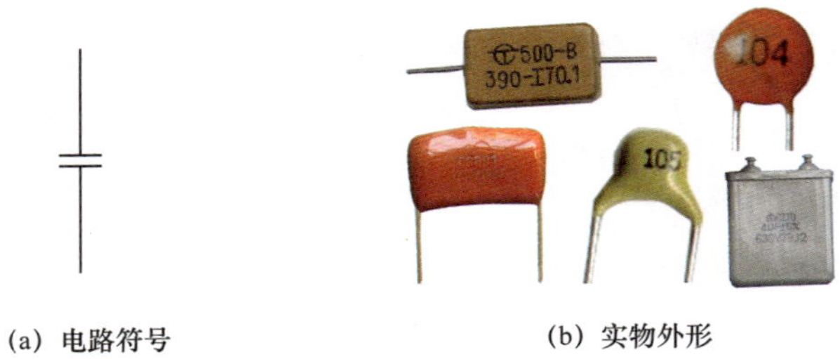

图 3-5　无极性电容器

2. 有极性电容器

有极性电容器又称电解电容器，引脚有正负极之分。有极性电容器的电路符号如图 3-6（a）所示，常见有极性电容器外形如图 3-6（b）所示。有极性电容器的容量大，但耐压较低。

有极性电容器引脚有正负极之分，在电路中不能乱接，若正负极位置接错，轻则电容器不能正常工作，重则电容器炸裂。有极性电容器正确的连接方法是：电容器正极接电路中的高电位，负极接电路中的低电位。有极性电容器正确和错误的接法如图 3-7 所示。

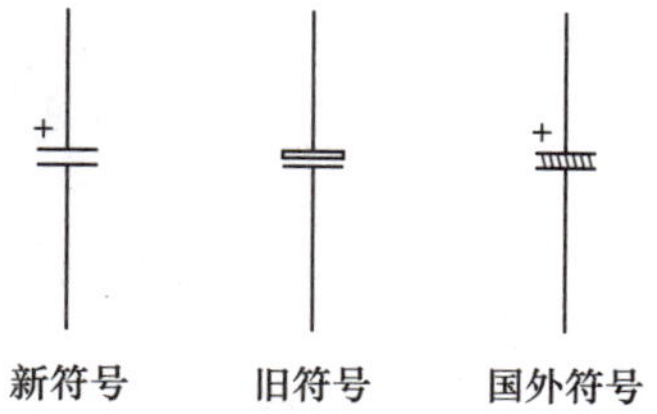

(a) 电路符号

(b) 实物外形

图 3-6 有极性电容器

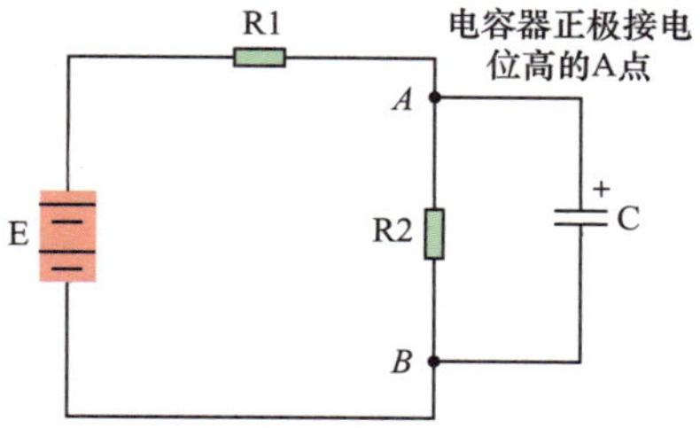

(a) 正确的接法

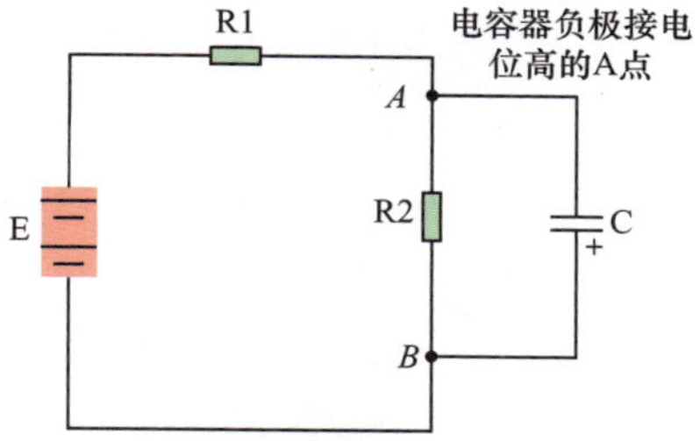

(b) 错误的接法

图 3-7 有极性电容器在电路中的正确与错误的接法

3. 有极性电容器的极性判别

由于有极性电容器有正负极之分，在电路中又不能乱接，所以在使用有极性电容器前需要判别出正极、负极。有极性电容器的正极、负极判别方法如下。

方法一：对于未使用过的新电容，可以根据引脚长短来判别。引脚长的引脚为正极，引脚短的引脚为负极，如图 3-8 所示。

方法二：根据电容器上标注的极性判别。电容器上标"+"为正极，标"-"为负极，如图 3-9 所示。

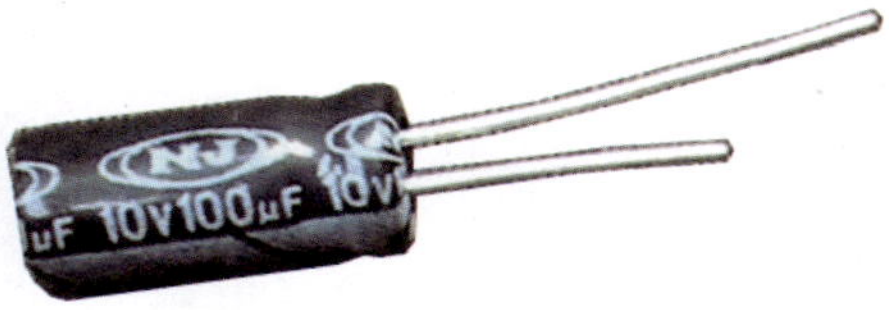

图 3-8 引脚长的引脚为正极

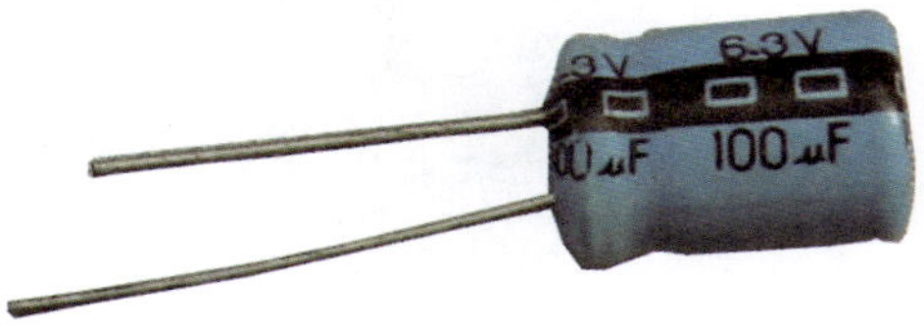

图 3-9 标"-"的引脚为负极

方法三：用万用表判别。万用表拨至 R×10kΩ 挡，测量电容器两极之间阻值，正反各测一次，每次测量时表针都会先向右摆动，然后慢慢往左返回，待表针稳定不移动后再观察阻值大小，两次测量会出现阻值一大一小，以阻值大的那次为准，如图 3-10 所示，黑表笔接的为正极，红表笔接的为负极。

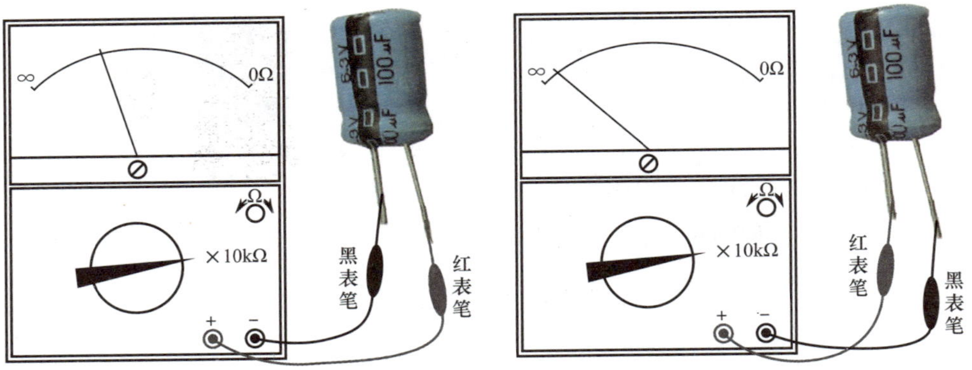

(a) 阻值小　　　　(b) 阻值大

图 3-10　用万用表检测电容器的极性

3.1.5　种类

固定电容器种类很多，按应用材料可分为纸介电容（CZ）、高频瓷片电容（CC）、低频瓷片电容（CT）、云母电容（CY）、聚苯乙烯等薄膜电容（CB）、玻璃釉电容（CI）、漆膜电容（CQ）、玻璃膜电容（CO）、涤纶等薄膜电容（CL）、云母纸电容（CV）、金属化纸电容（CJ）、复合介质电容（CH）、铝电解电容（CD）、钽电解电容（CA）、铌电解电容（CN）、合金电解电容（CG）和其他材料电解电容（CE）等。

不同材料的电容器有不同的结构与特点，一些常见种类的电容器结构与特点见表 3-1。

表 3-1　常见种类的电容器

实物外形			结构与特点
无极性电容器	纸介电容器		纸介电容器是以两片金属箔做电极，中间夹有极薄的电容纸，再卷成圆柱形或扁柱形芯，然后密封在金属壳或绝缘材料壳（如陶瓷、火漆、玻璃釉等）中制成。它的特点是体积较小，容量可以做得较大，但固有电感和损耗都比较大，用于低频比较合适。 金属化纸介电容和油浸纸介电容是两种较特殊的纸介电容。 金属化纸介电容是在电容器纸上覆上一层金属膜来代替金属箔，其体积小、容量较大，一般用在低频电路中。 油浸纸介电容是把纸介电容浸在经过特别处理的油里，以增强它的耐压性，其特点是耐压高、容量大，但体积也较大
	云母电容器		云母电容器是以金属箔或在云母片上喷涂的银层做极板，极板和云母片一层一层叠合后，再压铸在胶木粉或封固在环氧树脂中制成。 云母电容器的特点是介质损耗小、绝缘电阻大、温度系数小，体积较大。云母电容器的容量一般为 10pF ～ 0.1μF，额定电压为 100V ～ 7kV，因其高稳定性和高可靠性特点，故常用于高频振荡等要求较高的电路中

续表

实物外形			结构与特点
无极性电容器	陶瓷电容器		陶瓷电容器是以陶瓷做介质，在陶瓷基体两面喷涂银层，然后烧成银质薄膜做极板制成。 陶瓷电容器的特点是体积小、耐热性好、损耗小、绝缘电阻高，但容量较小，一般用在高频电路中。高频瓷介的容量通常为 1 ～ 6800pF，额定电压为 63 ～ 500V。 铁电陶瓷电容器是一种特殊的陶瓷电容器，其容量较大，但是损耗和温度系数较大，适宜用于低频电路。低频瓷介电容的容量为 10pF ～ 4.7μF，额定电压为 50 ～ 100V
	薄膜电容器		薄膜电容器结构和纸介电容器相同，但介质是涤纶或聚苯乙烯。涤纶薄膜电容器的介电常数较高，稳定性较好，适宜做旁路电容。 薄膜电容器可分为聚酯（涤纶）电容器、聚苯乙烯薄膜电容器和聚丙烯电容器。 聚酯（涤纶）电容的容量为 40pF ～ 4μF，额定电压为 63 ～ 630V。 聚苯乙烯薄膜电容器的介质损耗小、绝缘电阻高，但温度系数较大，体积也较大，常用在高频电路中。聚苯乙烯电的容量为 10pF ～ 1μF，额定电压为 100V ～ 30kV。 聚丙烯电容器性能与聚苯电容器相似，但体积小，稳定性稍差，可代替大部分聚苯或云母电容器，常用于要求较高的电路。聚丙烯电容器的容量为 1000pF ～ 10μF，额定电压为 63 ～ 2000V
	玻璃釉电容器		玻璃釉电容器由一种浓度适于喷涂的特殊混合物喷涂成薄膜作为介质，再以银层电极经烧结而成。 玻璃釉电容器能耐受各种气候环境，一般可在 200℃或更高温度下工作，其特点是稳定性较好，损耗小。玻璃釉电容器的容量为 10pF ～ 0.1μF，额定电压为 63 ～ 400V
	独石电容器		独石电容器又称多层瓷介电容，可分 I、II 两种类型，I 型性能较好，但容量一般小于 0.2μF，II 型容量大但性能一般。独石电容器具有正温系数，而聚丙烯电容器具有负温系数，两者用适当比例并联使用，可使温漂降到很小。 独石电容器具有容量大、体积小、可靠性高、容量稳定、耐湿性好等特点，广泛用于电子精密仪器和各种小型电子设备做谐振、耦合、滤波、旁路。独石电容器容量范围为 0.5pF ～ 1μF，耐压可为 2 倍额定电压。
有极性电	铝电解电容器		铝电解电容器是由两片铝带和两层绝缘膜相互层叠，卷好后浸泡在电解液（含酸性的合成溶液）中，出厂前需要经过直流电压处理，使正极片上形成一层氧化膜做介质。 铝电解电容器的特点是体积小、容量大、损耗大、漏电较大和有正负极性，常应用在电路中做电源滤波、低频耦合、去耦和旁路。铝电解电容器的容量为 0.47 ～ 10000μF，额定电压为 6.3 ～ 450V
无极性电容器	钽铌电解电容器		钽、铌电解电容器是以金属钽或铌做正极，用稀硫酸等配液做负极，再以钽或铌表面生成的氧化膜作为介质制成。 钽、铌电解电容器的特点是体积小、容量大、性能稳定、寿命长、绝缘电阻大、温度特性好，并且损耗、漏电小于铝电解电容，常用在要求高的电路中代替铝电解电容器。钽、铌电解电容器的容量为 0.1 ～ 1000μF，额定电压为 6.3 ～ 125V

3.1.6 串联与并联

在使用电容器时，如果无法找到合适容量或耐压的电容器，可将多个电容器进行并联或串联来得到需要的电容器。

1. 电容器的并联

两个或两个以上电容器头头相连、尾尾相接称为电容器并联。电容器的并联如图 3-11 所示。

电容器并联后的总容量增大，总容量等于所有并联电容器的容量之和，以图 3-11（a）电路为例，并联后总容量：

$$C=C_1+C_2+C_3=5+5+10=20\mu F$$

电容器并联后的总耐压以耐压最小的电容器的耐压为准，仍以图 3-11（a）电路为例，C_1、C_2、C_3 耐压不同，其中 C_1 的耐压最小，故并联后电容器的总耐压以 C_1 耐压 6.3V 为准，加在并联电容器两端的电压不能超过 6.3V。

根据上述原则，图 3-11（a）的电路可等效为图 3-11（b）所示电路。

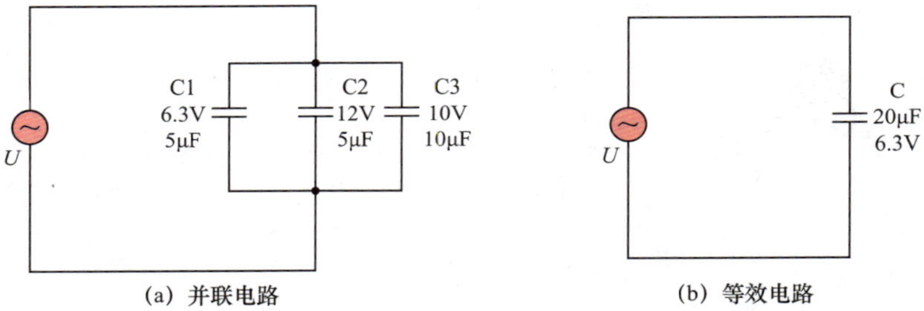

图 3-11 电容器的并联

2. 电容器的串联

两个或两个以上电容器在电路中头尾相连就是电容器的串联。电容器的串联如图 3-12 所示。

电容器串联后总容量减小，总容量比容量最小电容器的容量还小。电容器串联后总容量的计算规律：总容量的倒数等于各电容器容量倒数之和，这与电阻器的并联计算相同，以如图 3-12（a）电路为例，电容器串联后的总容量计算公式：

$$\frac{1}{C}=\frac{1}{C_1}+\frac{1}{C_2}\Rightarrow C=\frac{C_1\cdot C_2}{C_1+C_2}=\frac{1000\times100}{1000+100}=91\text{PF}$$

所以图 3-12（a）电路与图 3-12（b）电路是等效的。

电容器串联后总耐压增大，总耐压较耐压最低电容器的耐压要高。在电路中，串联的各电容器两端承担的电压与容量成反比，即容量越大，在电路中承担电压越低，这个关系可用公式表示：

$$\frac{C_1}{C_2}=\frac{U_2}{U_1}$$

以图 3-12（a）所示电路为例，C1 的容量是 C2 容量的 10 倍，用上述公式计算可知，C2 两端承担的电压 U_2 应是 C1 两端承担电压 U_1 的 10 倍，如果交流电压为 11V，则 U_1=1V，U_2=10V，若 C1、C2 都是耐压为 6.3V 的电容器，就会出现 C2 首先被击穿短路（因为它两端承担了 10V 电压），11V 电压马上全部加到 C1 两端，接着 C1 被击穿损坏。

当电容器串联时，容量小的电容器应尽量选用耐压大的，以接近或等于电源电压为佳，因为当电容器串联在电路中时，容量小的电容器在电路中承担的电压较容量大的电容器承担电压大得多。

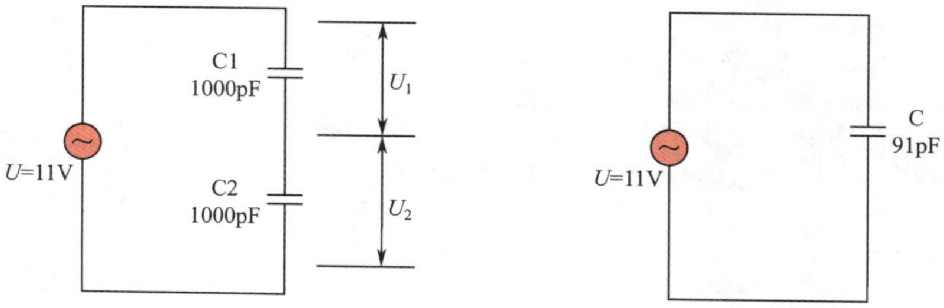

（a）串联电路　　（b）等效电路

图 3-12　电容器的串联

3.1.7　容量与误差的标注方法

容量与误差的标注方法

1. 容量的标注方法

电容器容量标注方法有很多，表 3-2 列出了一些常用的容量标注方法。

表 3-2　电容器常用的容量标注方法

容量标注方法及说明	例图
◆直标法 直标法是指在电容器上直接标出容量值和容量单位。 电解电容器常采用直标法，右图左方的电容器的容量为 2200μF，耐压为 63V，误差为 ±20%，右方电容器的容量为 68nF，J 表示误差为 ±5%	
◆小数点标注法 容量较大的无极性电容器常采用小数点标注法。小数点标注法的容量单位是 μF。 右图中的两个实物电容器的容量分别是 0.01μF 和 0.033μF。有的电容器用 μ、n、p 来表示小数点，同时指明容量单位，如图中的 p1、4n7、3μ3 分别表示容量 0.1pF、4.7nF、3.3μF，如果用 R 表示小数点，单位则为 μF，如 R33 表示容量是 0.33μF	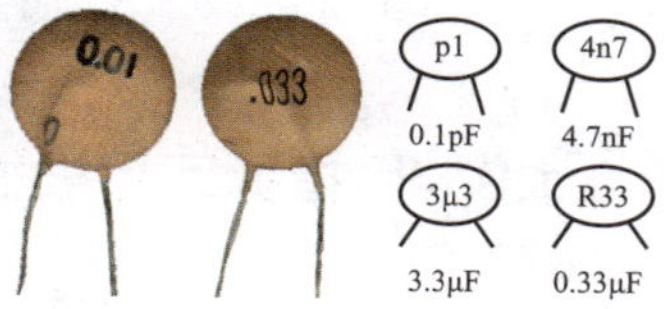

续表

容量标注方法及说明	例图
◆整数标注法 容量较小的无极性电容器常采用整数标注法，单位为 pF。 若整数末位是 0，如标“330”则表示该电容器容量为 330pF；若整数末位不是 0，如标“103”，则表示容量为 10×10^3pF。右图中的几个电容器的容量分别是 180pF、330pF 和 22000pF。如果整数末尾是 9，不是表示 10^9，而是表示 10^{-1}，如 339 表示 3.3pF	
◆色码标注法 色码表示法是指用不同颜色的色环、色带或色点表示容量大小的方法，色码标注法的单位为 pF。 电容器的色码表示方法与色环电阻器相同，第 1、2 色码分别表示第 1、2 位有效数，第 3 色码表示倍乘数，第 4 色码表示误差数。 在右图中，左方的电容器往引脚方向，色码依次为“棕红橙”，表示容量为 12×10^3=12000pF=0.012μF，右方电容器只有两条色码“红橙”，较宽的色码要当成两条相同的色码，该电容器的容量为 22×10^3=22000pF=0.022μF	 12×10^3=12000pF=0.012μF  22×10^3=22000pF=0.022μF

2. 误差表示法

电容器误差表示方法主要有罗马数字表示法、字母表示法和直接表示法。

1）罗马数字表示法

罗马数字表示法是在电容器标注罗马数字来表示误差大小。这种方法用 0、Ⅰ、Ⅱ、Ⅲ分别表示误差 ±2%、±5%、±10% 和 ±20%。

2）字母表示法

字母表示法是在电容器上标注字母来表示误差的大小。字母及其代表的误差数见表 3-3。例如，某电容器上标注“K”，表示误差为 ±10%，标注“Z”表示正误差为 80%，负误差为 20%。

表 3-3　字母及其代表的误差数

字母	B	C	D	F	G	J	K	M	N	Q	S	Z	P
误差（%）	±0.1	±0.25	±0.5	±1	±2	±5	±10	±20	±30	±30~−10	±50~−20	±80~−20	±100~−0

3）直接表示法

直接表示法是指在电容器上直接标出误差数值。如标注“68pF±5pF”表示误差为 ±5pF，标注“±20%”表示误差为 ±20%，标注“0.033/5”表示误差为 ±5%（% 号被省掉）。

3.1.8　用指针万用表检测固定电容器

电容器常见的故障有开路、短路和漏电。

1. 无极性电容器的检测

无极性电容器的检测如图 3-13 所示。

检测无极性电容器时，万用表拨至 R×10kΩ 或 R×1kΩ 挡（对于容量小的电容器选 R×10k 挡），测量电容器两引脚之间的阻值。

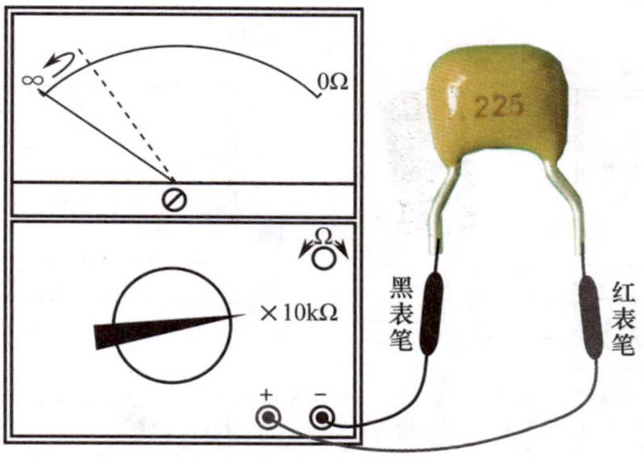

图 3-13 无极性电容器的检测

如果电容器正常，表针先往右摆动，然后慢慢返回到无穷大处，容量越小向右摆动的幅度越小，该过程如图 3-13 所示。表针摆动过程实际上就是万用表内部电池通过表笔对被测电容器充电的过程，被测电容器容量越小，充电越快，表针摆动幅度越小，充电完成后表针就停在无穷大处。

若检测时表针无摆动过程，而是始终停在无穷大处，则说明电容器不能充电，该电容器开路。

若表针能往右摆动，也能返回，但回不到无穷大，则说明电容器能充电，但绝缘电阻小，该电容器漏电。

若表针始终指在阻值小处或 0 处不动，则说明电容器不能充电，并且绝缘电阻很小，该电容器短路。

注意，对于容量小于 0.01μF 的正常电容器，在测量时表针可能不会摆动，故无法用万用表判断是否开路，但可以判别是否短路和漏电。如果怀疑容量小的电容器开路，万用表又无法检测时，可找相同容量的电容器代换，如果故障消失，就说明原电容器开路。

2. 有极性电容器的检测

有极性电容器的检测如图 3-14 所示。

在检测有极性电容器时，万用表拨至 R×1kΩ 或 R×10kΩ 挡（对于容量很大的电容器，可选择 R×100 挡），测量电容器正向、反向电阻。

如果电容器正常，在测正向电阻（黑表笔接电容器正极引脚，红表笔接负极引脚）时，表针先向右大幅度摆动，然后慢慢返回到无穷大处（用 R×10k 挡测量可能到不了无穷大处，但非常接近也是正常的），如图 3-14（a）所示；在测反向电阻时，表针也是先向右摆动，也能返回，但一般不到无穷大处，如图 3-14（b）所示。也就是说，正常电解电容器的正向电阻大，反向电阻略小，它的检测过程与判别正负极是一样的。

若正向、反向电阻均为无穷大，说明电容器开路。

若正向、反向电阻都很小，说明电容器漏电。

若正向、反向电阻均为 0，说明电容器短路。

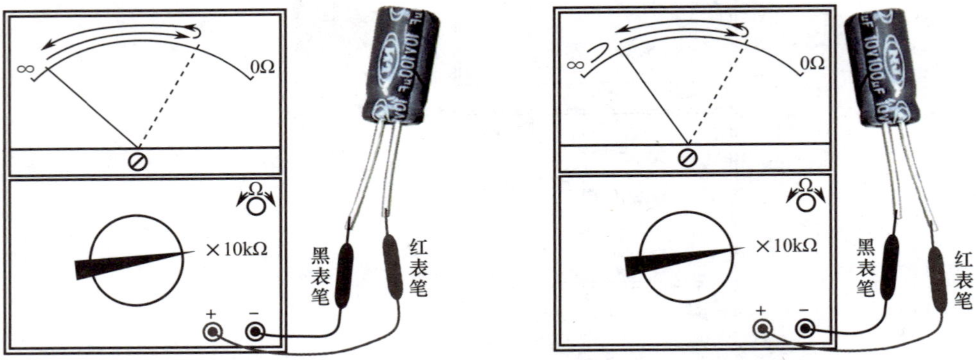

(a) 测正向电阻　　(b) 测反向电阻

图 3-14　有极性电容器的检测

3.1.9　用数字万用表检测固定电容器（附视频操作演示）

用数字万用表检测固定电容器如图 3-15 所示，详细操作过程请打开本书配套光盘中的“电容器的检测”视频文件观看。

3.1.10　选用

电容器是一种较常用的电子元器件，在选用时可遵循以下原则。

（1）标称容量要符合电路的需要。对于一些对容量大小有严格要求的电路（如定时电路、延时电路和振荡电路等），选用的电容器其容量应与要求相同，对于一些对容量要求不高的电路（如耦合电路、旁路电路、电源滤波和电源退耦等），选用的电容器其容量与要求相近即可。

（2）工作电压要符合电路的需要。为了保证电容器能在电路中长时间正常工作，选用的电容器其额定电压应略大于电路可能出现的最高电压，大于 10% ～ 30%。

（3）电容器特性尽量符合电路需要。不同种类的电容器有不同的特性，为了让电路工作状态尽量最佳，可针对不同电路的特点来选择适合种类的电容器。下面是一些电路选择电容器的规律。

①对于电源滤波、退耦电路和低频耦合、旁路电路，一般选择电解电容器。

②对于中频电路，一般选择薄膜电容器和金属化纸介电容器。

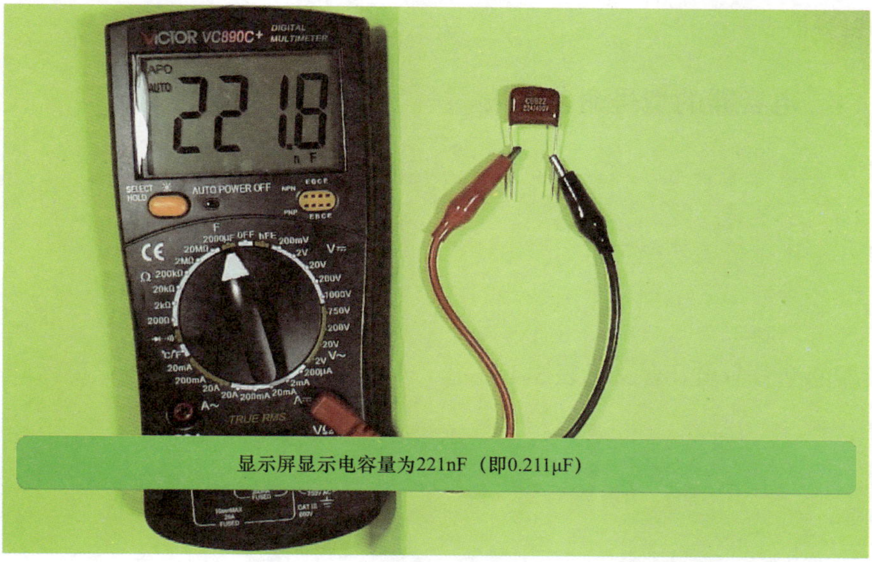

（a）检测无极性电容器

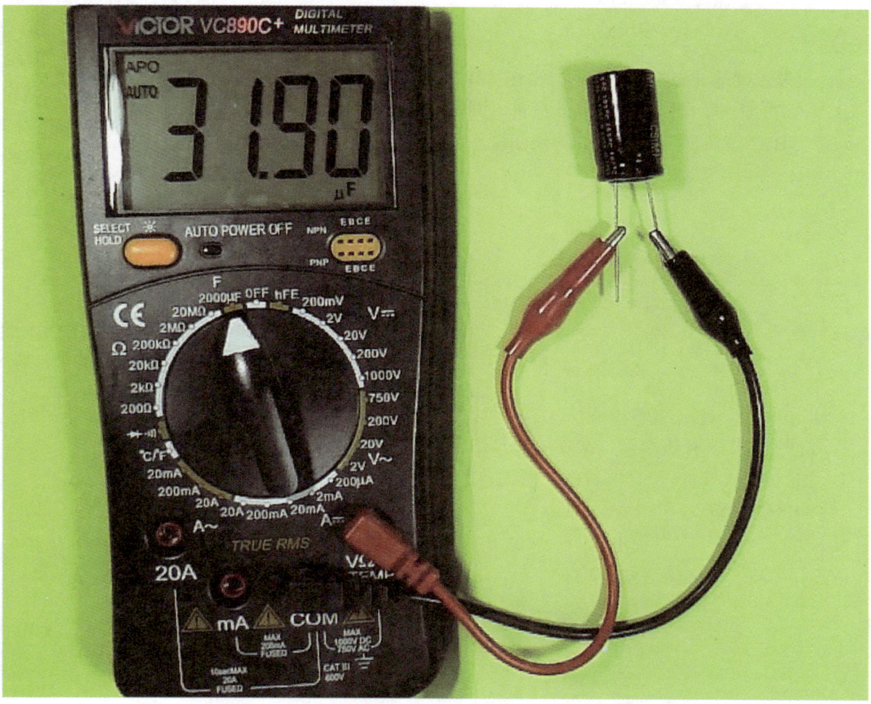

（b）检测有极性电容器

图 3-15　用数字万用表检测固定电容器

③对于高频电路，应选择高频特性良好的电容器，如瓷介电容器和云母电容器。

④对于高压电路，应选择工作电压高的电容器，如高压瓷介电容器。

⑤对于频率稳定性要求高的电路（如振荡电路、选频电路和移相电路），应选择温度

系数小的电容器。

3.1.11 电容器的型号命名方法

国产电容器型号命名由四部分组成：
第一部分用字母“C”表示主称，为电容器；
第二部分用字母表示电容器的介质材料；
第三部分用数字或字母表示电容器的类别；
第四部分用数字表示序号。

电容器的型号命名及含义见表 3-4。

表 3-4 电容器的型号命名及含义

第一部分：主称		第二部分：介质材料		第三部分：类别					第四部分：序号
字母	含义	字母	含义	数字或字母	含义 瓷介电容器	云母电容器	有机电容器	电解电容解	
C	电容器	A	钽电解	1	圆形	非密封	非密封	箔式	用数字表示序号，以区别电容器的外形尺寸及性能指标
		B	聚苯乙烯等非极性有机薄膜（常在“B”后面再加一字母，以区分具体材料。例如，“BB”为聚丙烯，“BF”为聚四氟乙烯）	2	管形	非密封	非密封	箔式	
				3	叠片	密封	密封	烧结粉，非固体	
		C	高频陶瓷	4	独石	密封	密封	烧结粉，固体	
		D	铝电解	5	穿心		穿心		
		E	其他材料电解	6	支柱等				
		G	合金电解						
		H	纸膜复合	7				无极性	
		I	玻璃釉	8	高压	高压	高压		
		J	金属化纸介	9			特殊	特殊	
		L	涤纶等极性有机薄膜（常在“L”后面再加一字母，以区分具体材料。例如，“LS”为聚碳酸酯	G	高功率型				
				T	叠片式				
		N	铌电解	W	微调型				
		O	玻璃膜						
		Q	漆膜	J	金属化型				
		T	低频陶瓷						
		V	云母纸	Y	高压型				
		Y	云母						
		Z	纸介						

3.2 可变电容器

可变电容器又称可调电容器，是指容量可以调节的电容器。可变电容器主要分为微调电容器、单联电容器和多联电容器。

3.2.1　微调电容器

1. 外形与和电路符号

微调电容器又称半可变电容器，其容量不经常调节。图 3-16（a）所示是两种常见微调电容器实物外形，微调电容器用图 3-16（b）电路符号表示。

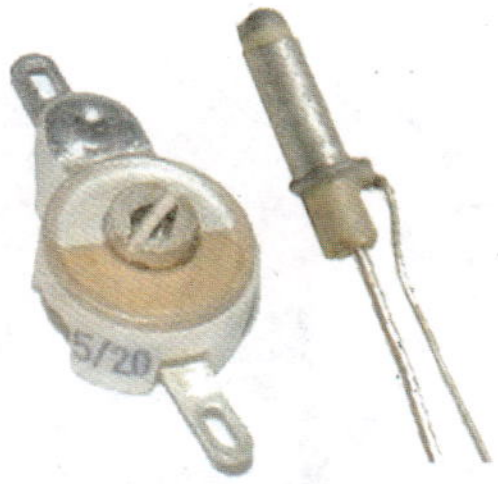

(a) 外形

(b) 电路符号

图 3-16　微调电容器

2. 结构

微调电容器是由一片动片和一片定片构成。微调电容器的典型结构如图 3-17 所示，动片与转轴连接在一起，当转动转轴时，动片也随之转动片，动片、定片的相对面积就会发生变化，电容器的容量就会变化。

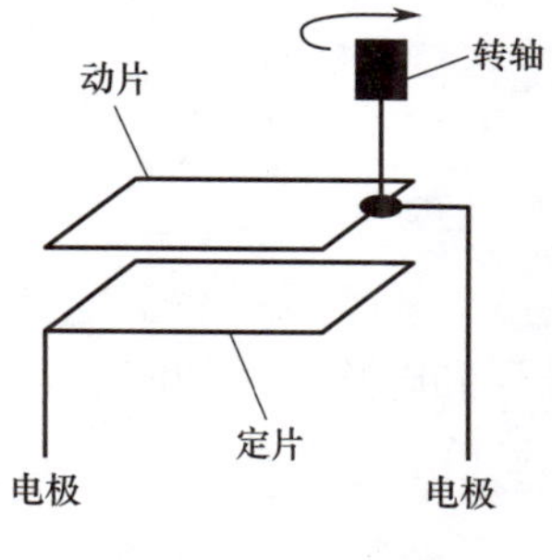

图 3-17　微调电容器的结构示意图

3. 种类

微调电容器可分为云母微调电容器、瓷介微调电容器、薄膜微调电容器和拉线微调电容器等。

云母微调电容器一般是通过螺钉调节动片、定片之间的距离来改变容量的。

瓷介微调电容器、薄膜微调电容器一般是通过改变动片、定片之间的相对面积来改变容量的。

拉线微调电容器是以瓷管内壁镀银层为定片，外面缠绕的细金属丝为动片，减小金属丝的圈数，就可改变容量。这种电容器的容量只能从大调到小。

4. 用指针万用表检测微调电容器

检测微调电容器时，万用表拨至 R×10kΩ 挡，测量微调电容器两引脚之间的电阻，如图 3-18 所示，正常测得的阻值应为无穷大。然后调节旋钮，同时观察阻值大小，正常阻值应始终为无穷大，若调节时出现阻值为 0 或阻值变小，说明电容器动片、定片之间存在短路或漏电现象。

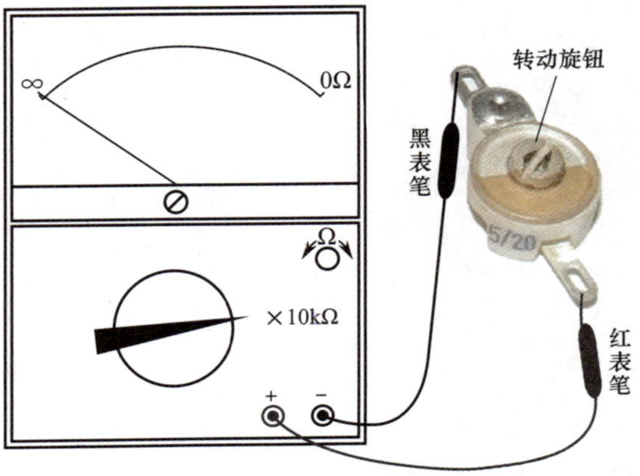

图 3-18　微调电容器的检测

3.2.2　单联电容器

1. 外形与电路符号

单联电容器是由多个连接在一起的金属片作为定片，以多个与金属转轴连接的金属片作为动片构成。单联电容器的外形和电路符号如图 3-19 所示。

(a) 外形　　(b) 电路符号

图 3-19　单联电容器

2. 结构

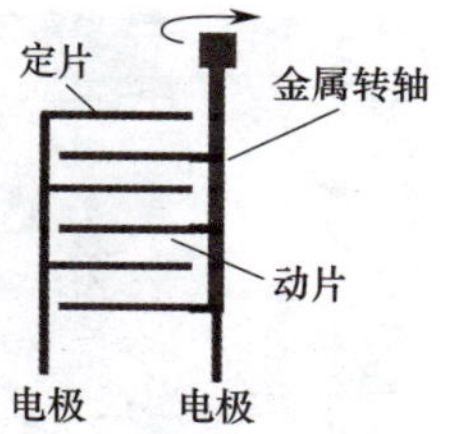

图 3-20　单联电容器的结构示意图

单联电容器的结构如图 3-20 所示，它是以多个有连接的金属片作为定片，而将多个与金属转轴连接的金属片作为动片，再将定片与动片的金属片交差且相互绝缘叠在一起，当转动转轴时，各个定片与动片之间的相对面积就会发生变化，整个电容器的容量就会变化。

3.2.3　多联电容器

1. 外形与符号

多联电容器是指将两个或两个以上的可变电容器结合在一起而构成的电容器。常见的多联电容器有双联电容器和四联电容器，多联电容器的外形和符号如图 3-21 所示。

(a) 外形

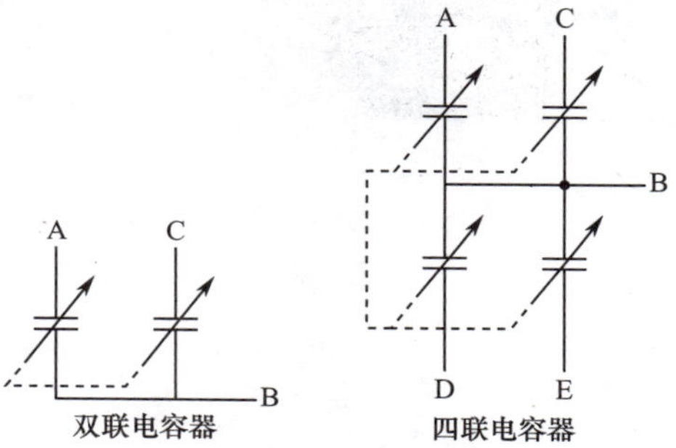

(b) 符号

图 3-21　多联电容器

2. 结构

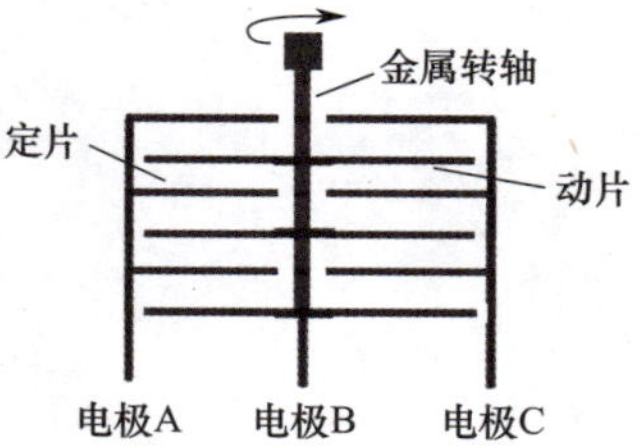

图 3-22　双联电容器的结构

多联电容器虽然种类较多，但结构大同小异，下面以图 3-22 所示的双联电容器为例说明，双联电容器由两组动片和两组定片构成，两组动片都与金属转轴相连，而各组定片都是独立的，当转动转轴时，与转轴连动的两组动片都会移动，它们与各自对应定片的相对面积会同时变化，两个电容器的容量被同时调节。

3.2.4　用数字万用表检测双联可变电容器（附视频操作演示）

用数字万用表检测双联可变电容器如图 3-23 所示，详细操作过程请打开本书配套光盘中的“电容器的检测”视频文件观看。

图 3-23　用数字万用表检测双联可变电容器

第4章

二 极 管

4.1 半导体与二极管

4.1.1 半导体

导电性能介于导体与绝缘体之间的材料称为半导体，常见的半导体材料有硅、锗和硒等。利用半导体材料可以制作各种各样的半导体元器件，如二极管、三极管、场效应管和晶闸管等，它们都是由半导体材料制作而成的。

1. 半导体的特性

半导体的主要特性如下。

①掺杂性。当往纯净的半导体中掺入少量某些物质时，半导体的导电性就会大大增强。二极管、三极管就是用掺入杂质的半导体制成的。

②热敏性。当温度上升时，半导体的导电能力会增强，利用该特性可以将某些半导体制成热敏器件。

③光敏性。当有光线照射半导体时，半导体的导电能力也会显著增强，利用该特性可以将某些半导体制成光敏器件。

2. 半导体的类型

半导体主要有三种类型：本征半导体、N 型半导体和 P 型半导体。

①本征半导体。纯净的半导体称为本征半导体，它的导电能力是很弱的，在纯净的半导体中掺入杂质后，导电能力会大大增强。

②N型半导体。在纯净半导体中掺入五价杂质(原子核最外层有五个电子的物质，如磷、砷和锑等）后，半导体中会有大量带负电荷的电子（因为半导体原子核最外层一般只有四个电子，所以可理解为当掺入五价元素后，半导体中的电子数偏多），这种电子偏多的半导体称“N 型半导体”。

③P 型半导体。在纯净半导体中掺入三价杂质（如硼、铝和镓）后，半导体中电子偏少，有大量的空穴（可以看作正电荷）产生，这种空穴偏多的半导体称“P 型半导体”。

4.1.2 二极管

1. 构成

当 P 型半导体（含有大量的正电荷）和 N 型半导体（含有大量的电子）结合在一起时，P 型半导体中的正电荷向 N 型半导体中扩散，N 型半导体中的电子向 P 型半导体中扩散，于是在 P 型半导体和 N 型半导体中间就形成一个特殊的薄层，这个薄层称为 PN 结，该过程如图 4-1 所示。

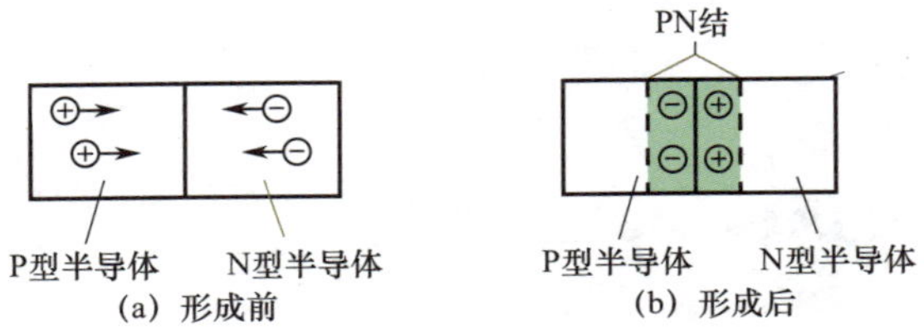

图 4-1　PN 结的形成

从含有 PN 结的 P 型半导体和 N 型半导体两端各引出一个电极并封装起来就构成了二极管，与 P 型半导体连接的电极称为正极（或阳极），用“+”或“A”表示，与 N 型半导体连接的电极称为负极（或阴极），用“-”或“K”表示。

2. 结构、符号和外形

二极管内部结构、电路符号和实物外形如图 4-2 所示。

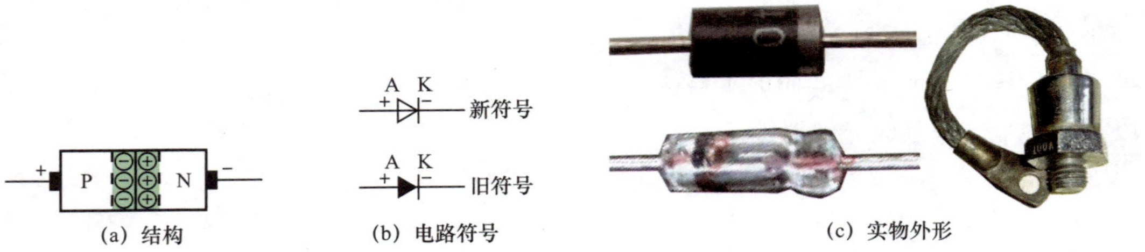

图 4-2　二极管

3. 二极管“单向导电”性质说明

1）“单向导电”性质说明

下面通过分析图 4-3 中的两个电路来说明二极管的性质。

在图 4-3（a）所示电路中，当闭合开关 S 后，发现灯泡会发光，说明有电流流过二极管，二极管导通；而在图 4-3(b)所示电路中，当开关 S 闭合后灯泡不亮，说明无电流流过二极管，二极管不导通。通过观察这两个电路中二极管的接法可以发现：在图 4-3（a）中，二极管

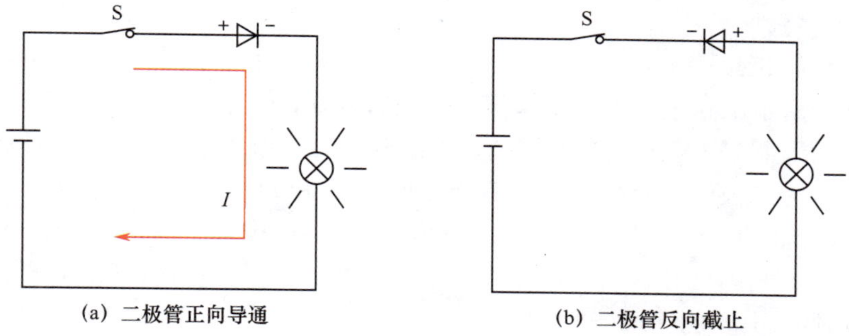

图 4-3 二极管的性质说明图

的正极通过开关 S 与电源的正极连接，二极管的负极通过灯泡与电源负极相连；而在图 4-3（b）中，二极管的负极通过开关 S 与电源的正极连接，二极管的正极通过灯泡与电源负极相连。

由此可以得出这样的结论：当二极管正极与电源正极连接，负极与电源负极相连时，二极管能导通，反之二极管不能导通。二极管这种单方向导通的性质称二极管的单向导电性。

2）伏安特性曲线

在电子工程技术中，常采用伏安特性曲线来说明元器件的性质。伏安特性曲线又称电压电流特性曲线，它用来说明元器件两端电压与通过电流的变化规律。

二极管的伏安特性曲线用来说明加到二极管两端的电压 U 与通过电流 I 之间的关系。二极管的伏安特性曲线如图 4-4（a）所示，图 4-4（b）、图 4-4（c）所示的是为解释伏安特性曲线而画的电路。

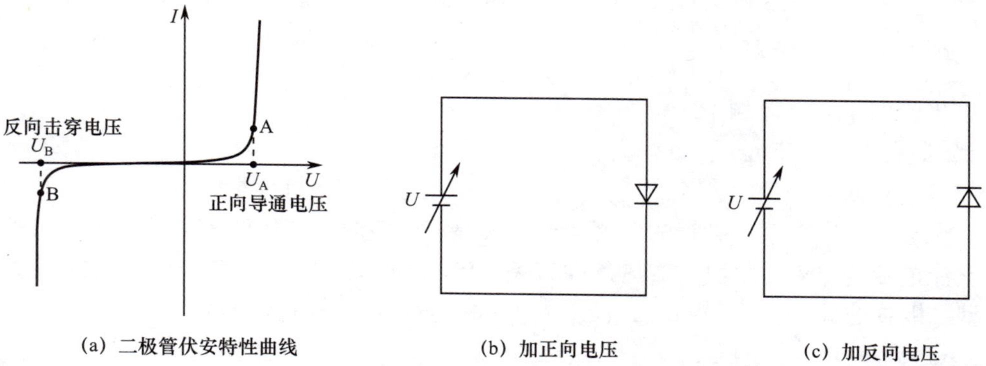

图 4-4 二极管的伏安特性曲线

在图 4-4（a）的坐标图中，第一象限内的曲线表示二极管的正向特性，第三象限内的曲线则是表示二极管的反向特性。下面从两方面来分析伏安特性曲线。

（1）正向特性

正向特性是指给二极管加正向电压（二极管正极接高电位，负极接低电位）时的特性。在图 4-4（b）所示电路中，电源直接接到二极管两端，此电源电压对二极管来说是正向电压。将电源电压 U 从 0V 开始慢慢调高，在刚开始时，由于电压 U 很低，流过二极管的电流极小，可认为二极管没有导通，只有当正向电压达到图 4-4（a）所示的 U_A 电压时，流过二极管的电流急剧增大，二极管导通。这里的 U_A 电压称为正向导通电压，又称门电压（或阈值电压），不同材料的二极管，其门电压是不同的，硅材料二极管的门电压为 0.5 ～ 0.7V，锗材料二极管的门电压为 0.2 ～ 0.3V。

从上面的分析可以看出，二极管的正向特性是：当二极管加正向电压时不一定能导通，只有正向电压达到门电压时，二极管才能导通。

（2）反向特性

反向特性是指给二极管加反向电压（二极管正极接低电位，负极接高电位）时的特性。在图 4-4（c）所示电路中，电源直接接到二极管两端，此电源电压对二极管来说是反向电压。将电源电压 U 从 0V 开始慢慢调高，在反向电压不高时，没有电流流过二极管，二极管不能导通。当反向电压达到图 4-4（a）所示 U_B 电压时，流过二极管的电流急剧增大，二极管反向导通了，这里的 U_B 电压称为反向击穿电压，反向击穿电压一般很高，远大于正向导通电压，不同型号的二极管反向击穿电压不同，低的十几伏，高的几千伏。普通二极管反向击穿导通后通常是损坏性的，所以反向击穿导通的普通二极管一般不能再使用。

从上面的分析可以看出，二极管的反向特性是：当二极管加较低的反向电压时不能导通，但反向电压达到反向击穿电压时，二极管会反向击穿导通。

二极管的正向、反向特性与生活中的开门类似：当你从室外推门（门是朝室内开的）时，如果力很小，门是推不开的，只有力气较大时门才能被推开，这与二极管加正向电压，只有达到门电压才能导通相似；当你从室内往外推门时，是很难推开的，但如果推门的力气非常大，门也会被推开，不过门被开的同时一般也就损坏了，这与二极管加反向电压时不能导通，但反向电压达到反向击穿电压（电压很高）时，二极管会击穿导通相似。

4. 主要参数

二极管的主要参数如下。

1）最大整流电流 I_F

二极管长时间使用时允许流过的最大正向平均电流称为最大整流电流，或称二极管的额定工作电流。当流过二极管的电流大于最大整流电流时，二极管容易被烧坏。二极管的最大整流电流与 PN 结面积、散热条件有关。PN 结面积大的面接触型二极管的 I_F 大，点接触型二极管的 I_F 小；金属封装二极管的 I_F 大，而塑封二极管的 I_F 小。

2）最高反向工作电压 U_R

最高反向工作电压是指二极管正常工作时两端能承受的最高反向电压。最高反向工作电压一般为反向击穿电压的一半。在高压电路中需要采用 U_R 大的二极管，否则二极管易被击穿损坏。

3）最大反向电流 I_R

最大反向电流是指二极管两端加最高反向工作电压时流过的反向电流。该值越小，表明二极管的单向导电性越佳。

4）最高工作频率 f_M

最高工作频率是指二极管在正常工作条件下的最高频率。如果加给二极管的信号频率高于该频率，二极管将不能正常工作，f_M 的大小通常与二极管的 PN 结面积有关，PN 结面积越大，f_M 越低，故点接触型二极管的 f_M 较高，而面接触型二极管的 f_M 较低。

5. 极性判别

二极管引脚有正、负极之分，在电路中乱接，轻则不能正常工作，重则损坏。二极管极性判别可采用下面一些方法。

1）根据标注或外形判断极性

为了让人们更好区分出二极管正极、负极，有些二极管会在表面画一定的标志来指示正极、负极，有些特殊的二极管，从外形也可找出正极、负极。

在图 4-5 所示中，左上方的二极管表面标有二极管符号，其中三角形端对应的电极为正极，另一端为负极；左下方的二极管标有白色圆环的一端为负极；右方的二极管金属螺栓为负极，另一端为正极。

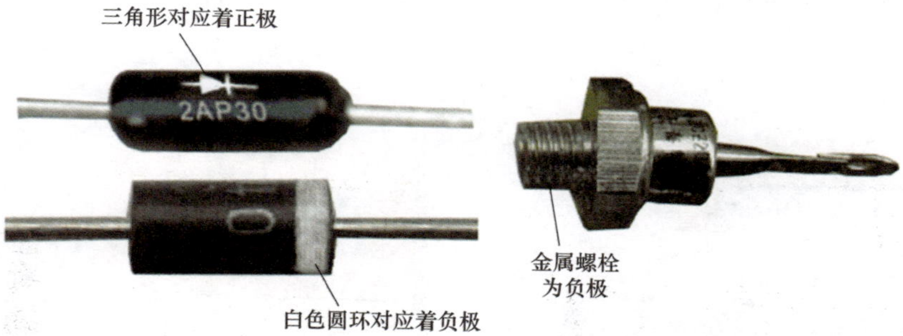

图 4-5 根据标注或外形判断二极管的极性

2）用指针万用表判断极性

对于没有标注极性或无明显外形特征的二极管，可用指针万用表的欧姆挡来判断极性。万用表拨至 R×100Ω 或 R×1kΩ 挡，测量二极管两个引脚之间的阻值，正、反各测一次，会出现阻值一大一小，如图 4-6 所示，以阻值小的一次为准，见图 4-6（a），黑表笔接的为二极管的正极，红表笔接的为二极管的负极。

3）用数字万用表判断极性

数字万用表与指针万用表一样，也有欧姆挡，但由于两者测量原理不同，数字万用表欧姆挡无法判断二极管的正极、负极（数字万用表测量正向、反向电阻时阻值都显示无穷大符号“1”），不过数字万用表有一个二极管专用测量挡，可以用该挡来判断二极管的极性。用数字万用表判断二极管极性过程如图 4-7 所示。

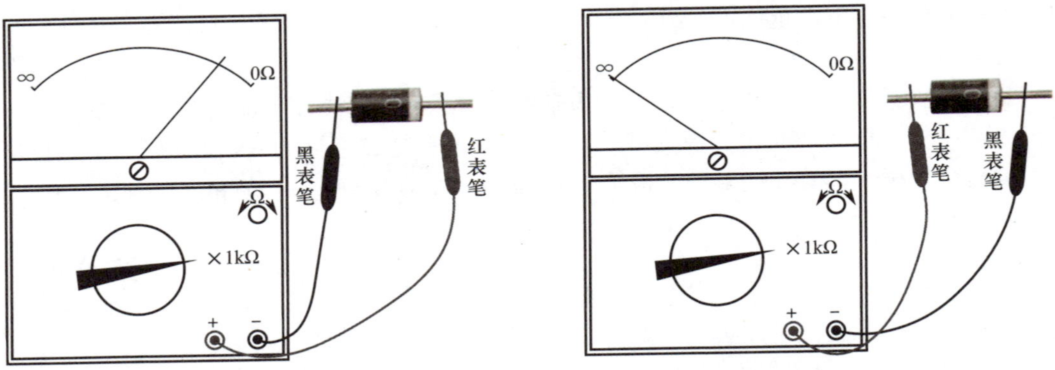

(a) 阻值小　　(b) 阻值大

图 4-6　用指针万用表判断二极管的极性

在检测判断时，数字万用表拨至“—▶|—”挡（二极管测量专用挡），然后红、黑表笔分别接被测二极管的两极，正反各测一次，测量会出现一次显示“1”，如图 4-7（a）所示，另一次显示 100 ～ 800 之间的数字，如图 4-7（b）所示，以显示 100 ～ 800 之间数字的那次测量为准，红表笔接的为二极管的正极，黑表笔接的为二极管的负极。显示“1”表示二极管未导通，显示“575”表示二极管已导通，并且二极管当前的导通电压为 575mV（即 0.575V）。

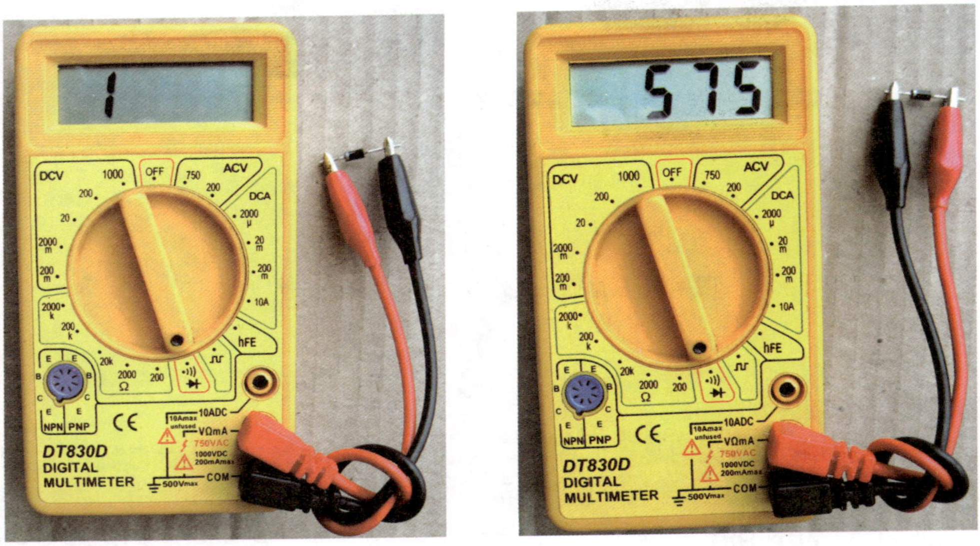

(a) 未导通　　(b) 导通

图 4-7　用数字万用表判断二极管的极性

6. 常见故障及检测

二极管常见故障有开路、短路和性能不良。

在检测二极管时，万用表拨至 R×1kΩ 挡，测量二极管正向、反向电阻，测量方法与极性判断相同，可参见图 4-6。正常锗材料二极管正向阻值在 1kΩ 左右，反向阻值在 500kΩ 以上；正常硅材料二极管正向电阻为 1 ～ 10kΩ，反向电阻为无穷大（不同型号万用表测量值略有差距）。也就是说，正常二极管的正向电阻小、反向电阻很大。

若测得二极管正向、反向电阻均为 0，说明二极管短路。

若测得二极管正向、反向电阻均为无穷大，说明二极管开路。

若测得正向、反向电阻差距小（即正向电阻偏大，反向电阻偏小），说明二极管性能不良。

4.1.3　整流二极管与整流桥

1. 整流二极管

整流二极管的功能是将交流电转换成直流电。整流二极管的功能说明如图 4-8 所示。

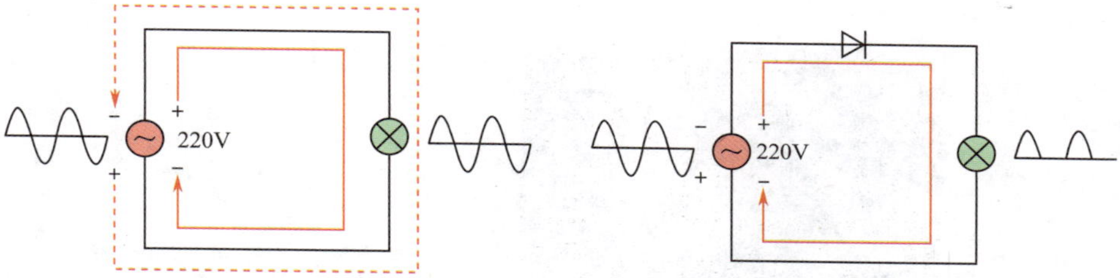

(a)　(b)

图 4-8　整流二极管的功能说明

在图 4-8（a）中，将灯泡与 220V 交流电源直接连起来。当交流电为正半周时，其电压极性为上正下负，有正半周电流流过灯泡，电流路径为交流电源上正→灯泡→交流电源下负，如实线箭头所示；当交流电为负半周时，其电压极性变为上负下正，有负半周电流流过灯泡，电流路径为交流电源下正→灯泡→交流电源上负，如虚线箭头所示。由于正负半周电流均流过灯泡，灯泡发光，并且光线很亮。

在图 4-8（b）中，在 220V 交流电源与灯泡之间串联一个二极管，会发现灯泡也亮，但亮度较暗，这是因为只有交流电源为正半周（极性为上正下负）时，二极管才导通，而交流电源为负半周（极性为下负下正）时，二极管不能导通，结果只有正半周交流电通过灯泡，故灯泡仍亮，但亮度较暗。图中的二极管允许交流电一个半周通过而阻止另一个半周通过，其功能称为整流，该二极管称为整流二极管。

用作整流功能的二极管要求最大整流电流和最高反向工作电压满足电路要求，如图 4-8（b）中的整流二极管在交流电源负半周时截止，它两端要承受 300 多伏电压，如果选用的二极管最高反向工作电压低于该值，二极管会被反向击穿。

表 4-1 列出了一些常用整流二极管的主要参数。

表 4-1　常用整流二极管的主要参数

电流规格系列 \ 最高反向工作电压（V）	50	100	200	300	400	500	600	800	1000
1A 系列	1N4001	1N4002	1N4003		1N4004		1N4005	1N4006	1N4007
1.5 系列	1N5391	1N5392	1N5393	1N5394	1N5395	1N5396	1N5397	1N5398	1N5399
2A 系列	PS200	PS201	PS202		PS204		PS206	PS208	PS2010
3A 系列	1N5400	1N5401	1N5402	1N5403	1N5404	1N5405	1N5406	1N5407	1N5408
6A 系列	P600A	P600B	P600D						

2. 用数字万用表检测整流二极管（附视频操作演示）

用数字万用表检测整流二极管如图 4-9 所示，详细操作过程请打开本书配套光盘中的“整流二极管与整流桥的检测”视频文件观看。

图 4-9　用数字万用表检测整流二极管

3. 整流桥

整流桥又称整流桥堆，它内部含有多个整流二极管，整流桥有半桥和全桥之分。

1）整流半桥

半桥内部有两个二极管，根据二极管连接方式不同，可分为共阴极半桥、共阳极半桥和独立二极管半桥，共阴极半桥、共阳极半桥有三个引脚，而独立二极管半桥有四个引脚，如图 4-10 所示。

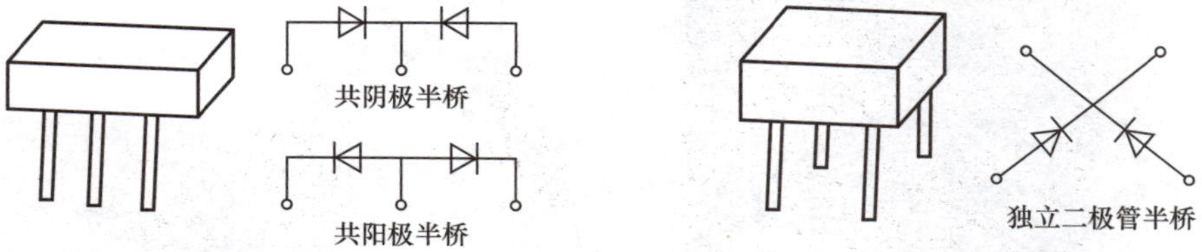

(a) 三引脚　　(b) 四引脚

图 4-10　整流半桥

在检测三引脚整流半桥类型时，万用表拨至 R×1kΩ 挡，测量任意两引脚之间的阻值，当出现阻值小时，黑表笔接的为一个二极管正极，红表笔接的为该二极管的负极，然后黑表笔不动，红表笔接余下的引脚，如果测得阻值也很小，则所测整流半桥的为共阳极，黑表笔接的为公共极，如果测得阻值为无穷大，则所测整流半桥的为共阴极，红表笔先前接的引脚为公共极。

2）整流全桥

全桥内部有四个整流二极管，其外形与内部连接如图 4-11 所示。全桥有四个引脚，标有“～”的两个引脚为交流电压输入端，标有“+”和“-”的分别为直流电压“+”和“-”输出端。

(a) 外形　　(b) 内部连接

图 4-11　整流桥堆

3）用数字万用表检测整流桥（附视频操作演示）

用数字万用表检测整流桥如图 4-12 所示，详细操作过程请打开本书配套光盘中的“整流二极管与整流桥的检测”视频文件观看。

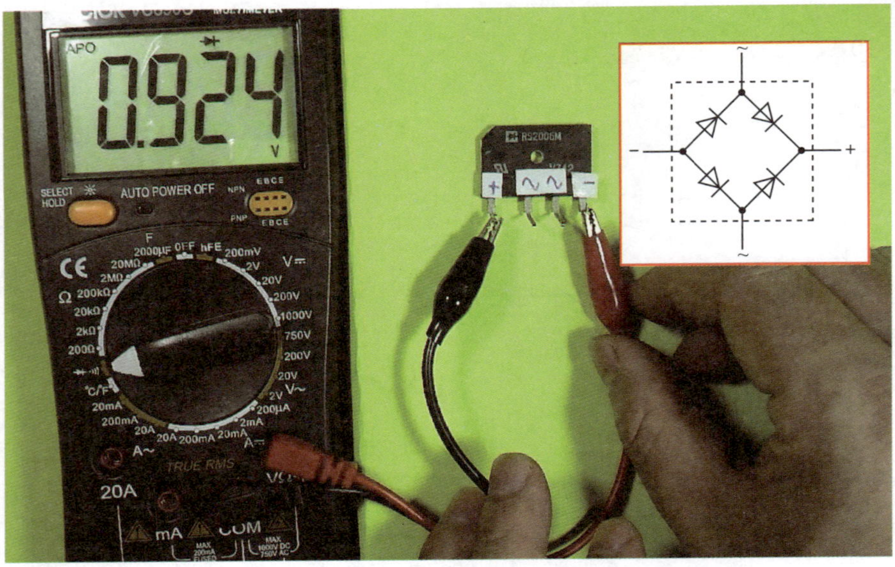

图 4-12 用数字万用表检测整流桥

4.1.4 开关二极管

二极管具有导通和截止两种状态，它对应着开关的“开（接通）”和“关（断开）”两种状态。当二极管加正向偏压时，正极电压高于负极电压，二极管导通，相当于开关闭合；当二极管加反向偏压时，正极电压低于负极电压，二极管截止，相当于开关闭合。

1. 特点

在开关进行开、关状态切换时，需要一定的切换时间，同样，二极管由一种状态转换到另一种状态也需要一定的时间，二极管从导通状态转换到截止状态所需的时间称为反向恢复时间，二极管从截止状态转换到导通状态所需的时间称为开通时间，二极管的反向恢复时间要远大于开通时间。故二极管通常只给出反向恢复时间。

为了达到良好的开、关效果，要求开关二极管的导通、截止切换速度很快，即要求开关二极管的反向恢复时间要小。开关二极管具有开关速度快、体积小、寿命长、可靠性高等特点，广泛应用于电子设备的开关电路、检波电路、高频和脉冲整流电路及自动控制电路中。

2. 种类

开关二极管种类很多，如普通开关二极管、高速开关二极管、超高速开关二极管、低功耗开关二极管、高反压开关二极管和硅电压开关二极管等。

①普通开关二极管。常用的国产普通开关二极管有 2AK 系列锗开关二极管（如 2AK1）。

②高速开关二极管。高速开关二极管较普通开关二极管的反向恢复时间更短，开、关频率更快。常用的国产高速开关二极管有 2CK 系列（如 2CK13），进口高速开关二极管有 1N 系列（如 1N4148）、1S 系列（如 1S2471）、1SS 系列（有引线塑封）和 RLS 系列（表面安装）。

③超高速开关二极管。常用的超高速二极管有 1SS 系列（有引线塑封）和 RLS 系列（表面封装）。

④低功耗开关二极管。低功耗开关二极管的功耗较低，但其零偏压电容和反向恢复时间值均较高速开关二极管低。常用的低功耗开关二极管有 RLS 系列（表面封装）和 1SS 系列（有引线塑封）。

⑤高反压开关二极管。高反压开关二极管的反向击穿电压均在 220V 以上，但其零偏压电容和反向恢复时间值相对较大。常用的高反压开关二极管有 RLS 系列（表面封装）和 1SS 系列（有引线塑封）。

⑥硅电压开关二极管。硅电压开关二极管是一种新型半导体器件，有单向电压开关二极管和双向电压开关二极管之分，主要应用于触发器、过压保护电路、脉冲发生器及高压输出、延时、电子开关等电路。单向电压开关二极管也称转折二极管，其正向为负阻开关特性（即当外加电压升高到正向转折电压值时，开关二极管由截止状态变为导通状态，即由高阻转为低阻），反向为稳定特性；双向电压开关二极管的正向和反向均具有相同的负阻开关特性。

最常用的开关二极管有 1N4148、1N4448，两者均采用透明玻壳封装，靠近黑色环的引脚为负极，它们可以代换国产大部分 2CK 系列型号的开关二极管。1N4148、1N4448 的参数见表 4-2。

表 4-2　1N4148、1N4448 的参数

参数 / 型号	最高反向工作电压 U_{RM}（V）	反向击穿电压 U（V）	最大正向压降 U_{FM}（V）	最大正向电流 I_{FM}（mA）	平均整流电流 I_d（mA）	反向恢复时间 t_{rr}（ns）	最高温 T_{jM}（℃）	零偏结电容 C_0(pF)	最大功耗 P_M（mW）
1N4148	75	100	≤1	450	150	4	150	4	500
1N4448	75	100	≤1	450	150	4	150	5	500

3. 应用

开关二极管的应用举例如图 4-13 所示。从 A 点输入的 U_i 信号要到达 B 点输出，必须经过二极管 VD，当控制电压为正电压时，二极管导通，U_i 信号经 C1、VD、C2 到达 B 点输出，当控制电压为负电压时，二极管截止，U_i 信号无法通过 VD，不能到达 B 点，二极管 VD 在该电路相当于一个开关，其通断受电压控制，故又称为电子开关。

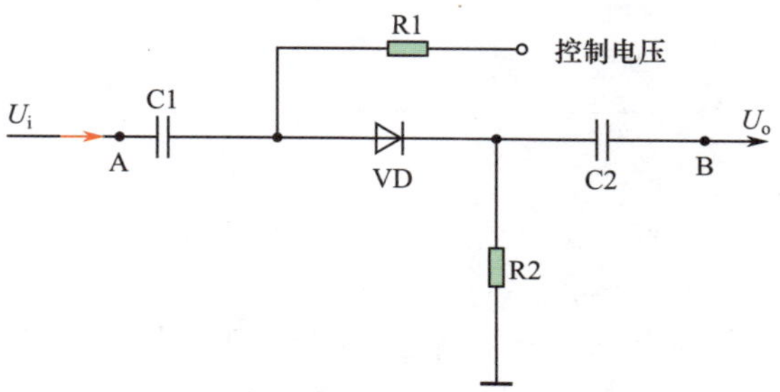

图 4-13　开关二极管的应用举例

4.2 稳压二极管

4.2.1 外形与电路符号

稳压二极管又称齐纳二极管或反向击穿二极管，它在电路中起稳压作用。稳压二极管的实物外形和电路符号如图 4-14 所示。

(a) 实物外形

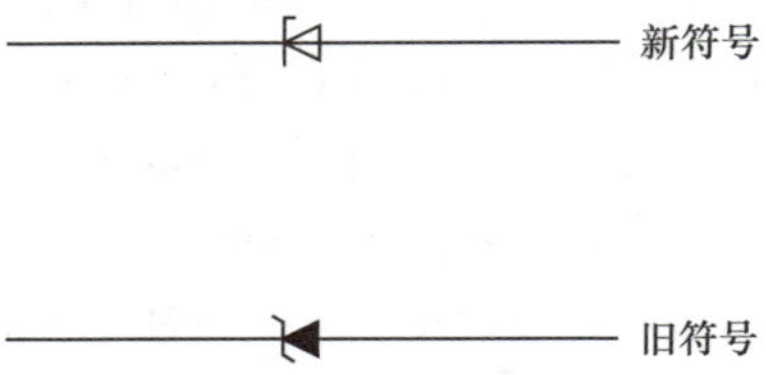

(b) 电路符号

图 4-14 稳压二极管

4.2.2 工作原理

在电路中，稳压二极管可以稳定电压。要让稳压二极管起稳压作用，必须将它反接在电路中（即稳压二极管的负极接电路中的高电位，正极接低电位），稳压二极管在电路中正接时的性质与普通二极管相同。下面以图 4-15 所示的电路来说明稳压二极管的稳压原理。

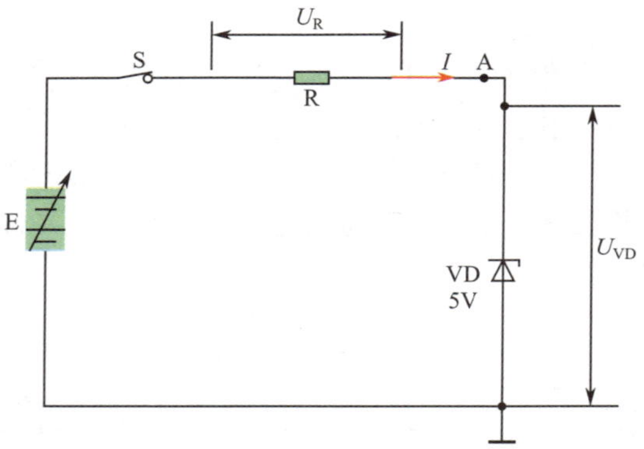

图 4-15 稳压二极管的稳压原理说明图

图 4-15 中的稳压二极管 VD 的稳压值为 5V，若电源电压低于 5V，当闭合开关 S 时，VD 反向不能导通，无电流流过限流电阻 R，$U_R=I_R=0$，电源电压途经 R 时，R 上没有压降，故 A 点电压与电源电压相等，VD 两端的电压 U_{VD} 与电源电压也相等，如 E=4V 时，

U_{VD} 也为 4V，电源电压在 5V 范围内变化时，U_{VD} 也随之变化。也就是说，当加到稳压二极管两端电压低于它的稳压值时，稳压二极管处于截止状态，无稳压功能。

若电源电压超过稳压二极管稳压值，如 E=8V，当闭合开关 S 时，8V 电压通过电阻 R 送到 A 点，该电压超过稳压二极管的稳压值，VD 反向击穿导通，马上有电流流过电阻 R 和稳压管 VD，电流在流过电阻 R 时，R 产生 3V 的压降（即 U_R=3V），稳压管 VD 两端的电压 U_{VD}=5V。

若调节电源 E 使电压由 8V 上升到 10V 时，由于电压的升高，流过 R 和 VD 的电流都会增大，因流过 R 的电流增大，R 上的电压 U_R 也随之增大（由 3V 上升到 5V），而稳压二极管 VD 上的电压 UVD 维持 5V 不变。

稳压二极管的稳压原理可概括为：当外加电压低于稳压二极管稳压值时，稳压二极管不能导通，无稳压功能；当外加电压高于稳压二极管稳压值时，稳压二极管反向击穿，两端电压保持不变，其大小等于稳压值（注：为了保护稳压二极管并使它有良好的稳压效果，需要给稳压二极管串接限流电阻）。

4.2.3 应用

稳压二极管在电路通常有两种应用连接方式，如图 4-16 所示。

在图 4-16（a）电路中，输出电压 U_o 取自稳压二极管 VD 两端，故 U_o=U_{VD}，当电源电压上升时，由于稳压二极管的稳压作用，U_{VD} 稳定不变，输出电压 U_o 也不变。也就是说，在电源电压变化的情况下，稳压二极管两端电压始终保持不变，该稳定不变的电压可供给其他电路，使电路能稳定正常工作。

在图 4-16（b）电路中，输出电压取自限流电阻 R 两端，当电源电压上升时，稳压二极管两端电压 U_{VD} 不变，限流电阻 R 两端电压上升，故输出电压 U_o 也上升。稳压二极管按这种接法是不能为电路提供稳定电压的。

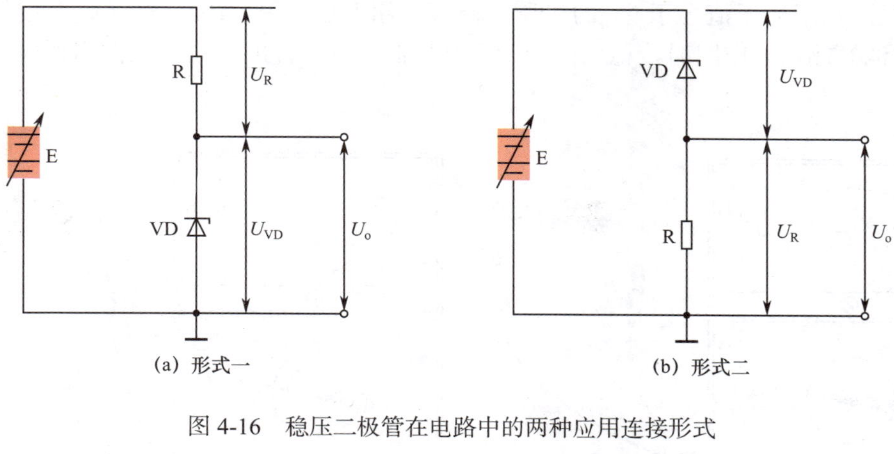

(a) 形式一　　(b) 形式二

图 4-16　稳压二极管在电路中的两种应用连接形式

4.2.4 主要参数

稳压二极管的主要参数有稳定电压、最大稳定电流和最大耗散功率等。

1. 稳定电压

稳定电压是指稳压二极管工作在反向击穿时两端的电压值。同一型号的稳压二极管，稳定电压可能为某一固定值，也可能在一定的数值范围内，例如，2CW15 的稳定电压是 7 ～ 8.8V，说明它的稳定电压可能是 7V，可能是 8V，还可能是 8.8V 等。

2. 最大稳定电流

最大稳定电流是指稳压二极管正常工作时允许通过的最大电流。稳压管在工作时，实际工作电流要小于该电流，否则会因为长时间工作而损坏。

3. 最大耗散功率

最大耗散功率是指稳压二极管通过反向电流时允许消耗的最大功率，它等于稳定电压和最大稳定电流的乘积。在使用中，如果稳压二极管消耗的功率超过该功率就容易损坏。

4.2.5 用指针万用表检测稳压二极管

稳压二极管的检测包括极性判断、好坏检测和稳压值检测。稳压二极管具有普通二极管的单向导电性，故极性检测与普通二极管相同，这里仅介绍稳压二极管的好坏检测和稳压值检测。

1. 好坏检测

万用表拨至R×100Ω 或R×1kΩ 挡，测量稳压二极管正向、反向电阻，如图4-17所示。正常的稳压二极管正向电阻小，反向电阻很大。

若测得的正向、反向电阻均为 0，说明稳压二极管短路。

若测得的正向、反向电阻均为无穷大，说明稳压二极管开路。

若测得的正向、反向电阻差距不大，说明稳压二极管性能不良。

注意，对于稳压值小于 9V 的稳压二极管，用万用表 R×10kΩ 挡（此挡位万用表内接 9V 电池）测反向电阻时，稳压二极管会被反向击穿，此时测出的反向阻值较小，这属于正常。

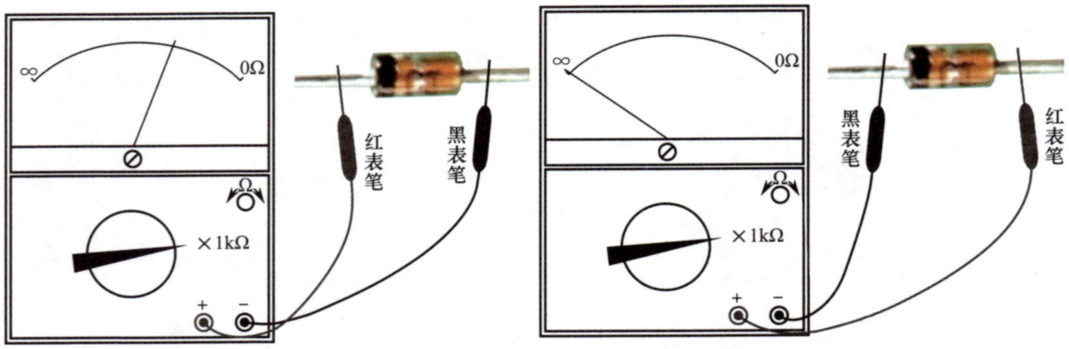

(a) 测正向电阻　　(a) 测反向电阻

图 4-17　稳压二极管的好坏检测

2. 稳压值检测

检测稳压二极管稳压值可按下面两个步骤进行。

第一步：按图 4-18 所示的方法将稳压二极管与电容、电阻和耐压大于 300V 的二极管接好，再与 220V 市电连接。

第二步：将万用表拨至直流 50V 挡，红、黑表笔分别接被测稳压二极管的负、正极，然后在表盘上读出测得的电压值，该值即为稳压二极管的稳压值。图中测得稳压二极管的稳压值为 15V。

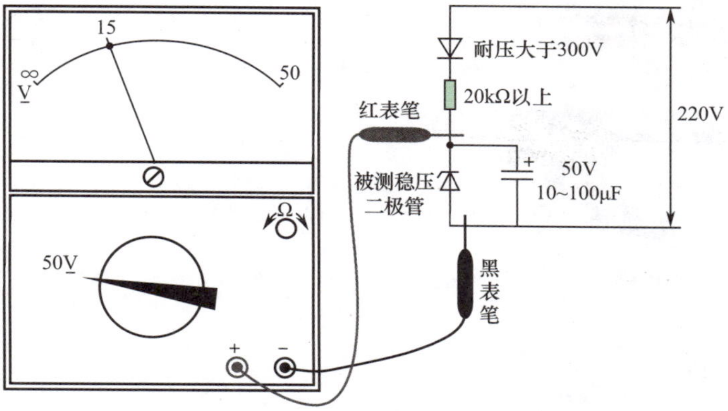

图 4-18 稳压二极管稳压值的检测

4.2.6 用数字万用表检测稳压二极管（附视频操作演示）

用数字万用表检测稳压二极管如图 4-19 所示，详细操作过程请打开本书配套光盘中的“稳压二极管的检测”视频文件观看。

图 4-19 用数字万用表检测稳压二极管

4.3 变容二极管

4.3.1 外形与电路符号

变容二极管在电路中可以相当于电容，并且容量可调。变容二极管的实物外形和电路符号如图 4-20 所示。

(a) 实物外形

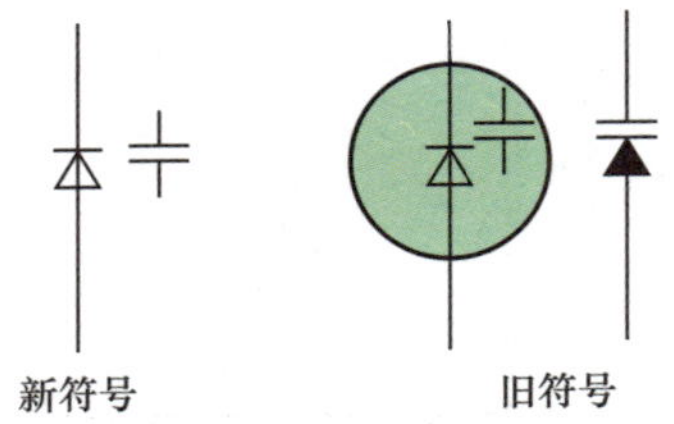

(b) 电路符号

图 4-20 变容二极管

4.3.2 工作原理

变容二极管与普通二极管一样，加正向电压时导通，加反向电压时截止。在变容二极管两端加反向电压时，除了截止外，还可以相当于电容。变容二极管的性质说明如图 4-21 所示。

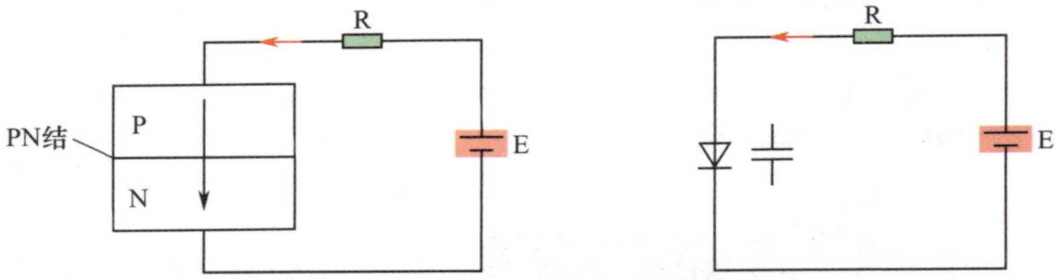

(a) 加正向电压

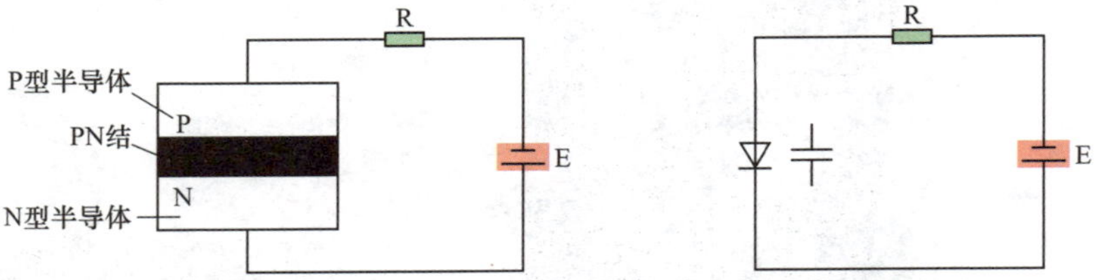

(b) 加反向电压

图 4-21 变容二极管的性质说明

1. 两端加正向电压

当变容二极管两端加正向电压时，内部的 PN 结变薄，如图 4-21（a）所示，当正向电压达到导通电压时，PN 结消失，对电流的阻碍消失，变容二极管像普通二极管一样正向导通。

2. 两端加反向电压

当变容二极管两端加反向电压时，内部的 PN 结变厚，如图 4-21（b）所示，PN 结阻止电流通过，故变容二极管处于截止状态，反向电压越高，PN 越厚。PN 结阻止电流通过，相当于绝缘介质，而 P 型半导体和 N 型半导体分别相当于两个极板，也就是说处于截止状态的变容二极管内部会形成电容的结构，这种电容称为结电容。普通二极管的 P 型半导体和 N 型半导体都比较小，形成的结电容很小，可以忽略，而变容二极管在制造时特意增大 P 型半导体和 N 型半导体的面积，从而增大结电容。

也就是说，当变容二极管两端加反向电压时，处于截止状态，内部会形成电容器的结构，此状态下的变容二极管可以看成电容器。

4.3.3 容量变化规律

变容二极管加反向电压时可以相当于电容器，当反向电压改变时，其容量就会发生变化。下面以图 4-22 所示的电路和曲线来说明变容二极管容量调节规律。

在图 4-22（a）电路中，变容二极管 VD 加有反向电压，电位器 RP 用来调节反向电压的大小。当 RP 滑动端右移时，加到变容二极管负端的电压升高，即反向电压增大，VD 内部的 PN 结变厚，内部的 P、N 型半导体距离变远，形成的电容容量变小；当 RP 滑动端左移时，变容二极管反向电压减小，VD 内部的 PN 结变薄，内部的 P、N 型半导体距离变近，形成的电容容量增大。

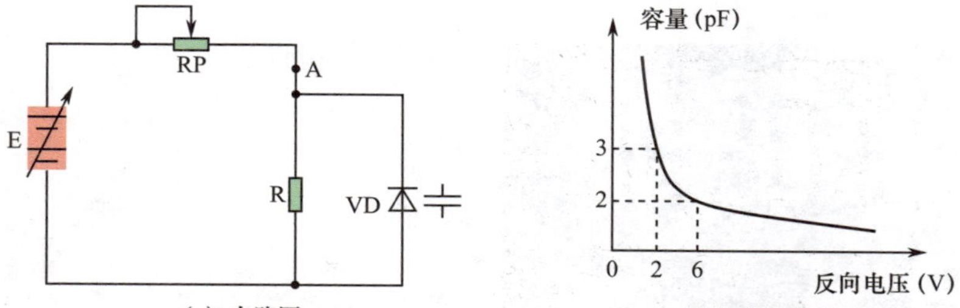

(a) 电路图 (b) 特性曲线

图 4-22 变容二极管的容量变化规律

也就是说，当调节变容二极管反向电压大小时，其容量会发生变化，反向电压越高，容量越小，反向电压越低，容量越大。

图 4-22（b）为变容二极管的特性曲线，它直观表示出变容二极管两端反向电压与容量变化规律，如当反向电压为 2V 时，容量为 3pF，当反向电压增大到 6V 时，容量减小到 2pF。

4.3.4 主要参数

变容二极管的主要参数有结电容、结电容变化范围和最高反向电压等。

1. 结电容

结电容是指两端加一定反向电压时变容二极管 PN 结的容量。

2. 结电容变化范围

结电容变化范围是指变容二极管的反向电压从零开始变化到某一电压值时，其结电容的变化范围。

3. 最高反向电压

最高反向电压是指变容二极管正常工作时两端允许施加的最高反向电压值。使用时超过该值，变容二极管容易被击穿。

4.3.5　用指针万用表检测变容二极管

变容二极管检测方法与普通二极管基本相同。检测时指针万用表拨至 R×10kΩ 挡，测量变容二极管正向、反向电阻，正常的变容二极管反向电阻为无穷大，正向电阻一般在 200kΩ 左右（不同型号该值略有差距）。

若测得正向、反向电阻均很小或为 0，说明变容二极管漏电或短路。

若测得正向、反向电阻均为无穷大，说明变容二极管开路。

4.3.6　用数字万用表检测变容二极管（附视频操作演示）

用数字万用表检测变容二极管如图 4-23 所示，详细操作过程请打开本书配套光盘中的“变容二极管的检测”视频文件观看。

图 4-23　用数字万用表检测变容二极管

4.4 双向触发二极管

4.4.1 外形与电路符号

双向触发二极管简称双向二极管，它在电路中可以双向导通。双向触发二极管的实物外形和电路符号如图 4-24 所示。

(a) 实物外形

(b) 电路符号

图 4-24 双向触发二极管

4.4.2 性质

普通二极管有单向导电性，而双向触发二极管具有双向导电性，但它的导通电压通常比较高。下面通过图 4-25 所示电路来说明双向触发二极管性质。

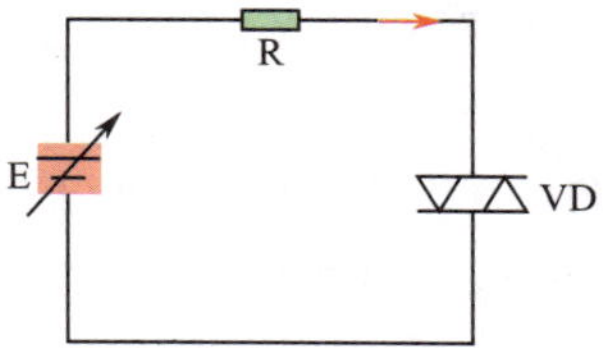

(a) 正向导通

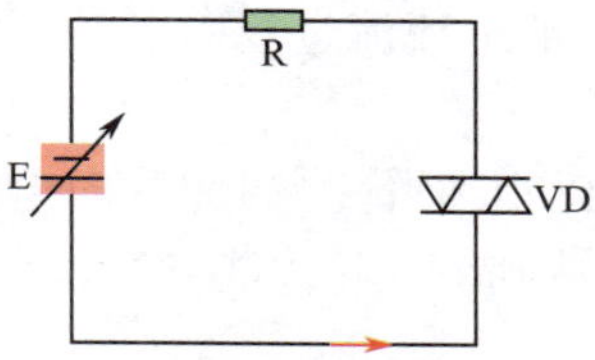

(b) 反向导通

图 4-25 双向触发二极管的性质说明

1. 两端加正向电压时

在图 4-25（a）电路中，将双向触发二极管 VD 与可调电源 E 连接起来。当电源电压较低时，VD 并不能导通，随着电源电压的逐渐调高，当调到某一值时（如 30V），VD 马上导通，有从上往下的电流流过双向触发二极管。

2. 两端加反向电压时

在图 4-25（b）电路中，将电源的极性调换后再与双向触发二极管 VD 连接起来。当电源电压较低时，VD 不能导通，随着电源电压的逐渐调高，当调到某一值时（如 30V），VD 马上导通，有从下向上的电流流过双向触发二极管。

综上所述，不管加正向电压还是反向电压，只要电压达到一定值，双向触发二极管就能导通。

4.4.3 特性曲线

双向触发二极管的特性曲线如图 4-26 所示，坐标中的横轴表示双向触发二极管两端的电压，纵坐标表示流过双向触发二极管的电流。

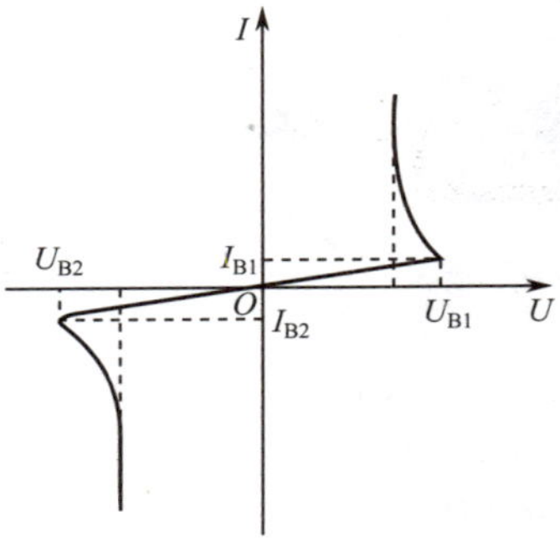

图 4-26 双向触发二极管的特性曲线

从图 4-26 可以看出，当触发二极管两端加正向电压时，如果两端电压低于 U_{B1}（称为触发电压）流过的电流很小，双向触发二极管不能导通，一旦两端的正向电压达到 U_{B1}，马上导通，有很大的电流流过双向触发二极管，同时双向触发二极管两端的电压会下降（低于 U_{B1}）。

同样，当触发二极管两端加反向电压时，在两端电压低于 U_{B2} 时也不能导通，只有两端的正向电压达到 U_{B2} 时才能导通，导通后的双向触发二极管两端的电压会下降（低于 U_{B2}）。

从图中还可以看出，**双向触发二极管正向、反向特性相同，具有对称性，故双向触发二极管极性没有正、负之分。**

双向触发二极管的触发电压较高，30V 左右最为常见，双向触发二极管的触发电压一般有 20 ～ 60V、100 ～ 150V 和 200 ～ 250V 三个等级。

4.4.4 用指针万用表检测双向触发二极管

双向触发二极管的检测包括好坏检测和触发电压检测。

1. 好坏检测

万用表拨至 R×1kΩ 挡，测量双向触发二极管正向、反向电阻，如图 4-27 所示。

若双向触发二极管正常，正向、反向电阻均为无穷大。

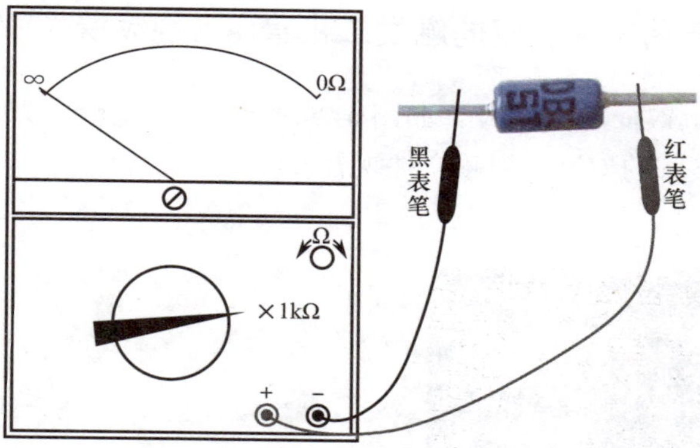

图 4-27　双向触发二极管的好坏检测

若测得的正向、反向电阻很小或为 0，说明双向触发二极管漏电或短路，不能使用。

2. 触发电压检测

检测双向触发二极管的触发电压可按下面三个步骤进行。

第一步：按图 4-28 所示的方法将双向触发二极管与电容、电阻和耐压大于 300V 的二极管接好，再与 220V 市电连接。

第二步：将万用表拨至直流 50V 挡，红、黑表笔分别接被测双向触发二极管的两极，然后观察表针位置，如果表针在表盘上摆动（时大时小），表针所指最大电压即为触发二极管的触发电压。图 4-28 中表针指的最大值为 30V，则触发二极管的触发电压值约为 30V。

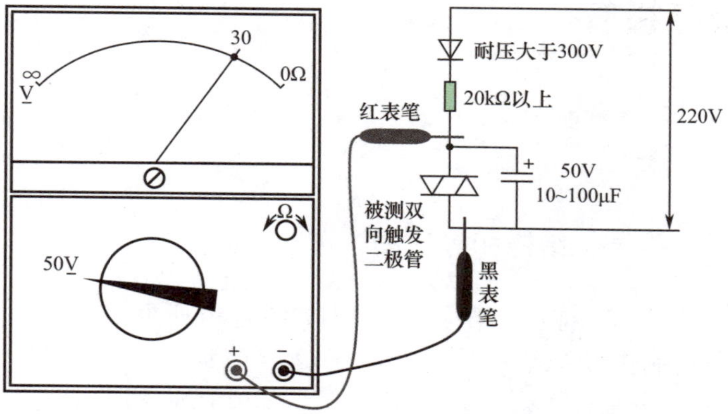

图 4-28　触发二极管触发电压的检测

第三步：将双向触发二极管两极对调，再测两端电压，正常该电压值应与第二步测得的电压值相等或相近。两者差值越小，表明触发二极管对称性越好，即性能越好。

4.4.5 用数字万用表检测双向触发二极管（附视频操作演示）

用数字万用表检测双向触发二极管如图 4-29 所示，详细操作过程请打开本书配套光盘中的“双向触发二极管的检测”视频文件观看。

图 4-29　用数字万用表检测双向触发二极管

4.5 双基极二极管

双基极二极管又称单结晶体管，内部只有一个 PN 结，它有三个引脚，分别为发射极 E、基极 B1 和基极 B2。

4.5.1 外形、符号、结构和等效图

双基极二极管的外形、符号、结构和等效图如图 4-30 所示。

双基极二极管的制作过程：在一块高阻率的 N 型半导体基片的两端各引出一个铝电极，如图 4-30（c）所示，分别称作第一基极 B1 和第二基极 B2，然后在 N 型半导体基片一侧埋入 P 型半导体，在两种半导体的结合部位就形成了一个 PN 结，再在 P 型半导体端引出一个电极，称为发射极 E。

双基极二极管的等效图如图 4-30（d）所示。双基极二极管 B1、B2 极之间为高阻率的 N 型半导体，故两极之间的电阻 R_{BB} 较大（4 ～ 12kΩ），以 PN 结为中心，将 N 型半导体分为两部分，PN 结与 B1 极之间的电阻用 R_{B1} 表示，PN 结与 B2 极之间的电阻用 R_{B2} 表

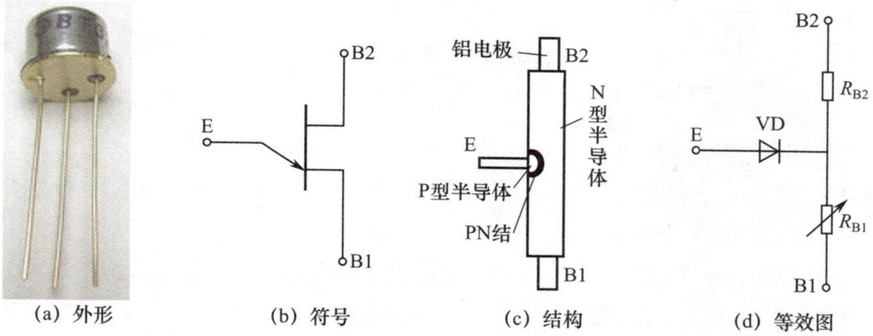

图 4-30　双基极二极管

示，$R_{BB}=R_{B1}+R_{B2}$，E 极与 N 型半导体之间的 PN 结可等效为一个二极管，用 VD 表示。

4.5.2　工作原理

为了分析双基极二极管的工作原理，在发射极 E 和第一基极 B1 之间加电压 U_E，在第二基极 B2 和第一基极 B1 之间加电压 U_{BB}，具体如图 4-31（a）所示。下面分几种情况来分析双基极二极管的工作原理。

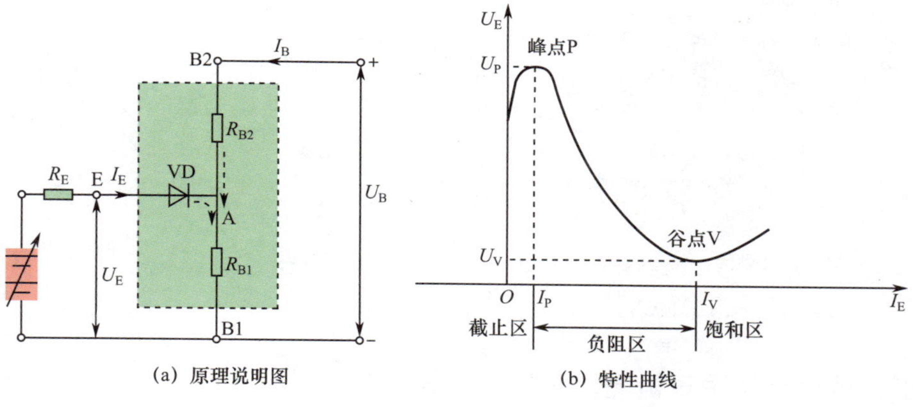

图 4-31　双基极二极管工作原理说明

①当 $U_E=0$ 时，双基极二极管内部的 PN 结截止，由于 B2、B1 之间加有电压 U_{BB}，有电流 I_B 流过 RB2 和 RB1，这两个等效电阻上都有电压，分别是 U_{RB2} 和 U_{RB1}，从图中可以不难看出，U_{RB1} 与 U_{BB} 之比等于 R_{B1} 与（$R_{B1}+R_{B2}$）之比，即

$$\frac{U_{RB1}}{U_{BB}}=\frac{R_{B1}}{R_{B1}+R_{B2}}$$

$$U_{RB1}=U_{BB}\frac{R_{B1}}{R_{B1}+R_{B2}}$$

式中的$\frac{R_{B1}}{R_{B1}+R_{B2}}$称为双基极二极管的分压系数（或称分压比），常用符号 η 表示，不同的双基极二极管的 η 有所不同，η 通常在 0.3 ～ 0.9 之间。

②当 $0<U_E<(U_{VD}+U_{RB1})$ 时，由于电压 U_E 小于 PN 结的导通电压 U_{VD} 与 R_{B1} 上的电压 U_{RB1} 之和，所以仍无法使 PN 结导通。

③当 $U_E=(U_{VD}+U_{RB1})=U_P$ 时，PN 结导通，有电流 I_E 流过 RB1，由于 RB1 呈负阻性，流过 RB1 的电流增大，其阻值减小，RB1 的阻值减小，RB1 上的电压 U_{RB1} 也减小，根据 $U_E=(U_{VD}+U_{RB1})$ 可知，U_{RB1} 减小会使 U_E 也减小（PN 结导通后，其 U_{VD} 基本不变）。

I_E 的增大使 R_{B1} 值变小，而 R_{B1} 值变小又会使 I_E 进一步增大，这样就会形成正反馈，其过程如下：

$$I_E\uparrow \rightarrow R_{B1}\downarrow$$

正反馈使 I_E 越来越大，R_{B1} 越来越小，U_E 电压也越来越低，该过程如图 4-31（b）中的 P 点至 V 点曲线所示。当 I_E 增大到一定值时，R_{B1} 值开始增大，RB1 又呈正阻性，U_E 电压开始缓慢回升，其变化如图 4-31（b）曲线中的 V 点右方曲线所示。若此时 $U_E<U_V$，双基极二极管又会进入截止状态。

综上所述，双基极二极管具有以下特点。

①当发射极电压 U_E 小于峰值电压 U_P（也即小于 $U_{VD}+U_{RB1}$）时，双基极二极管 E、B1 极之间不能导通。

②当发射极电压 U_E 等于峰值电压 U_P 时，双基极二极管 E、B1 极之间导通，两极之间的电阻变得很小，电压 U_E 的大小马上由峰值电压 U_P 下降至谷值电压 U_V。

③双基极二极管导通后，若 $U_E<U_V$，双基极二极管会由导通状态进入截止状态。

④双基极二极管内部等效电阻的阻值 R_{B1} 随 I_E 电流变化而变化的，而阻值 R_{B2} 则与 I_E 电流无关。

⑤不同的双基极二极管具有不同的 U_P、U_V 值，对于同一个双基极二极管，其 U_{BB} 值变化，U_P、U_V 值也会发生变化。

4.5.3 用指针万用表检测双基极二极管

双基极二极管检测包括极性检测和好坏检测。

1. 极性检测

双基极二极管有 E、B1、B2 三个电极，从图 4-30（c）所示的内部等效图可以看出，双基极二极管的 E、B1 极之间和 E、B2 极之间都相当于一个二极管与电阻串联，B2、B1 极之间相当于两个电阻串联。

双基极二极管的极性检测过程如下。

①检测出 E 极。万用表拨至 R×1kΩ 挡，红、黑表笔测量双基极二极管任意两极之

间的阻值，每两极之间都正、反各测一次。若测得某两极之间的正向、反向电阻相等或接近时（阻值一般在 2kΩ 以上），这两个电极就为 B1、B2 极，余下的电极为 E 极；若测得某两极之间的正向、反向电阻时，出现一次阻值小，另一次无穷大，以阻值小的那次测量为准，黑表笔接的为 E 极，余下的两个电极就为 B1、B2 极。

②检测出 B1、B2 极。万用表仍置于 R×1kΩ 挡，黑表笔接已判断出的 E 极，红表笔依次接另外两极，两次测得阻值会出现一大一小，以阻值小的那次为准，红表笔接的电极通常为 B1 极，余下的电极为 B2 极。由于不同型号双基极二极管的 R_{B1}、R_{B2} 阻值会有所不同，因此这种检测 B1、B2 极的方法并不适合所有的双基极二极管，如果在使用时发现双基极二极管工作不理想，可将 B1、B2 极对换。

对于一些外形有规律的双基极二极管，其电极也可以根据外形判断，具体如图 4-32 所示。双基极二极管引脚朝上，最接近管子管键（突出部分）的引脚为 E 极，按顺时针方向旋转依次为 B1、B2 极。

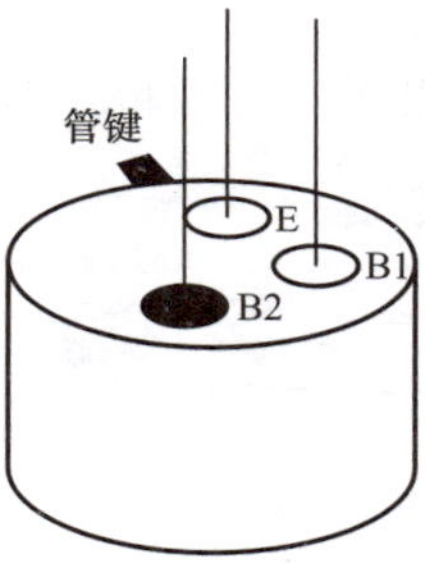

图 4-32 从双基极二极管外形判别电极

2. 好坏检测

双基极二极管的好坏检测过程如下。

①检测 E、B1 极和 E、B2 极之间的正向、反向电阻。万用表拨至 R×1kΩ 挡，黑表笔接双基极二极管的 E 极，红表笔依次接 B1、B2 极，测量 E、B1 极和 E、B2 极之间的正向电阻，正常时正向电阻较小，然后红表笔接 E 极，黑表笔依次接 B1、B2 极，测量 E、B1 极和 E、B2 极之间的反向电阻，正常时反向电阻无穷大或接近无穷大。

②检测 B1、B2 极之间的正向、反向电阻。万用表拨至 R×1kΩ 挡，红、黑表笔分别接双基极二极管的 B1、B2 极，正反各测一次，正常时 B1、B2 极之间的正向、反向电阻通常在 2 ～ 200kΩ 之间。

若测量结果与上述不符，则为双基极二极管损坏或性能不良。

4.5.4 用数字万用表检测双基极二极管（附视频操作演示）

用数字万用表检测双基极二极管如图 4-33 所示，详细操作过程请打开本书配套光盘中的“双基极二极管的检测”视频文件观看。

图 4-33　用数字万用表检测双基极二极管

4.6 肖特基二极管

4.6.1 外形与图形符号

肖特基二极管又称肖特基势垒二极管（SBD），其图形符号与普通二极管相同。常见的肖特基二极管实物外形如图 4-34（a）所示，三引脚的肖特基二极管内部由两个二极管组成，其连接有多种方式，如图 4-34（b）所示。

(a) 外形

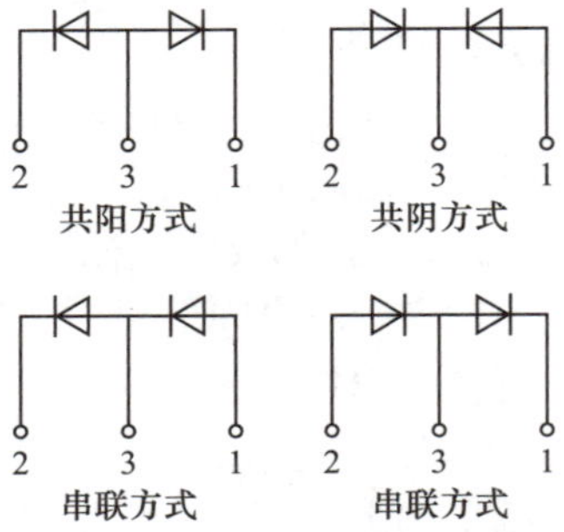

(b) 内部连接方式

图 4-34　肖特基二极管

4.6.2　特点、应用和检测

肖特基二极管是一种低功耗、大电流、超高速的半导体整流二极管，其工作电流可达几千安，而反向恢复时间可短至几纳秒。二极管的反向恢复时间越短，从截止转为导通的切换速度越快，普通整流二极管反向恢复时间长，无法在高速整流电路中正常工作。另外，肖特基二极管的正向导通电压较普通硅二极管低，约 0.4V 左右。

由于肖特基二极管导通、截止状态可高速切换，故主要用在高频电路中。由于面接触型的肖特基二极管工作电流大，故变频器、电机驱动器、逆变器和开关电源等设备中整流二极管、续流二极管和保护二极管常采用面接触型的肖特基二极管；对于点接触型的肖特基二极管，其工作电流稍小，常在高频电路中用作检波或小电流整流。

肖特基二极管的缺点是反向耐压低，一般在 100V 以下，因此不能用在高电压电路中。肖特基二极管与普通二极管一样具有单向导电性，其极性与好坏检测方法与普通二极管相同。

4.6.3　用数字万用表检测肖特基二极管（附视频操作演示）

用数字万用表检测肖特基二极管如图 4-35 所示，详细操作过程请打开本书配套光盘中的“肖特基二极管的检测”视频文件观看。

图 4-35　用数字万用表检测肖特基二极管

4.7 快恢复二极管

4.7.1 外形与图形符号

快恢复二极管（FRD）、超快恢复二极管（SRD）的图形符号与普通二极管相同。常见的快恢复二极管实物外形如图 4-36（a）所示。三引脚的快恢复二极管内部由两个二极管组成，其连接有共阳和共阴两种方式，如图 4-28（b）所示。

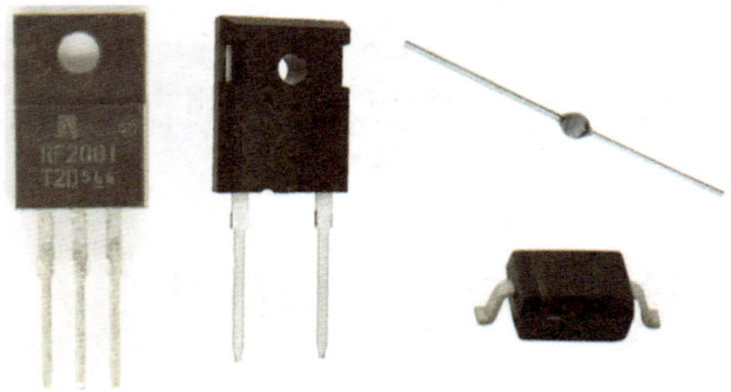

(a) 外形

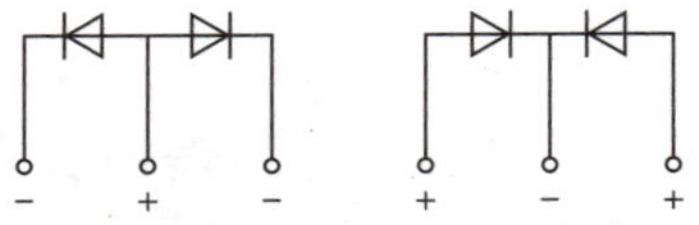

(b) 内部连接方式

图 4-36 快恢复二极管

4.7.2 特点、应用和检测

快恢复二极管是一种反向工作电压高、工作电流较大的高速半导体二极管，其反向击穿电压可达几千伏，反向恢复时间一般为几百纳秒。快恢复二极管广泛应用于开关电源、不间断电源、变频器和电机驱动器中，主要用作高频、高压和大电流整流或续流。

快恢复二极管与肖特基二极管区别主要如下。

（1）快恢复二极管的反向恢复时间为几百纳秒，肖特基二极管更快，可达几纳秒。

（2）快恢复二极管的反向击穿电压高（可达几千伏），肖特基二极管的反向击穿电压低（一般在 100V 以下）。

（3）恢复二极管的功耗较大，而肖特基二极管功耗相对较小。

因此，快恢复二极管主要用在高电压、小电流的高频电路中，肖特基二极管主要用在低电压、大电流的高频电路中。

快恢复二极管与普通二极管一样具有单向导电性，其极性与好坏检测方法与普通二极管相同。

4.7.3 用数字万用表检测快恢复二极管（附视频操作演示）

用数字万用表检测快恢复二极管如图 4-37 所示，详细操作过程请打开本书配套光盘中的“快恢复二极管的检测”视频文件观看。

图 4-37　用数字万用表检测快恢复二极管

4.8 瞬态电压抑制二极管

4.8.1　外形与电路符号

瞬态电压抑制二极管又称瞬态电压抑制二极管，简称 TVS。常见的瞬态电压抑制二极管实物外形如图 4-38（a）所示。瞬态电压抑制二极管有单极性（单向）和双极性（双向）之分，其电路符号如图 4-38（b）所示。

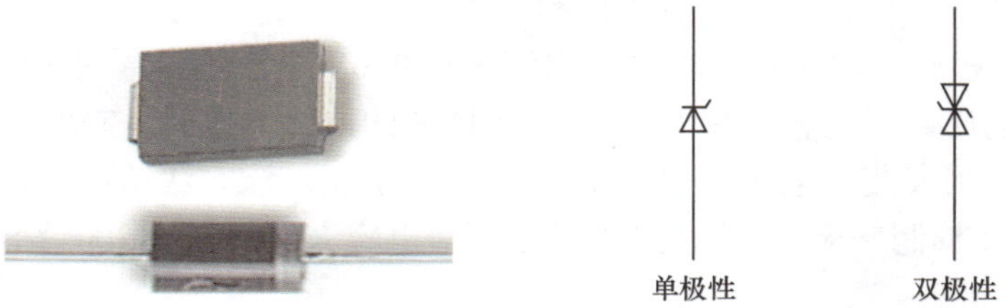

（a）外形　　（b）电路符号

图 4-38　瞬态电压抑制二极管

4.8.2 性质

瞬态电压抑制二极管是一种二极管形式的高效能保护器件，当它两极间的电压超过一定值时，能以极快的速度导通，将两极间的电压固定在一个预定值上，从而有效地保护电子线路中的精密元器件。

单极性瞬态电压抑制二极管用来抑制单向瞬间高压，如图 4-39（a）所示，当大幅度正脉冲的尖峰来时，单极性 TVS 反向导通，正脉冲被箝在固定值上，在大幅度负脉冲来时，若 B 点电压低于 -0.7V，单极性 TVS 正向导通，B 点电压被箝在 -0.7V。

双极性瞬态电压抑制二极管可抑制双向瞬间高压，如图 4-39（b）所示，当大幅度正脉冲的尖峰来时，双极性 TVS 导通，正脉冲被钳在固定值上，当大幅度负脉冲的尖峰来时，双极性 TVS 导通，负脉冲被钳在固定值上。在实际电路中，双极性瞬态电压抑制二极管更为常用，如无特别说明，瞬态电压抑制二极管均是指双极性。

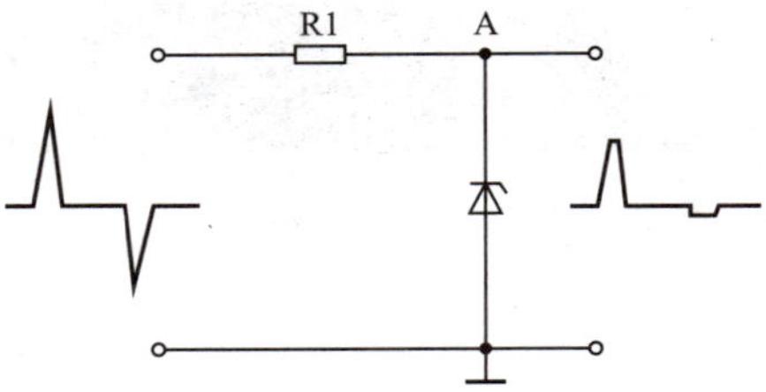

(a) 单极性瞬态电压抑制二极管

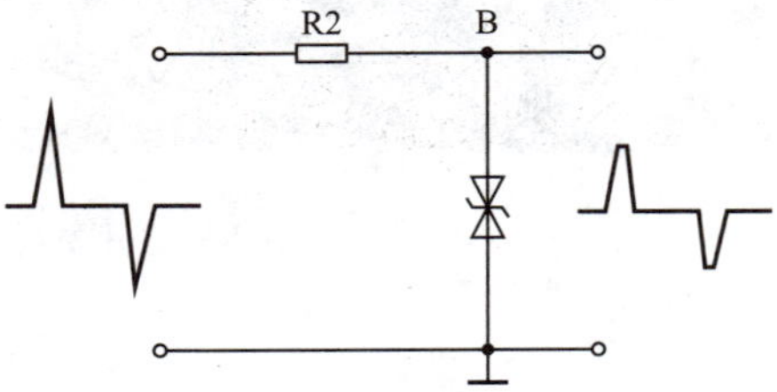

(b) 双极性瞬态电压抑制二极管

图 4-39　瞬态电压抑制二极管性质说明

4.8.3 用指针万用表检测瞬态电压抑制二极管

单极性瞬态电压抑制二极管具有单向导电性，极性与好坏检测方法与稳压二极管相同。

双极性瞬态电压抑制二极管两引脚无极性之分，用万用表 R×1kΩ 挡检测时正反向阻值应均为无穷大。双极性瞬态电压抑制二极管的击穿电压的检测如图 4-40 所示，二极管 VD 为整流二极管，白炽灯用作降压限流，在 220V 电压正半周时 VD 导通，对电容充得上正下负的电压，当电容两端电压上升到 TVS 的击穿电压时，TVS 击穿导通，两端电压不再升高，万用表测得电压近似为 TVS 的击穿电压。该方法适用于检测击穿电压小于 300V 的瞬态电压抑制二极管，因为 220V 电压对电容充电最高达 300 多伏。

4.8.4 用数字万用表检测单极瞬态电压抑制二极管（附视频操作演示）

用数字万用表检测单极性瞬态电压抑制二极管如图 4-41 所示，详细操作过程请打开本书配套光盘中的“单极瞬态电压抑制二极管的检测”视频文件观看。

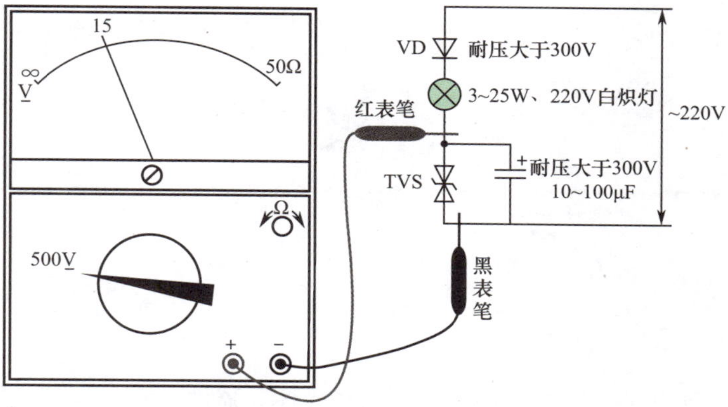

图 4-40　双极性瞬态电压抑制二极管的检测

图 4-41　用数字万用表检测单极性瞬态电压抑制二极管

第5章 三 极 管

三极管是一种电子电路中应用最广泛的半导体元器件，它有放大、饱和和截止三种状态，因此它不但可在电路中用来放大，还可作为电子开关使用。

5.1 三极管

5.1.1 外形与电路符号

三极管又称晶体三极管，是一种具有放大功能的半导体器件。图 5-1（a）是一些常见的三极管实物外形，三极管的电路符号如图 5-1（b）所示。

(a) 实物外形　　(b) 电路符号

图 5-1　三极管

5.1.2 结构

三极管有 PNP 型和 NPN 型两种。PNP 型三极管的构成如图 5-2 所示。

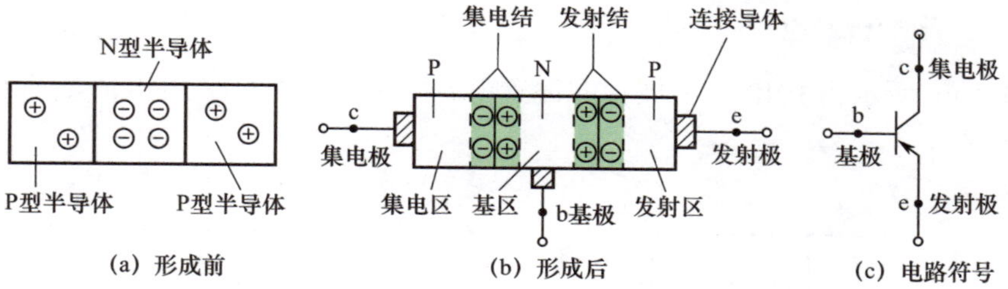

图 5-2　PNP 型三极管的构成

将两个 P 型半导体和一个 N 型半导体按图 5-2（a）所示的方式结合在一起，两个 P 型半导体中的正电荷会向中间的 N 型半导体移动，N 型半导体中的负电荷会向两个 P 型半导体移动，结果在 P、N 型半导体的交界处形成 PN 结，如图 5-2（b）所示。

在两个 P 型半导体和一个 N 型半导体上通过连接导体各引出一个电极，然后封装起来就构成了三极管。三极管三个电极分别称为集电极（用 c 或 C 表示）、基极（用 b 或 B 表示）和发射极（用 e 或 E 表示）。PNP 型三极管的电路符号如图 5-2（c）所示。

三极管内部有两个 PN 结，其中基极和发射极之间的 PN 结称为发射结，基极与集电极之间的 PN 结称为集电结。两个 PN 结将三极管内部分为三个区，与发射极相连的区称为发射区，与基极相连的区称为基区，与集电极相连的区称为集电区。发射区的半导体掺入杂质多，故有大量的电荷，便于发射电荷；集电区掺入的杂质少且面积大，便于收集发射区送来的电荷；基区处于两者之间，发射区流向集电区的电荷要经过基区，故基区可控制发射区流向集电区电荷的数量，基区就像设在发射区与集电区之间的关卡。

NPN 型三极管的构成与 PNP 型三极管类似，它是由两个 N 型半导体和一个 P 型半导体构成的，具体如图 5-3 所示。

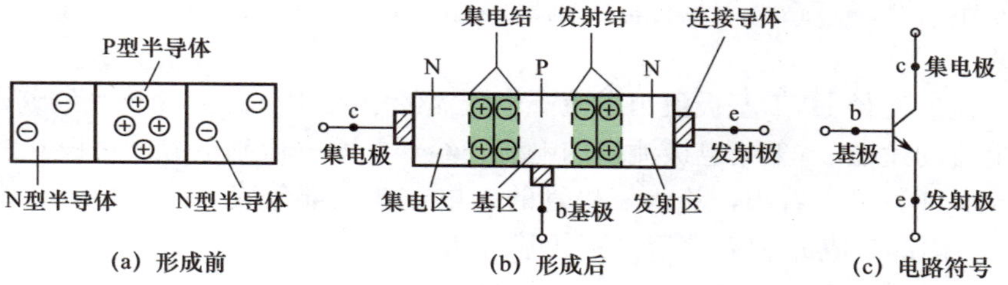

图 5-3　NPN 型三极管的构成

5.1.3　电流、电压规律

单独三极管是无法正常工作的，在电路中需要为三极管各极提供电压，让它内部有电流流过，这样的三极管才具有放大能力。为三极管各极提供电压的电路称为偏置电路。

1. PNP 型三极管的电流、电压规律

图 5-4（a）所示为 PNP 型三极管的偏置电路，从图 5-4（b）可以清楚地看出三极管内部电流情况。

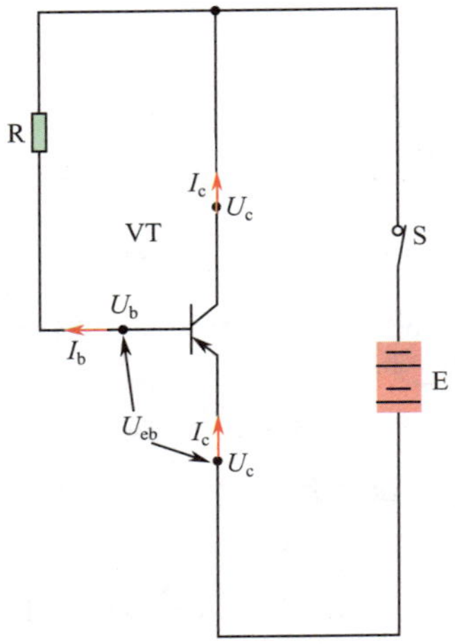

(a) 电路

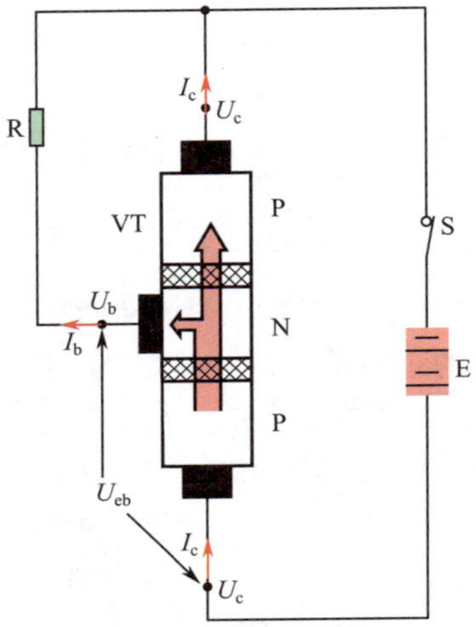

(b) 电流流向示意图

图 5-4　PNP 型三极管的偏置电路

1）电流关系

在图 5-4 电路中，当闭合电源开关 S 后，电源输出的电流马上流过三极管，三极管导通。流经发射极的电流称为 I_e 电流，流经基极的电流称 I_b 电流，流经集电极的电流称为 I_c 电流。

I_e、I_b、I_c 电流的途径分别如下。

① I_e 电流的途径：从电源的正极输出电流→电流流入三极管 VT 的发射极→电流在三极管内部分作两路，一路从 VT 的基极流出，此为 I_b 电流；另一路从 VT 的集电极流出，此为 I_c 电流

② I_b 电流的途径：VT 基极流出电流→电流流经电阻 R →开关 S →流到电源的负极。

③ I_c 电流的途径：VT 集电极流出的电流→经开关 S →流到电源的负极。

从图 5-4（b）可以看出，流入三极管的 I_e 电流在内部分成 I_b 和 I_c 电流，即发射极流入的 I_e 电流在内部分成 I_b 和 I_c 电流分别从基极和发射极流出。

不难看出，PNP 型三极管的 I_e、I_b、I_c 电流的关系是：$I_b+I_c=I_e$，并且 I_c 电流要远大于 I_b 电流。

2）电压关系

在图 5-4 电路中，PNP 型三极管 VT 的发射极直接接电源正极，集电极直接接电源的负极，基极通过电阻 R 接电源的负极。根据电路中电源正极电压最高、负极电压最低可判断出，三极管发射极电压 U_e 最高，集电极电压 U_c 最低，基极电压 U_b 处于两者之间。

PNP 型三极管 U_e、U_b、U_c 电压之间的关系是：

$U_e>U_b>U_c$

$U_e>U_b$ 使发射区的电压较基区的电压高，两区之间的发射结（PN 结）导通，这样发射区大量的电荷才能穿过发射结到达基区。三极管发射极与基极之间的电压（电位差）U_{eb}（$U_{eb}=U_e-U_b$）称为发射结正向电压。

$U_b>U_c$ 可以使集电区电压较基区电压低，这样才能使集电区有足够大的吸引力（电压越低，对正电荷吸引力越大），将基区内大量电荷吸引穿过集电结而到达集电区。

2. NPN 型三极管的电流、电压规律

图 5-5 所示为 NPN 型三极管的偏置电路。从图中可以看出，NPN 型三极管的集电极接电源的正极，发射极接电源的负极，基极通过电阻接电源的正极，这与 PNP 型三极管连接正好相反。

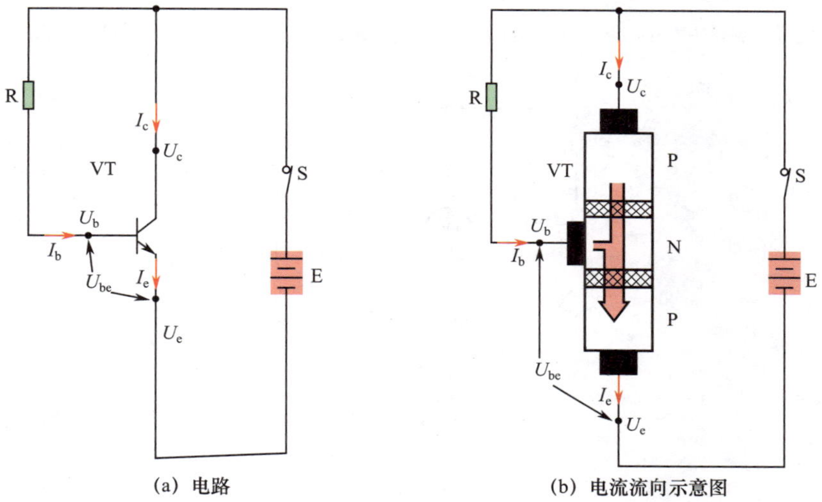

图 5-5　NPN 型三极管的偏置电路

1）电流关系

在图 5-5 电路中，当开关 S 闭合后，电源输出的电流马上流过三极管，三极管导通。流经发射极的电流称为 I_e 电流，流经基极的电流称 I_b 电流，流经集电极的电流称为 I_c 电流。

I_e、I_b、I_c 电流的途径分别如下。

① I_b 电流的途径：从电源的正极输出电流→开关 S →电阻 R →电流流入三极管 VT 的基极→基区。

② I_c 电流的途径：从电源的正极输出电流→电流流入三极管 VT 的集电极→集电区→基区。

③ I_e 电流的途径：三极管集电极和基极流入的 I_b、I_c 在基区汇合→发射区→电流从发射极输出→电源的负极。

不难看出，**NPN 型三极管 I_e、I_b、I_c 电流的关系是：$I_b+I_c=I_e$，并且 I_c 电流要远大于 I_b 电流。**

2）电压关系

在图 5-5 电路中，NPN 型三极管的集电极接电源的正极，发射极接电源的负极，基极通过电阻接电源的正极。故 NPN 型三极管 U_e、U_b、U_c 电压之间的关系是：

$U_e<U_b<U_c$

$U_c>U_b$ 可以使基区电压较集电区电压低，这样基区才能将集电区的电荷吸引穿过集电结而到达基区。

$U_b>U_e$ 可以使发射区的电压较基极的电压低，两区之间的发射结（PN 结）导通，基区的电荷才能穿过发射结到达发射区。

NPN 型三极管基极与发射极之间的电压 U_{be}（$U_{be}=U_b-U_e$）称为发射结正向电压。

5.1.4 放大原理

三极管在电路中主要起放大的作用，下面以图 5-6 所示的电路来说明三极管的放大原理。

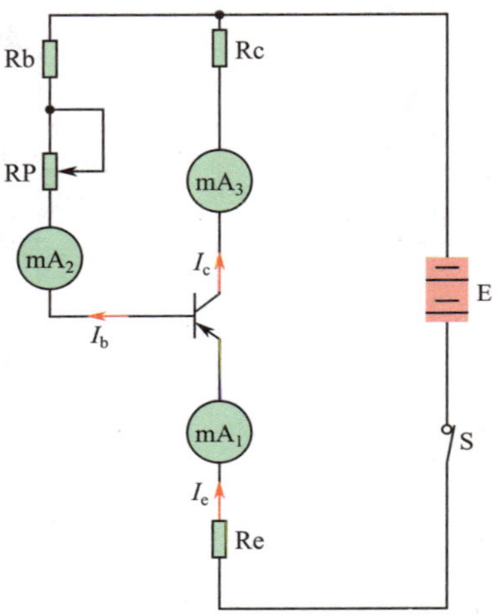

图 5-6　三极管的放大原理说明图

1. 放大原理

给三极管的三个极接上三个毫安表 mA1、mA2 和 mA3，分别用来测量 I_e、I_b、I_c 电流的大小。电位器 RP 用来调节 I_b 的大小，如 RP 滑动端下移时阻值变小，RP 对三极管基极流出的 I_b 电流阻碍减小，I_b 增大。当调节 RP 改变 I_b 大小时，I_c、I_e 也会变化，表 5-1 列出了调节 RP 时毫安表测得的三组数据。

表 5-1　三组 I_e、I_b、I_c 电流数据　mA

	第一组	第二组	第三组
基极电流（I_b）	0.01	0.018	0.028
集电极电流（I_c）	0.49	0.982	1.972
发射极电流（I_e）	0.5	1	2

从表 5-1 可以看出：

①不论哪组测量数据都遵循 $I_b+I_c=I_e$。

②当 I_b 电流变化时，I_c 电流也会变化，并且 I_b 有微小的变化，I_c 会有很大的变化。如 I_b 电流由 0.01 增大到 0.018mA，变化量为 0.008（0.018−0.01），I_c 电流则由 0.49 变化到 0.982，变化量为 0.492mA（0.982−0.49），I_c 电流变化量是 I_b 电流变化量的 62 倍（0.492/0.008 ≈ 62）。

也就是说，当三极管的基极电流 I_b 有微小的变化时，集电极电流 I_c 会有很大的变化，I_c 电流的变化量是 I_b 电流变化量的很多倍，这就是三极管的放大原理。

2. 放大倍数

不同的三极管，其放大能力是不同的，为了衡量三极管放大能力的大小，需要用到三极管一个重要参数——放大倍数。三极管的放大倍数可分为直流放大倍数和交流放大倍数。

三极管集电极电流 I_c 与基极电流 I_b 的比值称为三极管的直流放大倍数（用 $\overline{\beta}$ 或 h_{FE} 表示），即

$$\overline{\beta}=\frac{\text{集电极电流 } I_c}{\text{基极电流 } I_b}$$

例如，在表 5-1 中，当 I_b = 0.018mA 时，I_c = 0.982mA，三极管直流放大倍数为

$$\overline{\beta}=\frac{0.982}{0.018}=55$$

万用表可测量三极管的放大倍数，它测得放大倍数 h_{FE} 值实际上就是三极管直流放大倍数。

三极管集电极电流变化量 ΔI_c 与基极电流变化量 ΔI_b 的比值称为交流放大倍数（用 β 或 h_{FE} 表示），即

$$\beta=\frac{\text{集电极电流变化量 } \Delta I_c}{\text{基极电流变化量 } \Delta I_b}$$

以表 5-1 的第一、二组数据为例：

$$\beta=\frac{\Delta I_c}{\Delta I_b}=\frac{0.982-0.49}{0.018-0.01}=\frac{0.492}{0.008}=62$$

测量三极管交流放大倍数至少需要知道两组数据，这样比较麻烦，而测量直流放大倍数比较简单（只要测一组数据即可），又因为直流放大倍数与交流放大倍数相近，所以通常只用万用表测量直流放大倍数来判断三极管放大能力的大小。

5.1.5 三种状态说明

三极管的状态有三种：截止、放大和饱和。 下面通过图 5-7 所示的电路来说明三极管的三种状态。

1. 三种状态下的电流特点

当开关 S 处于断开状态时，三极管 VT 的基极供电切断，无 I_b 电流流入，三极管内部

无法导通，I_c 电流无法流入三极管，三极管发射极也就没有 I_e 电流流出。

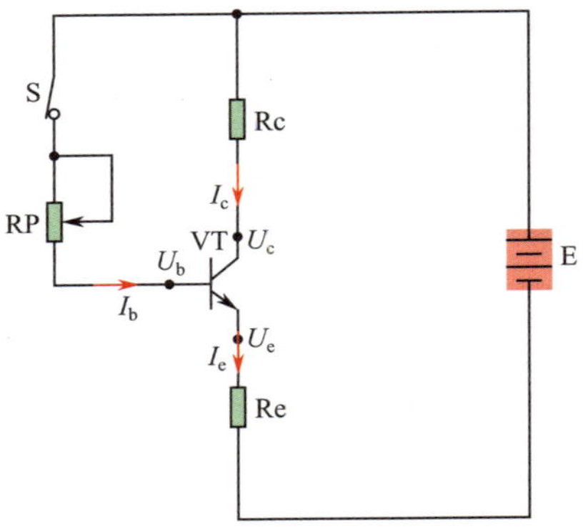

图 5-7　三极管的三种状态说明图

三极管无 I_b、I_c、I_e 电流流过的状态（即 I_b、I_c、I_e 都为 0）称为截止状态。

当开关 S 闭合后，三极管 VT 的基极有 I_b 电流流入，三极管内部导通，I_c 电流从集电极流入三极管，在内部 I_b、I_c 电流汇合后形成 I_e 电流从发射极流出。此时调节电位器 RP，I_b 电流变化，I_c 电流也会随之变化，例如，当 RP 滑动端下移时，其阻值减小，I_b 电流增大，I_c 也增大，两者满足 $I_c=\beta I_b$ 的关系。

三极管有 I_b、I_c、I_e 电流流过且满足 $I_c=\beta I_b$ 的状态称为放大状态。

在开关 S 处于闭合状态时，如果将电位器 RP 的阻值不断调小，三极管 VT 的基极电流 I_b 就会不断增大，I_c 电流也随之不断增大，当 I_b、I_c 电流增大到一定程度时，I_b 再增大，I_c 不会随之再增大，而是保持不变，此时 $I_c<\beta I_b$。

三极管有很大的 I_b、I_c、I_e 电流流过且满足 $I_c<\beta I_b$ 的状态称为饱和状态。

综上所述，当三极管处于截止状态时，无 I_b、I_c、I_e 电流通过；当三极管处于放大状态时，有 I_b、I_c、I_e 电流通过，并且 I_b 变化时 I_c 也会变化（即 I_b 电流可以控制 I_c 电流），三极管具有放大功能；当三极管处于饱和状态时，有很大的 I_b、I_c、I_e 电流通过，I_b 变化时 I_c 不会变化（即 I_b 电流无法控制 I_c 电流）。

2. 三种状态下 PN 结的特点和各极电压关系

三极管内部有集电结和发射结，不同状态下这两个 PN 结的特点是不同的。由于 PN 结的结构与二极管相同，在分析时为了方便，可将三极管的两个 PN 结画成二极管的符号。图 5-8 所示为 NPN 型和 PNP 型三极管的 PN 结示意图。

当三极管处于不同状态时，集电结和发射结也有相对应的特点。不论 NPN 型或 PNP 型三极管，在三种状态下的发射结和集电结特点都有：

①处于放大状态时，发射结正偏导通，集电结反偏；

②处于饱和状态时，发射结正偏导通，集电结也正偏；

③处于截止状态时，发射结反偏或正偏但不导通，集电结反偏。

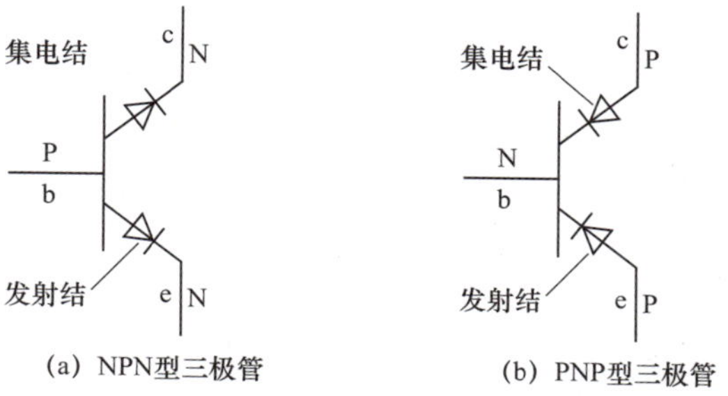

图 5-8 三极管的 PN 结示意图

正偏是指 PN 结的 P 端电压高于 N 端电压，正偏导通除了要满足 PN 结的 P 端电压大于 N 端电压外，还要求电压要大于门电压（0.2 ～ 0.3V 或 0.5 ～ 0.7V），这样才能让 PN 结导通。反偏是指 PN 结的 N 端电压高于 P 端电压。

不管哪种类型的三极管，只要记住三极管某种状态下两个 PN 结的特点，就可以很容易地推断出三极管在该状态下的电压关系，反之，也可以根据三极管各极电压关系推断出该三极管处于什么状态。

例如，在图 5-9（a）电路中，NPN 型三极管 VT 的 U_c=4V、U_b=2.5V、U_e=1.8V，其中 $U_b-U_e=0.7V$ 使发射结正偏导通，$U_c>U_b$ 使集电结反偏，该三极管处于放大状态。

在图 5-9（b）电路中，NPN 型三极管 VT 的 U_c=4.7V、U_b=5V、U_e=4.3V，$U_b-U_e=0.7V$ 使发射结正偏导通，$U_b>U_c$ 使集电结正偏，三极管处于饱和状态。

在图 5-9（c）电路中，PNP 型三极管 VT 的 U_c=6V、U_b=6V、U_e=0V，$U_e-U_b=0V$ 使发射结零偏不导通，$U_b>U_c$ 集电结反偏，三极管处于截止状态。从该电路的电流情况也可以判断出三极管是截止的，假设 VT 可以导通，从电源正极输出的 I_e 电流经 Re 从发射极流入，在内部分成 I_b、I_c 电流，I_b 电流从基极流出后就无法继续流动（不能通过 RP 返回到电源的正极，因为电流只能从高电位往低电位流动），所以 VT 的 I_b 电流实际上是不存在的，无 I_b 电流，也就无 I_c 电流，故 VT 处于截止状态。

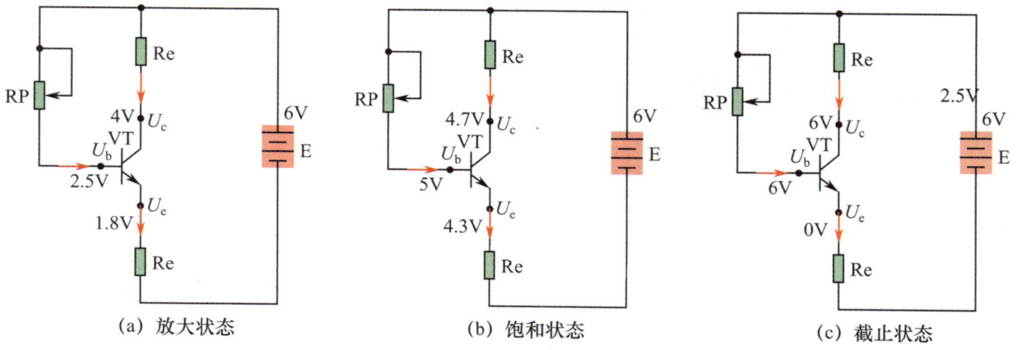

图 5-9 根据 PN 结的情况推断三极管的状态

三极管三种状态的各种特点见表 5-2。

表 5-2　三极管三种状态的特点

项目	放大	饱和	截止
电流关系	I_b、I_c、I_e大小正常，且$I_c=\beta I_b$	I_b、I_c、I_e很大，且$I_c<\beta I_b$	I_b、I_c、I_e都为0
PN结特点	发射结正偏导通，集电结反偏	发射结正偏导通，集电结正偏	发射结反偏或正偏不导通，集电结反偏
电压关系	对于NPN；型三极管，$U_c>U_b>U_e$；对于PNP型三极管，$U_e>U_b>U_c$	对于NPN型三极管，$U_b>U_c>U_e$，对于PNP型三极管，$U_e>U_c>U_b$	对于NPN型三极管，$U_c>U_b$，$U_b<U_e$或U_{be}小于门电压； 对于PNP型三极管，$U_c<U_b$，$U_b>U_e$或U_{eb}小于门电压

3. 三种状态的应用说明

三极管可以工作在三种状态，处于不同状态时可以实现不同的功能。**当三极管处于放大状态时，可以对信号进行放大，当三极管处于饱和与截止状态时，可以当成电子开关使用。**

1）放大状态的应用

在图 5-10（a）电路中，电阻 R1 的阻值很大，流进三极管基极的电流 I_b 较小，从集电极流入的 I_c 电流也不是很大，I_b 电流变化时 I_c 也会随之变化，故三极管处于放大状态。

当闭合开关 S 后，有 I_b 电流通过 R1 流入三极管 VT 的基极，马上有 I_c 电流流入 VT 的集电极，从 VT 的发射极流出 I_e 电流，三极管有正常大小的 I_b、I_c、I_e 流过，处于放大状态。这时如果将一个微弱的交流信号经 C1 送到三极管的基极，三极管就会对它进行放大，然后从集电极输出幅值大的信号，该信号经 C2 送往后级电路。

要注意的是，当交流信号从基极输入，经三极管放大后从集电极输出时，三极管除了对信号放大外，还会对信号进行倒相再从集电极输出。若交流信号从基极输入、从发射极输出时，三极管对信号会进行放大但不会倒相，如图 5-10（b）所示。

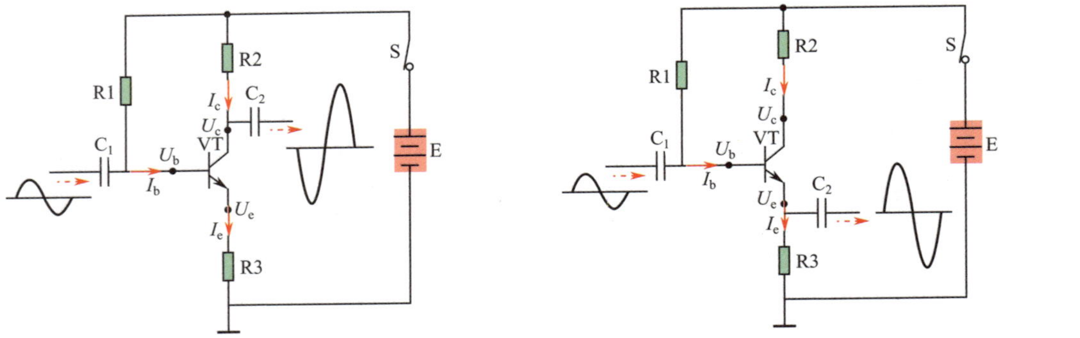

(a) 放大状态　　(b) 放大但不倒相

图 5-10　三极管放大状态的应用

2）饱和与截止状态的应用

三极管饱和与截止状态的应用如图 5-11 所示。

在图 5-11（a）中，当闭合开关 S1 后，有 I_b 电流经 S1、R 流入三极管 VT 的基极，马上有 I_c 电流流入 VT 的集电极，然后从发射极输出 I_e 电流，由于 R 的阻值很小，故 VT 基极电压很高，I_b 电流很大，I_c 电流也很大，并且 $I_c<\beta I_b$，三极管处于饱和状态。三极管进入饱和状态后，从集电极流入、发射极流出的电流很大，三极管集射极之间就相当于一个闭合的开关。

在图 5-11（b）中，当开关 S1 断开后，三极管基极无电压，基极无 I_b 电流流入，集电极无 I_c 电流流入，发射极也就没有 I_e 电流流出，三极管处于截止状态。三极管进入截止状态后，集电极电流无法流入、发射极无电流流出，三极管集射极之间就相当于一个断开的开关。

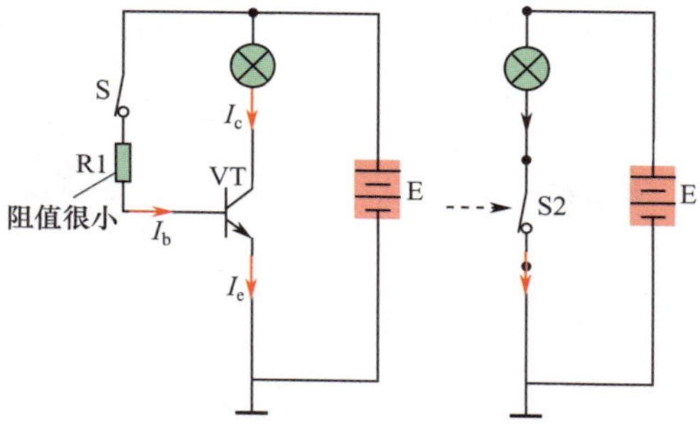

(a) 饱和状态的应用

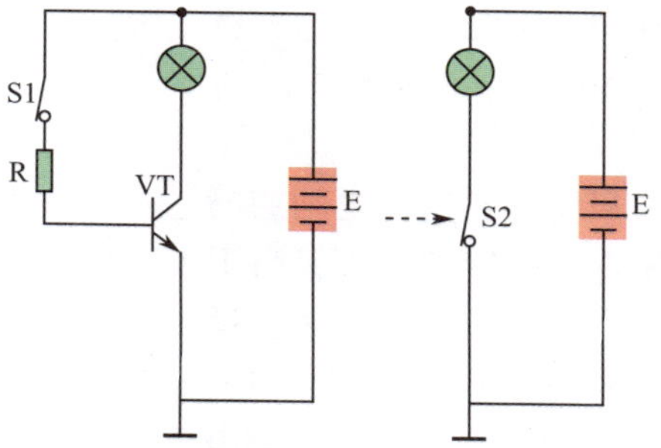

(b) 截止状态的应用

图 5-11 三极管饱和与截止状态的应用

三极管处于饱和与截止状态时，集射极之间分别相当于开关闭合与断开，由于三极管具有这种性质，故在电路中可以当作电子开关（依靠电压来控制通断），当三极管基极加较高的电压时，集射极之间导通，当基极不加电压时，集射极之间断开。

5.1.6 主要参数

三极管的主要参数如下。

1）电流放大倍数

三极管的电流放大倍数有直流电流放大倍数和交流电流放大倍数。三极管集电极电流 I_c 与基极电流 I_b 的比值称为三极管的直流电流放大倍数（用 $\bar{\beta}$ 或 h_{FE} 表示），即

$$\bar{\beta}=\frac{\text{集电极电流 } I_c}{\text{基极电流 } I_b}$$

三极管集电极电流变化量 ΔI_c 与基极电流变化量 ΔI_b 的比值称为交流电流放大倍数（用 β 或 h_{FE} 表示），即

$$\overline{\beta}=\frac{\text{集电极电流变化量}\ \Delta I_c}{\text{基极电流变化量}\ \Delta I_b}$$

上面两个电流放大倍数的含义虽然不同，但两者近似相等，故在以后应用时一般不加以区分。三极管的 β 值过小，电流放大作用小，β 值过大，三极管的稳定性会变差，在实际使用时，一般选用 β 在 40 ～ 80 的管子较为合适。

2）穿透电流 I_{CEO}

穿透电流又称集电极 - 发射极反向电流，它是指在基极开路时，给集电极与发射极之间加一定的电压，由集电极流往发射极的电流。穿透电流的大小受温度的影响较大，三极管的穿透电流越小，热稳定性越好，通常锗管的穿透电流较硅管的要大些。

3）集电极最大允许电流 I_{CM}

当三极管的集电极电流 I_C 在一定的范围内变化时，其 β 值基本保持不变，但当 I_C 增大到某一值时，β 值会下降。**使电流放大倍数 β 明显减小（约减小到 2/3β）的 I_C 电流称为集电极最大允许电流。**三极管用作放大时，I_C 电流不能超过 I_{CM}。

4）击穿电压 $U_{BR（CEO）}$

击穿电压 $U_{BR（CEO）}$ 是指基极开路时，允许加在集 - 射极之间的最高电压。在使用时，若三极管集 - 射极之间的的电压 $U_{CE} > U_{BR（CEO）}$，集电极电流 I_C 将急剧增大，这种现象称为击穿。击穿的三极管属于永久损坏，故选用三极管时要注意其反向击穿电压不能低于电路的电源电压，一般三极管的反向击穿电压应是电源电压的两倍。

5）集电极最大允许功耗 P_{CM}

三极管在工作时，集电极电流流过集电结时会产生热量，从而使三极管温度升高。**在规定的散热条件下，集电极电流 I_c 在流过三极管集电极时允许消耗的最大功率称为集电极最大允许功耗 P_{CM}。**当三极管的实际功耗超过 P_{CM} 时，温度会上升很高而烧坏。三极管散热良好时的 P_{CM} 较正常时要大。

集电极最大允许功耗 P_{CM} 可用下面式子计算：

$$P_{CM}=I_C \cdot U_{CE}$$

三极管的 I_C 电流过大或 U_{CE} 电压过高，都会导致功耗过大而超出 P_{CM}。三极管手册上列出的 P_{CM} 值是在常温下 25℃时测得的。硅管的集电结上限温度为 150℃左右，锗管为 70℃左右，使用时应注意不要超过此值，否则管子将被损坏。

6）特征频率 f_T

在工作时，三极管的放大倍数 β 会随着信号的频率升高而减小。**使三极管的放大倍数 β 下降到 1 的频率称为三极管的特征频率。**当信号频率 f 等于 f_T 时，三极管对该信号将失去电流放大功能，信号频率大于 f_T 时，三极管将不能正常工作。

5.1.7 用指针万用表检测三极管

三极管的检测包括类型检测、电极检测和好坏检测。

1. 类型检测

三极管类型有 NPN 型和 PNP 型，三极管的类型可用万用表欧姆挡进行检测。

1）检测规律

NPN 型和 PNP 型三极管的内部都有两个 PN 结，故三极管可视为两个二极管的组合，万用表在测量三极管任意两个引脚之间时有 6 种情况，如图 5-12 所示。

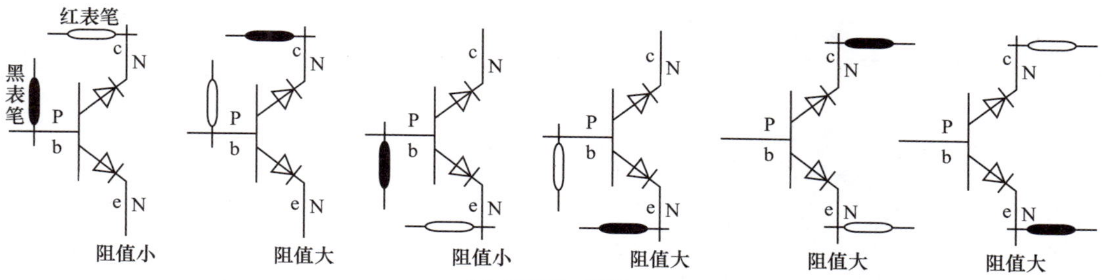

(a) NPN型三极管

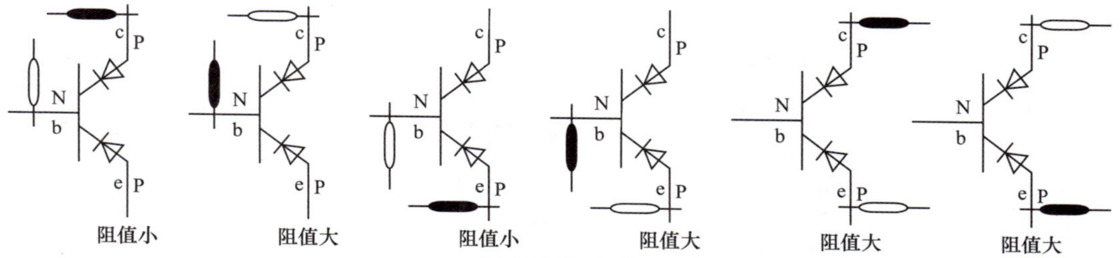

(b) PNP型三极管

图 5-12　万用表测三极管任意两引脚的 6 种情况

从图中不难得出这样的规律：当黑表笔接 P 端、红表笔接 N 端时，测得是 PN 结的正向电阻，该阻值小；当黑表笔接 N 端，红表笔接 P 端时，测得是 PN 结的反向电阻，该阻值很大（接近无穷大）；当黑、红表笔接得两极都为 P 端（或两极都为 N 端）时，测得阻值大（两个 PN 结不会导通）。

2）类型检测

三极管的类型检测如图 5-13 所示。

在检测三极管类型时，万用表拨至 R×100Ω 或 R×1kΩ 挡，测量三极管任意两引脚之间的电阻，当测量出现一次阻值小时，黑表笔接的为 P 极，红表笔接的为 N 极，如图 5-13（a）所示。然后黑表笔不动（即让黑表笔仍接 P 极），将红表笔接到另外一个极，有两种可能：若测得阻值很大，红表笔接的一定是 P 极，该三极管为 PNP 型，红表笔先前接的为基极，如图 5-13（b）所示；若测得阻值小，则红表笔接的为 N 极，则该三极管为 NPN 型，黑表笔所接为基极。

2. 集电极与发射极的检测

三极管有发射极、基极和集电极三个电极，在使用时不能混用，由于在检测类型时已经找出基极，下面介绍如何用万用表欧姆挡检测出发射极和集电极。

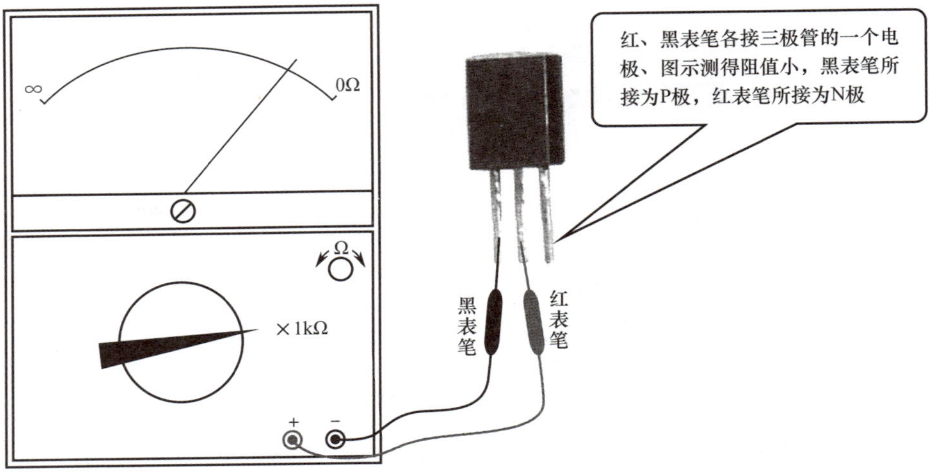

(a)

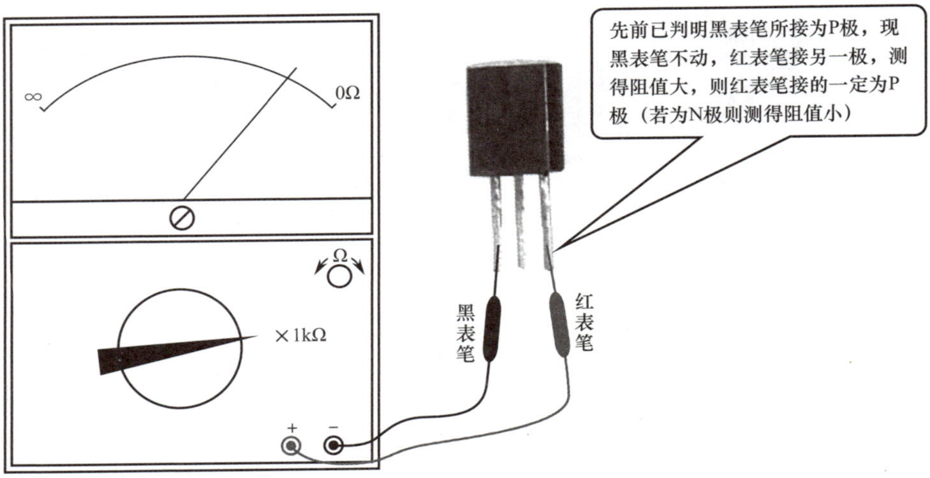

(b)

图 5-13　三极管类型的检测

1）NPN 型三极管集电极和发射极的判别

NPN 型三极管集电极和发射极的判别如图 5-14 所示。

将万用表置于 R×1kΩ 或 R×100Ω 挡，黑表笔接基极以外任意一个极，再用手接触该极与基极（手相当于一个电阻，即在该极与基极之间接一个电阻），红表笔接另外一个极，测量并记下阻值的大小，该过程如图 5-14（a）所示；然后红、黑表笔互换，手再捏住基极与对换后黑表笔所接的极，测量并记下阻值大小，该过程如图 5-14（b）所示。两次测量会出现阻值一大一小，以阻值小的那次为准，如图 5-14（a）所示，黑表笔接的为集电极，红表笔接的为发射极。

注意，如果两次测量出来的阻值大小区别不明显，可先将手蘸点水，让手的电阻减小，再用手接触两个电极进行测量。

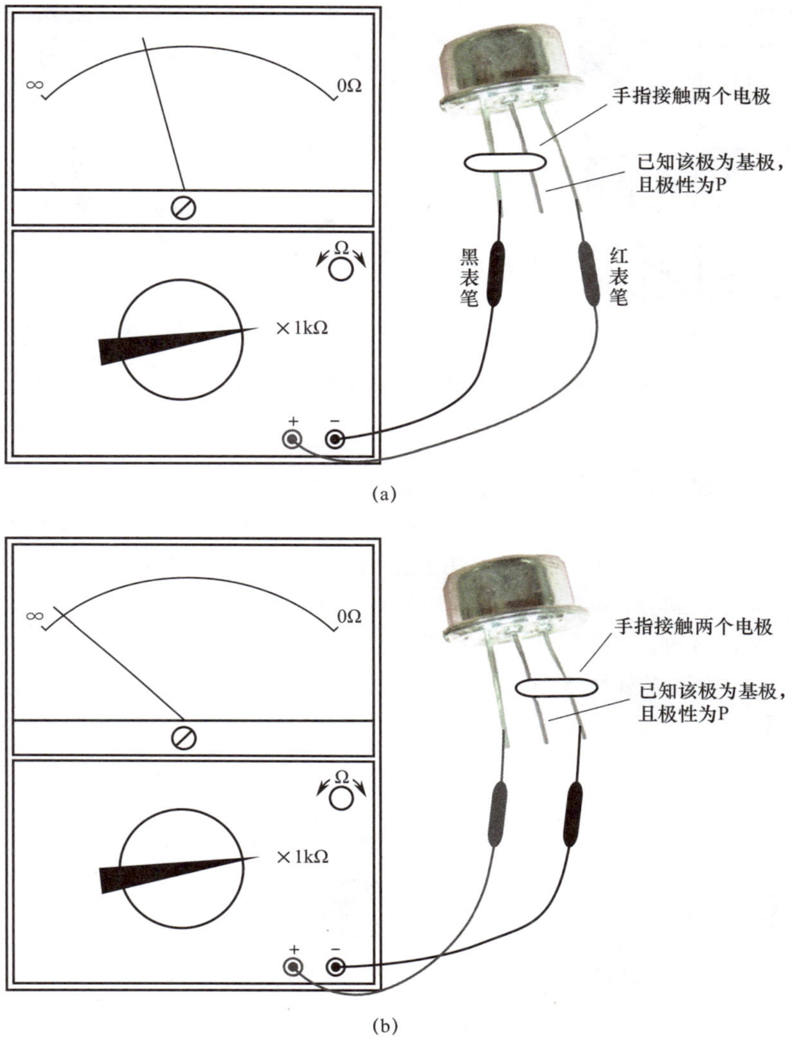

图 5-14　NPN 型三极管的发射极和集电极的判别

2）PNP 型三极管集电极和发射极的判别

PNP 型三极管集电极和发射极的判别如图 5-15 所示。

将万用表置于 R×1kΩ 或 R×100Ω 挡，红表笔接基极以外的任意一个极，再用手接触该极与基极，黑表笔接余下的一个极，测量并记下阻值的大小，该过程如图 5-15（a）所示；然后红、黑表笔互换，手再接触基极与对换后红表笔所接的极，测量并记下阻值大小，该过程如图 5-15（b）所示。两次测量会出现阻值一大一小，以阻值小的那次为准，如图 5-15（a）所示，红表笔接的为集电极，黑表笔接的为发射极。

3）利用 hFE 挡来判别发射极和集电极

如果万用表有 hFE 挡（三极管放大倍数测量挡），可利用该挡判别三极管的电极，使用这种方法应在已检测出三极管的类型和基极时使用。

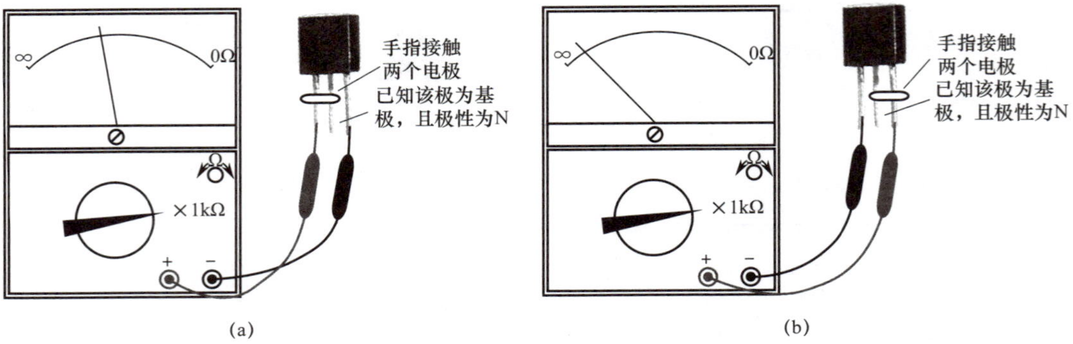

图 5-15　PNP 型三极管的发射极和集电极的判别

利用万用表的 hFE 挡来判别极性的测量过程，如图 5-16 所示。

将万用表拨至 hFE 挡（三极管放大倍数测量挡），再根据三极管类型选择相应的插孔，并将基极插入基极插孔中，另外两个未知极分别插入另外两个插孔中，记下此时测得放大倍数值，如图 5-16（a）所示；然后让三极管的基极不动，将另外两个未知极互换插孔，观察这次测得放大倍数，如图 5-16（b）所示，两次测得的放大倍数会出现一大一小，以放大倍数大的那次为准，如图 5-16（b）所示，c 极插孔对应的电极是集电极，e 极插孔对应的电极为发射极。

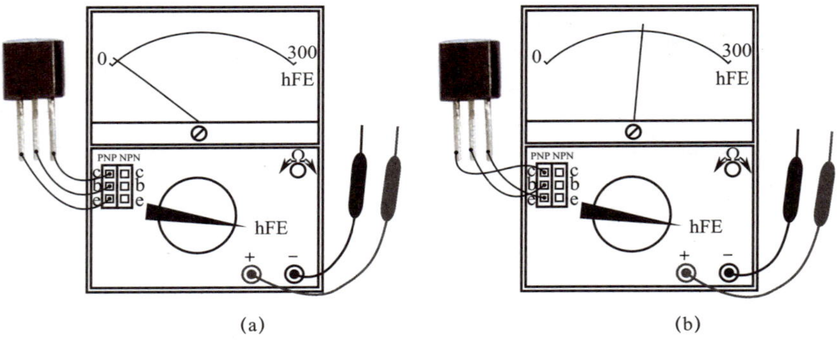

图 5-16　利用万用表的三极管放大倍数挡来判别发射极和集电极

3. 好坏检测

三极管好坏检测具体包括以下内容。

①测量集电结和发射结的正向、反向电阻。

三极管内部有两个 PN 结，任意一个 PN 结损坏，三极管就不能使用，所以三极管检测先要测量两个 PN 结是否正常。检测时万用表拨至 R×100 Ω 或 R×1k Ω 挡，测量 PNP 型或 NPN 型三极管集电极和基极之间的正向、反向电阻（即测量集电结的正向、反向电阻），然后再测量发射极与基极之间的正向、反向电阻（即测量发发射结的正向、反向电阻）。正常时，集电结和发射结正向电阻都比较小，几百欧至几千欧，反向电阻都很大，几百千欧至无穷大。

②测量集电极与发射极之间的正向、反向电阻。

对于 PNP 管，红表笔接集电极，黑表笔接发射极测得为正向电阻，正常约十几千欧至几百千欧（用 R×1kΩ 挡测得），互换表笔测得为反向电阻，与正向电阻阻值相近；对于 NPN 型三极管，黑表笔接集电极，红表笔接发射极，测得为正向电阻，互换表笔测得为反向电阻，正常时正向、反向电阻阻值相近，约几百千欧至无穷大。

如果三极管任意一个 PN 结的正向、反向电阻不正常，或发射极与集电极之间正向、反向电阻不正常，说明三极管损坏。如发射结正向、反向电阻阻值均为无穷大，说明发射结开路；集极、射极之间阻值为 0，说明集射极之间击穿短路。

综上所述，一个三极管的好坏检测需要进行六次测量：其中测发射结正向、反向电阻各一次（两次），集电结正向、反向电阻各一次（两次）和集射极之间的正向、反向电阻各一次（两次）。只有这六次检测都正常才能说明三极管是正常的，只要有一次测量发现不正常，该三极管就不能使用。

5.1.8 用数字万用表检测三极管（附视频操作演示）

1. 用数字万用表检测 NPN 型三极管

用数字万用表检测 NPN 型三极管如图 5-17 所示，详细操作过程请打开本书配套光盘中的“NPN 型三极管的检测”视频文件观看。

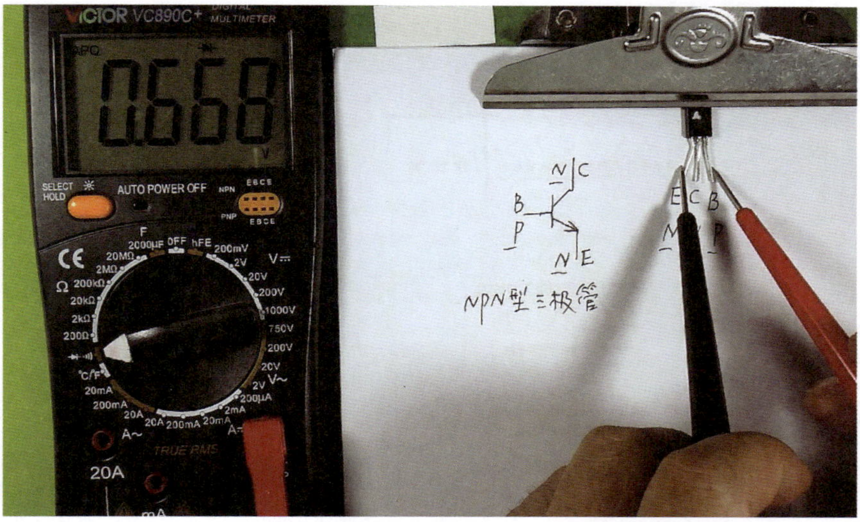

图 5-17 用数字万用表检测 NPN 型三极管

2. 用数字万用表检测 PNP 型三极管（附视频操作演示）

用数字万用表检测 PNP 型三极管如图 5-18 所示，详细操作过程请打开本书配套光盘中的“PNP 型三极管的检测”视频文件观看。

图 5-18　用数字万用表检测 PNP 型三极管

5.1.9　三极管型号命名方法

国产三极管型号由五部分组成：第一部分用数字“3”表示主称三极管；第二部分用字母表示三极管的材料和极性；第三部分用字母表示三极管的类别。第四部分用数字表示同一类型产品的序号；第五部分用字母表示规格号。

国产三极管型号命名及含义见表 5-3。

表 5-3　国产三极管型号命名及含义

第一部分：主称		第二部分：三极管的材料和特性		第三部分：类别		第四部分：序号	第五部分：规格号
数字	含义	字母	含义	字母	含义		
3	三极管	A	锗材料、PNP 型	G	高频小功率管	用数字表示同一类型产品的序号	用字母 A 或 B、C、D 等表示同一型号的器件的挡次等
				X	低频小功率管		
		B	锗材料、NPN 型	A	高频大功率管		
				D	低频大功率管		
		C	硅材料、NPN 型	T	闸流管		
				K	开关管		
		D	硅材料、NPN 型	V	微波管		
				B	雪崩管		
		E	化合物材料	J	阶跃恢复管		
				U	光敏管（光电管）		
				J	结型场效应晶体管		

5.2 特殊三极管

5.2.1　带阻三极管

1. 外形与电路符号

带阻三极管是指基极和发射极接有电阻并封装为一体的三极管。带阻三极管常用在电路中用作电子开关。带阻三极管外形和电路符号如图 5-19 所示。

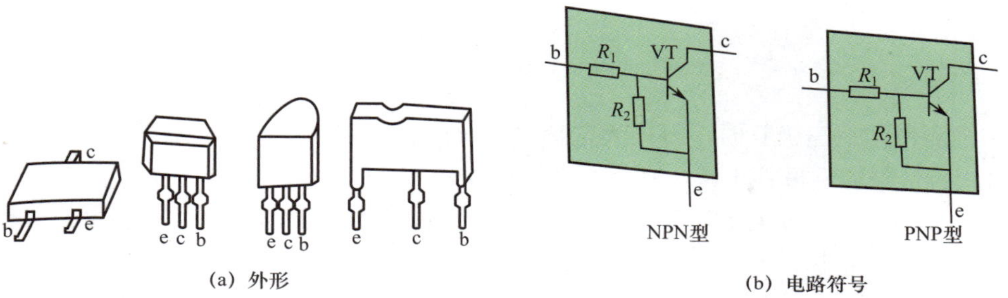

图 5-19　带阻三极管

2. 检测

带阻三极管检测与普通三极管基本类似，但由于内部接有电阻，故检测出来的阻值大小稍有不同。以图 5-19（b）中的 NPN 型带阻三极管为例，检测时万用表选择 R×1kΩ 挡，测量 b、e、c 极任意之间的正 / 反向电阻，若带阻三极管正常，则有下面的规律。

b、e 极之间正 / 反向电阻都比较小（具体大小与 R_1、R_2 值有关），但 b、e 极之间的正向电阻（黑表笔接 b 极、红表笔接 e 极测得）会略小一点，因为测正向电阻时发射结会导通。

b、c 极之间正向电阻（黑表笔接 b 极，红表笔接 c 极）小，反向电阻接近无穷大。

c、e 极之间正反向电阻都接近无穷大。

检测时如果与上述结果不符，则为带阻三极管损坏。

5.2.2　带阻尼三极管

1. 外形与电路符号

带阻尼三极管是指在集电极和发射极之间接有二极管并封装为一体的三极管。带阻尼三极管功率很大，常用在彩电和计算机显示器的扫描输出电路中。带阻尼三极管外形和电路符号如图 5-20 所示。

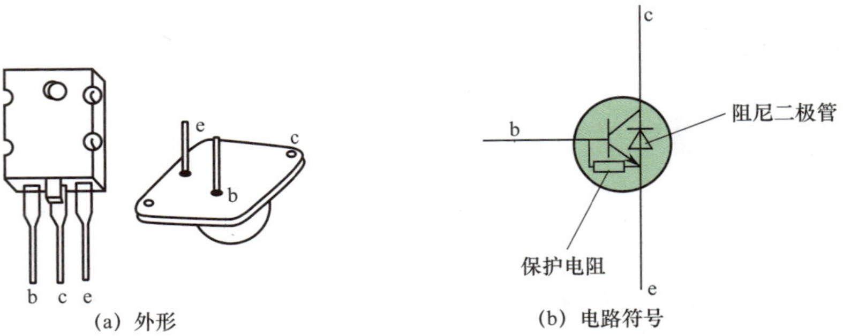

图 5-20 带阻尼三极管

2. 检测

在检测带阻尼三极管时，万用表选择 R×1kΩ 挡，测量 b、e、c 极任意之间的正 / 反向电阻，若带阻尼三极管正常，则有下面的规律。

b、e 极之间正 / 反向电阻都比较小，但 b、e 极之间的正向电阻（黑表笔接 b 极，红表笔接 e 极）会略小一点。

b、c 极之间正向电阻（黑表笔接 b 极，红表笔接 c 极）小，反向电阻接近无穷大。

c、e 极之间正向电阻（黑表笔接 c 极，红表笔接 e 极）接近无穷大，反向电阻很小（因为阻尼二极管会导通）。

检测时如果与上述结果不符，则为带阻尼三极管损坏。

5.2.3 达林顿三极管

1. 外形与电路符号

达林顿三极管又称复合三极管，它是由两只或两只以上三极管组成并封装为一体的三极管。达林顿三极管外形如图 5-21（a）所示，图 5-21（b）是两种常见的达林顿三极管电路符号。

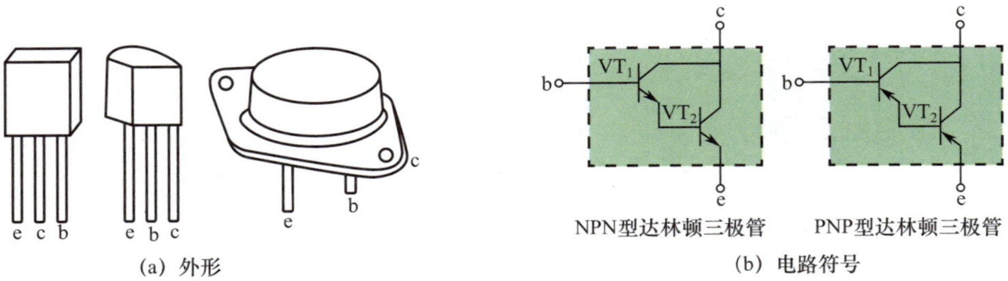

图 5-21 达林顿三极管

2. 工作原理

与普通三极管一样，达林顿三极管也需要给各极提供电压，让各极有电流流过，才能正常工作。达林顿三极管具有放大倍数高、热稳定性好和简化放大电路等优点。图 5-22 是一种典型的达林顿三极管偏置电路。

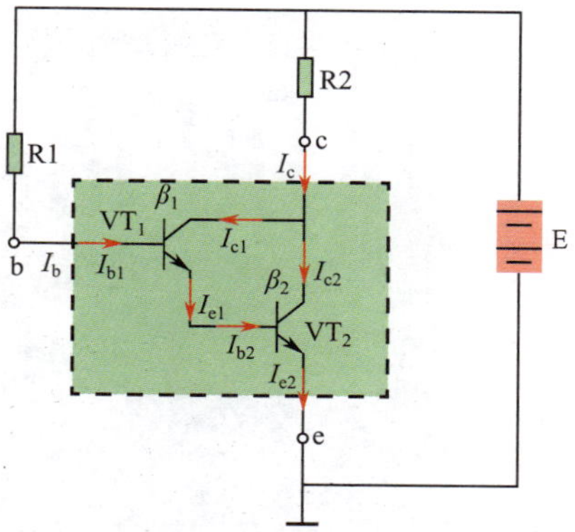

图 5-22　达林顿三极管的偏置电路

接通电源后，达林顿三极管 c、b、e 极得到供电，内部的 VT1、VT2 均导通，VT1 的 I_{b1}、I_{c1}、I_{e1} 电流和 VT2 的 I_{b2}、I_{c2}、I_{e2} 电流途径见图中箭头所示。达林顿三极管的放大倍数 β 与 VT1、VT2 的放大倍数 β_1、β_2 有如下的关系：

$$\begin{aligned}\beta=\frac{I_c}{I_b}=\frac{I_{c1}+I_{c2}}{I_{b1}}&=\frac{\beta_1\cdot I_{b1}+\beta_2\cdot I_{b2}}{I_{b1}}\\&=\frac{\beta_1\cdot I_{b1}+\beta_2\cdot I_{e2}}{I_{b1}}\\&=\frac{\beta_1\cdot I_{b1}+\beta_2\,(I_{b1}+\beta_1\cdot I_{b1})}{I_{b1}}\\&=\frac{\beta_1\cdot I_{b1}+\beta_2\cdot I_{b1}+\beta_2\beta_1\cdot I_{b1}}{I_{b1}}\\&=\beta_1+\beta_2+\beta_2\beta_1\\&\approx\beta_2\beta_1\end{aligned}$$

即达林顿三极管的放大倍数为

$$\beta=\beta_1\cdot\beta_2\cdot\cdots\cdot\beta_n$$

3. 用指针万用表检测达林顿三极管

以检测图 5-21（b）所示的 NPN 型达林顿三极管为例，在检测时，万用表选择 R×10kΩ 挡，测量 b、e、c 极任意之间的正 / 反向电阻，若达林顿三极管正常，则有下面的规律。

b、e 极之间正向电阻（黑表笔接 b 极，红表笔接 e 极）小，反向电阻接近无穷大。

b、c 极之间正向电阻（黑表笔接 b 极，红表笔接 c 极）小，反向电阻接近无穷大。

c、e 极之间正反向电阻都接近无穷大。

检测时如果与上述结果不符，则为达林顿三极管损坏。

4. 用数字万用表检测达林顿三极管（附视频操作演示）

用数字万用表检测达林顿三极管如图 5-23 所示，详细操作过程请打开本书配套光盘中的“达林顿三极管的检测”视频文件观看。

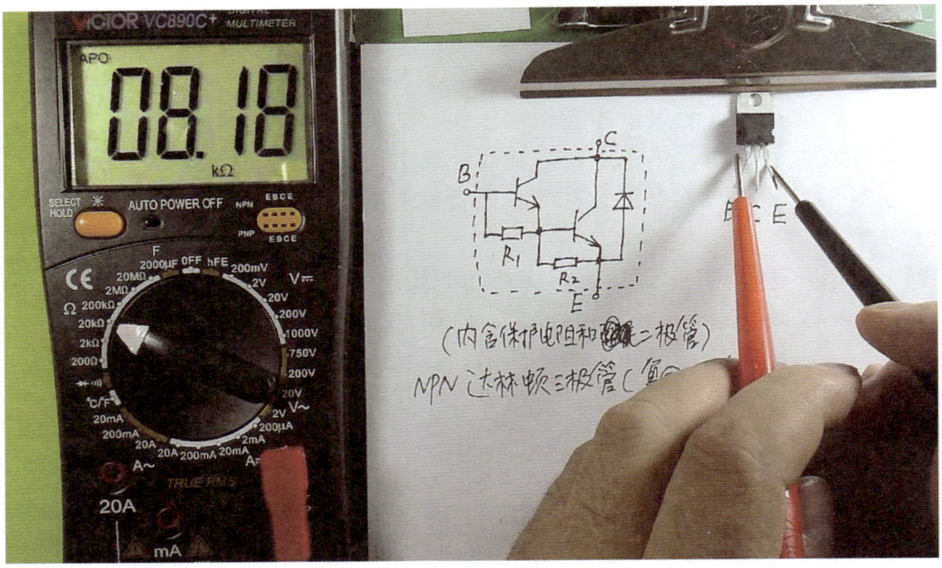

图 5-23　用数字万用表检测达林顿三极管

第6章

光电器件

6.1 发光二极管

6.1.1 普通发光二极管

1. 外形与电路符号

发光二极管是一种电－光转换器件，能将电信号转换成光。图 6-1（a）所示是一些常见的发光二极管的实物外形，图 6-1（b）为发光二极管的电路符号。

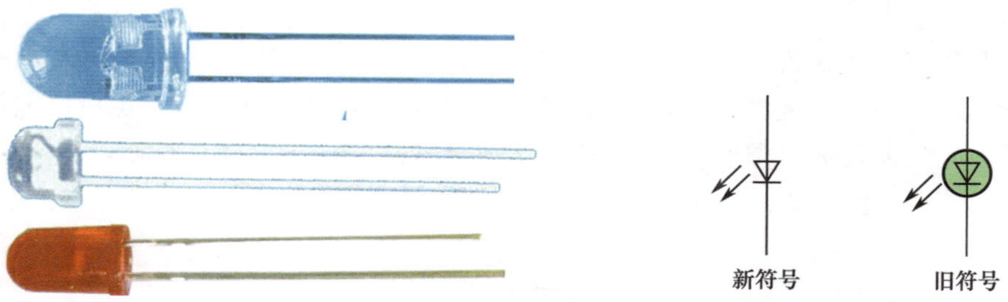

(a) 实物外形　　(b) 电路符号

图 6-1　发光二极管

2. 性质

发光二极管在电路中需要正接才能工作。下面以图 6-2 所示的电路来说明发光二极管的性质。

在图 6-2 中，可调电源 E 通过电阻 R 将电压加到发光二极管 VD 两端，电源正极对应 VD 的正极，负极对应 VD 的负极。将电源 E 的电压由 0 开始慢慢调高，发光二极管两端电压 U_{VD} 也随之升高，在电压较低时发光二极管并不导通，只有 U_{VD} 达到一定值，VD 才导通，此时的 U_{VD} 电压称为发光二极管的导通电压。发光二极管导通后有电流流过，就开始发光，流过的电流越大，发出光线越强。

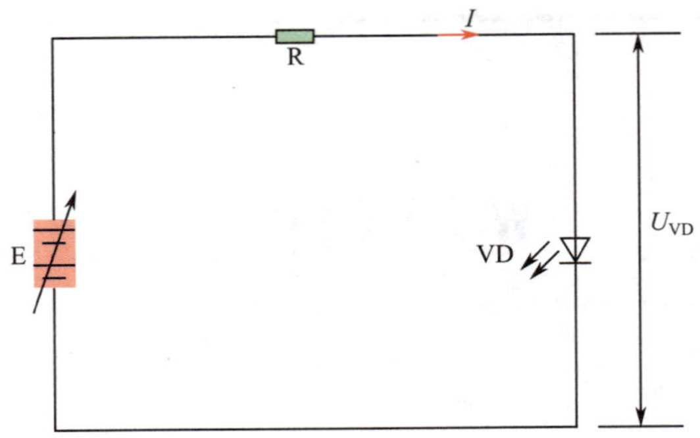

图 6-2　发光二极管的性质说明图

不同颜色的发光二极管，其导通电压有所不同，红外线发光二极管最低，略高于 1V，红光二极管 1.5 ～ 2V，黄光二极管约 2V 左右，绿光二极管 2.5 ～ 2.9V，高亮度蓝光、白光二极管导通电压一般达到 3V 以上。

发光二极管正常工作时的电流较小，小功率的发光二极管工作电流一般为 5 ～ 30mA，若流过发光二极管的电流过大，容易被烧坏。发光二极管的反向耐压也较低，一般在 10V 以下。

3. 用指针万用表检测发光二极管

发光二极管的检测包括极性判别和好坏检测。

1）极性判别

（1）从外观判别极性

对于未使用过的发光二极管，引脚长的为正极，引脚短的为负极，也可以通过观察发光二极管内电极来判别引脚极性，内电极大的引脚为负极，如图 6-3 所示。

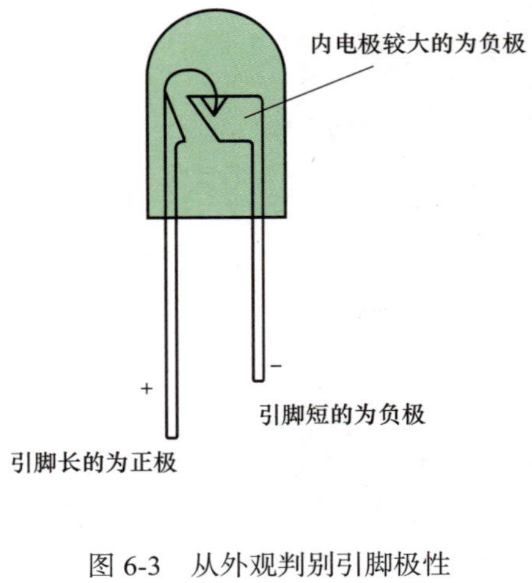

图 6-3　从外观判别引脚极性

（2）万用表检测极性

发光二极管与普通二极管一样具有单向导电性，即正向电阻小，反向电阻大。根据这一点可以用万用表检测发光二极管的极性。

由于发光二极管的导通电压在 1.5V 以上，而万用表选择 R×1Ω 至 R×1kΩ 挡时，内部使用 1.5V 电池，它所提供的电压无法使发光二极管正向导通，故检测发光二极管极性时，万用表选择 R×10kΩ 挡（内部使用 9V 电池），红、黑表笔分别接发光二极管的两个电极，正、反各测一次，两次测量的阻值会出现一大一小，以阻值小的那次为准，黑表笔接的为正极，红表笔接的为负极。

2）好坏检测

在检测发光二极管好坏时，万用表选择 R×10kΩ 挡，测量两引脚之间的正向、反向电阻。若发光二极管正常，正向电阻小，反向电阻大（接近∞）。

若正向、反向电阻均为∞，则发光二极管开路。

若正向、反向电阻均为 0，则发光二极管短路。

若反向向电阻偏小，则发光二极管反向漏电。

4. 用数字万用表检测发光二极管（附视频操作演示）

用数字万用表检测发光二极管如图 6-4 所示，详细操作过程请打开本书配套光盘中的“发光二极管的检测”视频文件观看。

图 6-4　用数字万用表检测发光二极管

6.1.2 双色发光二极管

1. 外形与电路符号

双色发光二极管可以发出多种颜色的光线。双色发光二极管有两引脚和三引脚之分，常见的双色发光二极管实物外形如图 6-5（a）所示，图 6-5（b）为双色发光二极管的电路符号。

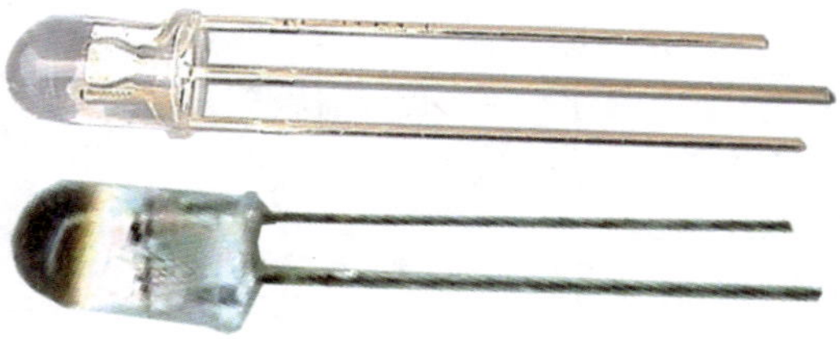

(a) 实物外形

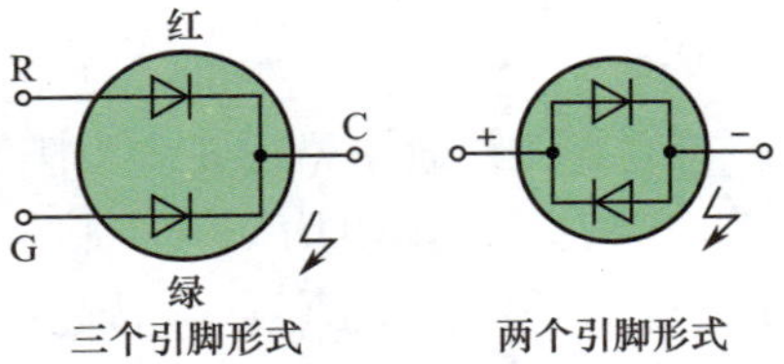

(b) 电路符号

图 6-5　双色发光二极管

2. 工作原理

双色发光二极管是将两种颜色的发光二极管制作封装在一起构成的，常见的有红绿双色发光二极管。双色发光二极管内部两个二极管的连接方式有两种：一是共阳或共阴形式（即正极或负极连接成公共端）；二是正负连接形式（即一只二极管正极与另一只二极管负极连接）。共阳或共阴式双色二极管有三个引脚，正负连接式双色二极管有两个引脚。

下面以图 6-6 所示的电路来说明双色发光二极管的工作原理。

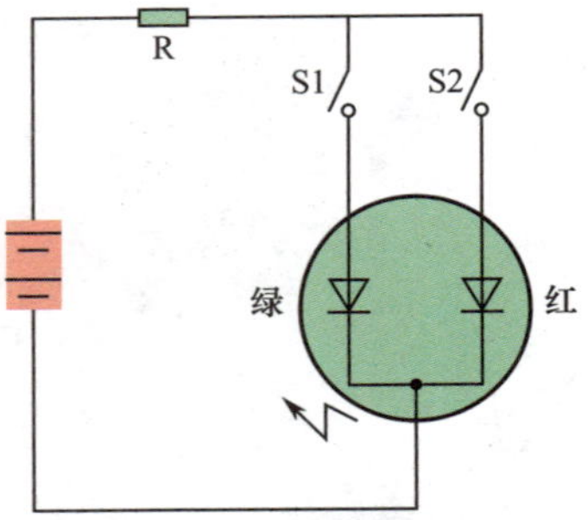

(a) 三个引脚双色发光二极管应用电器

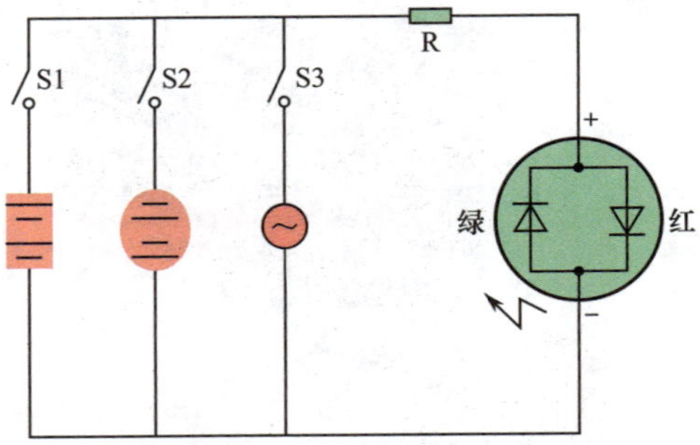

(b) 两个引脚的双色发光二极管应用电路

图 6-6　双色发光二极管的工作原理说明图

图 6-6（a）所示为三个引脚的双色发光二极管应用电路。当闭合开关 S1 时，有电流流过双色发光二极管内部的绿管，双色发光二极管发出绿色光；当闭合开关 S2 时，电流

通过内部红管，双色发光二极管发出红光；当两个开关都闭合时，红、绿管都亮，双色二极管发出混合色光——黄光。

图 6-6（b）所示为两个引脚的双色发光二极管应用电路。当闭合开关 S1 时，有电流流过红管，双色发光二极管发出红色光；当闭合开关 S2 时，电流通过内部绿管，双色发光二极管发出绿光；当闭合开关 S3 时，由于交流电源极性周期性变化，它产生的电流交替流过红管、绿管，红管、绿管都亮，双色二极管发出的光线呈红、绿混合色——黄色。

6.1.3　三基色发光二极管

1. 三基色与混色方法

1）三基色

实践证明，自然界几乎所有的颜色都可以由红、绿、蓝三种颜色按不同的比例混合而成，反之，自然界绝大多数颜色都可以分解成红、绿、蓝三种颜色，因此将红（R）、绿（G）、蓝（B）三种的颜色称为三基色。

2）混色方法

用三基色几乎可以混合出自然界几乎所有的颜色。常见的混色方法如下。

（1）直接相加混色法

直接相加混色法是指将两种或三种基色按一定的比例混合而得到另一种颜色的方法。图 6-7 所示为三基色混色环，三个大圆环分别表示红、绿、蓝三种基色，圆环重叠表示颜色混合，例如，将红色和绿色等量直接混合在一起可以得到黄色，将红色和蓝色等量直接混合在一起可以得到紫色，将红、绿、蓝三种颜色等量直接混合在一起可得到白色。三种基色在混合时，若混合比例不同，得到的颜色将会不同，由此可混合出各种各样的颜色。

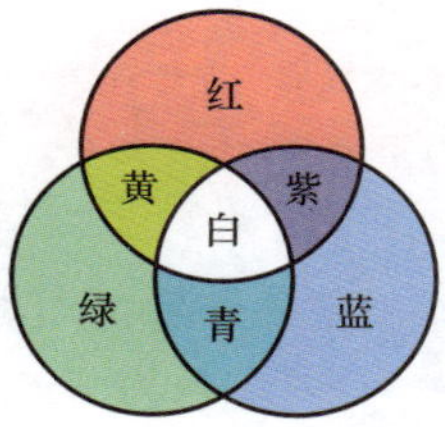

图 6-7　三基色混色环

（2）空间相加混色法

当三种基色相距很近，而观察距离又较远时，就会产生混色效果。空间相加混色如图 6-8 所示，图 6-8（a）所示为三个点状发光体，分别可发出 R（红）、G（绿）、B（蓝）三种光，当它们同时发出三种颜色光时，如果观察距离较远，无法区分出三个点，会觉得是一个大

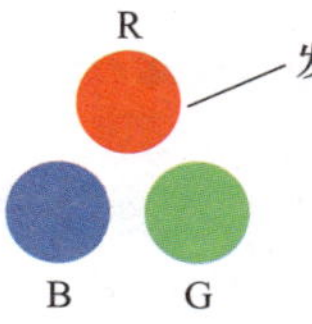

(a) 点状发光体

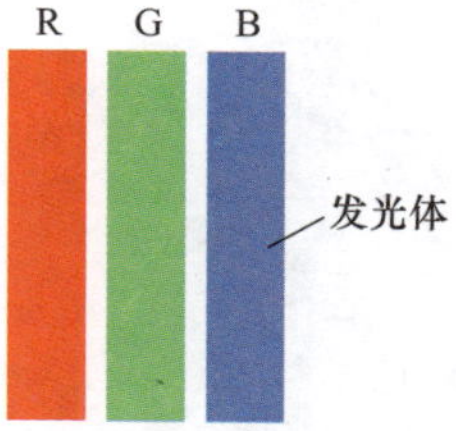

(b) 条状发光体

图 6-8　空间相加混色

点，那么感觉该点为白色，如果R、G发光体同时发光时，会觉得该点为黄色；图6-8（b）所示为三个条状发光体，当它们同时发出三种颜色光时，如果观察距离较远，会觉得是一个粗条，那么该粗条为白色，如果R、G发光体同时发光时，会觉得粗条为黄色。彩色电视机、液晶显示器等就是利用空间相加混色法来显示彩色图像的。

（3）时间相加混色法

如果将三种基色光按先后顺序照射到同一表面上，只要基色光切换速度足够快，由于人眼的视觉暂留特性（物体在人眼前消失后，人眼会觉得该物体还在眼前，这种印象约能保留0.04秒），人眼就会获得三种基色直接混合而形成的混色感觉。如图6-9所示，先将一束红光照射到一个圆上，让它呈红色，然后迅速移开红光，再将绿光照射到该圆上，只要两者切换速度足够快（不超过0.04秒），绿光与人眼印象中保留的红光相混合，会觉得该圆为黄色。

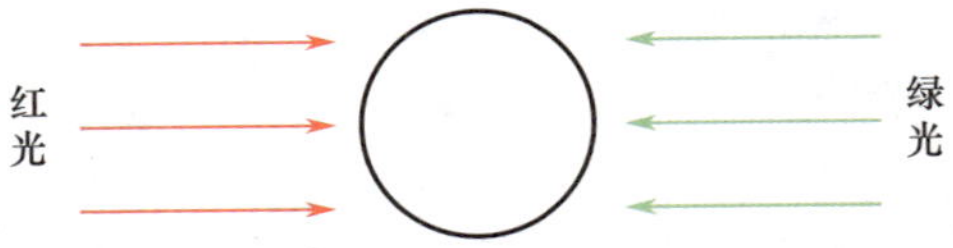

图6-9　时间相加混色

2. 三基色发光二极管

1）外形与电路符号

三基色发光二极管又称全彩发光二极管，其外形和电路符号如图6-10所示。

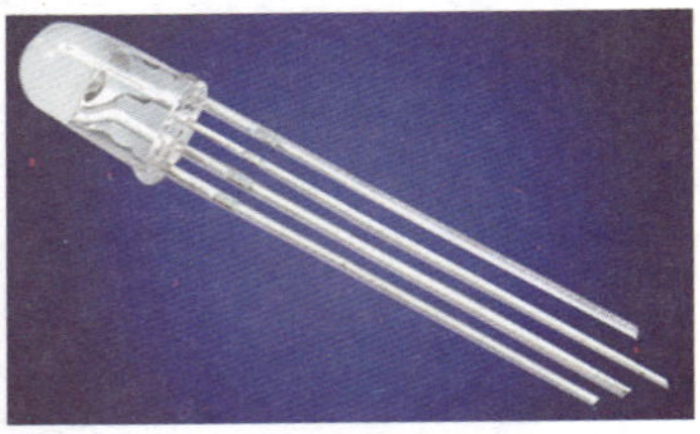

（a）外形

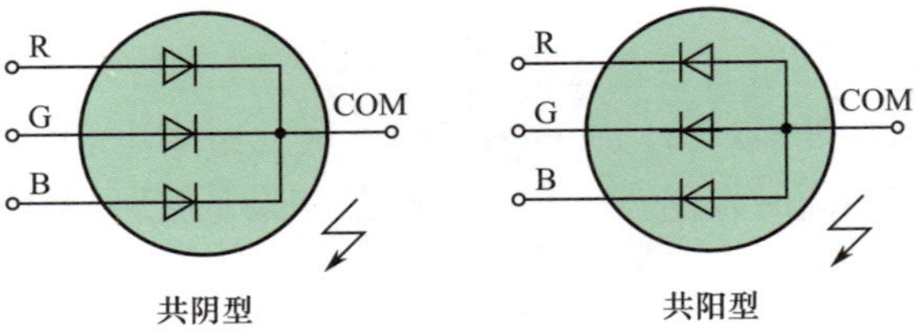

（b）电路符号

图6-10　全彩发光二极管

2）工作原理

三基色发光二极管是将红、绿、蓝三种颜色的发光二极管制作并封装在一起构成的，在内部将三个发光二极管的负极（共阴型）或正极（共阳型）连接在一起，再接一个公共引脚。下面以图6-11所示的电路来说明共阴极三基色发光二极管的工作原理。

当闭合开关S1时，有电流流过内部的R发光二极管，三基色发光二极管发出红光；

当闭合开关 S2 时，有电流流过内部的 G 发光二极管，三基色发光二极管发出绿光；若 S1、S3 两个开关都闭合，R、B 发光二极管都亮，三基色二极管发出混合色光——紫光。

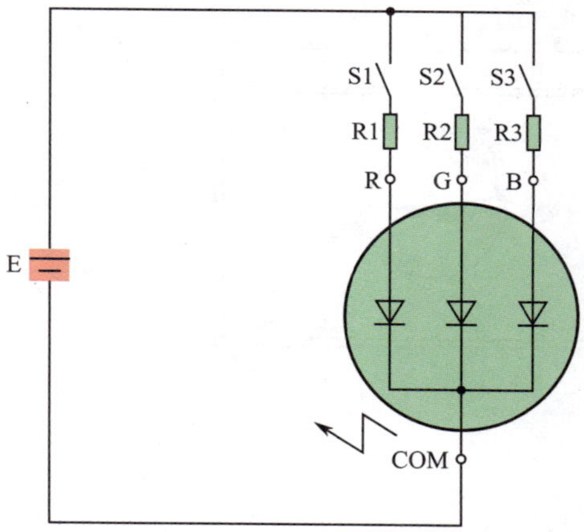

图 6-11　三基色发光二极管工作原理说明图

3）检测

（1）类型及公共引脚的检测

三基色发光二极管有共阴、共阳之分，使用时要区分开。在检测时，万用表拨至 R×10kΩ 挡，测量任意两引脚之间的阻值，当出现阻值小时，红表笔不动，黑表笔接剩下两个引脚中的任意一个，若测得阻值小，则红表笔接的为公共引脚且该引脚内接发光二极管的负极，该二极管为共阴型管，若测得阻值无穷大或接近无穷大，则该二极管为共阳型管。

（2）引脚极性检测

三基色发光二极管除了公共引脚外，还有 R、G、B 三个引脚，在区分这些引脚时，万用表拨至 R×10kΩ 挡，对于共阴型管，红表笔接公共引脚，黑表笔接某个引脚，二极管有微弱的光线发出，观察光线的颜色，若为红色，则黑表笔接的为 R 引脚，若为绿色，则黑表笔接的为 G 引脚，若为蓝色，则黑表笔接的为 G 引脚。

由于万用表的 R×10kΩ 挡提供的电流很小，因此测量时有可能无法让三基色发光二极管内部的发光二极管正常发光，虽然万用表使用 R×1Ω 至 R×1kΩ 挡时提供的电流大，但内部使用 1.5V 电池，无法使发光二极管导通发光，解决这个问题的方法是将万用表拨至 R×10Ω 或 R×1Ω 挡，如图 6-12 所示，给红表笔串接 1.5V 或 3V 电池，电池的负极接三基色发光二极管的公共引脚，黑表笔接其他引脚，根据二极管发出的光线判别引脚的极性。

（3）好坏检测

从三基色发光二极管内部的三只发光二极管连接方式可以看出，R、G、B 引脚与 COM 引脚之间的正向电阻小，反向电阻大（无穷大），R、G、B 任意两引脚之间的正向、反向电阻均为无穷大。在检测时，万用表拨至 R×10kΩ 挡，测量任意两引脚之间的阻值，正、反向各测一次，若两次测量阻值均很小或为 0，则管子损坏，若两次阻值均为无穷大，

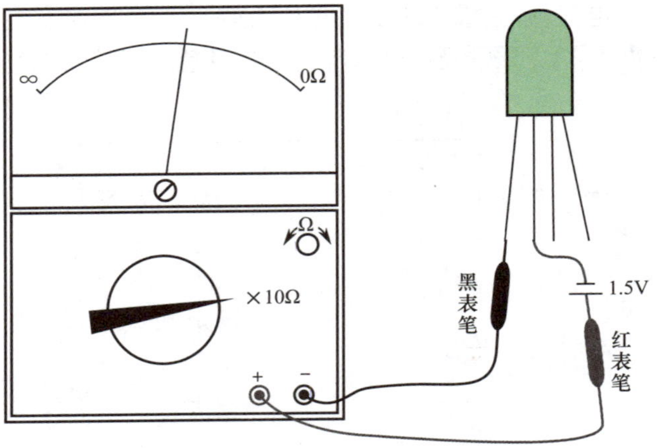

图 6-12　三基色发光二极管的引脚极性检测

无法确定管子好坏，应一只表笔不动，另一只表笔接其他引脚，再进行正向、反向电阻测量。也可以先检测出公共引脚和类型，然后测 R、G、B 引脚与 COM 引脚之间的正向、反向阻值，正常应正向电阻小、反向电阻无穷大，R、G、B 任意两引脚之间的正向、反向电阻也均为无穷大，否则管子损坏。

6.1.4　闪烁发光二极管

1. 外形与电路结构

闪烁发光二极管在通电后会时亮、时暗闪烁发光。图 6-13（a）所示为常见的闪烁发光二极管，图 6-13（b）为闪烁发光二极管的电路结构。

(a) 实物外形　　(b) 电路结构

图 6-13　闪烁发光二极管

2. 工作原理

闪烁发光二极管是将集成电路（IC）和发光二极管制作并封装在一起。下面以图 6-14 所示的电路来说明闪烁发光二极管的工作原理。

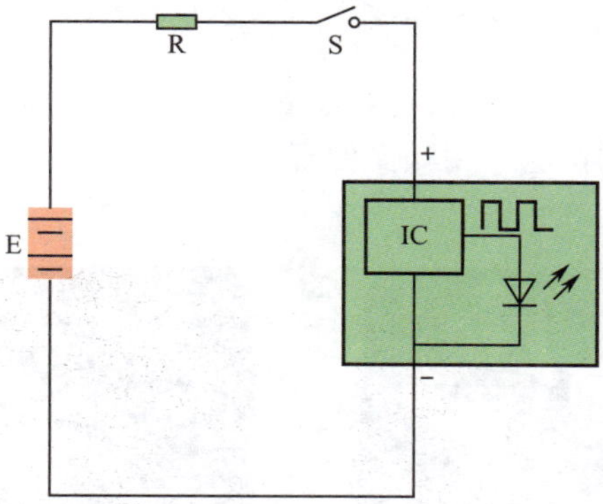

图 6-14　闪烁发光二极管工作原理说明图

当闭合开关 S 后，电源电压通过电阻 R 和开关 S 加到闪烁发光二极管两端，该电压提供给内部的 IC 作为电源，IC 马上开始工作，工作后输出时高时低的电压（即脉冲信号），发光二极管时亮时暗，闪烁发光。常见的闪烁发光二极管有红、绿、橙、黄四种颜色，它们的正常工作电压为 3 ～ 5.5V。

3. 用指针万用表检测闪烁发光二极管

闪烁发光二极管电极有正、负之分，在电路中不能接错。闪烁发光二极管的电极判别可采用万用表 R×1kΩ 挡。

在检测闪烁发光二极管时，万用表拨至 R×1kΩ 挡，红、黑表笔分别接两个电极，正、反各测一次，其中一次测量表针会往右摆动到一定的位置，然后在该位置轻微地摆动（内部的 IC 在万用表提供的 1.5V 电压下开始微弱地工作），如图 6-15 所示，以这次测量为准，黑表笔接的为正极，红表笔接的为负极。

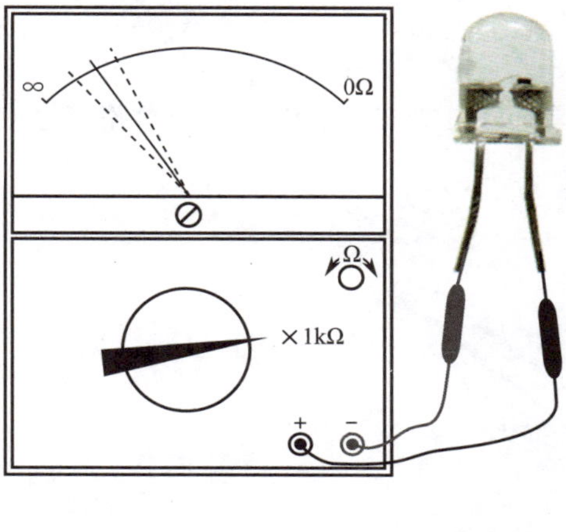

图 6-15　闪烁发光二极管的正极、负极检测

4. 用数字万用表检测闪烁发光二极管（附视频操作演示）

用数字万用表检测闪烁发光二极管如图 6-16 所示，详细操作过程请打开本书配套光盘中的“闪烁发光二极管的检测”视频文件观看。

图 6-16　用数字万用表检测闪烁发光二极管

6.1.5　红外发光二极管

1. 外形与电路符号

红外发光二极管通电后会发出人眼无法看见的红外光，家用电器的遥控器采用红外发光二极管发射遥控信号。红外发光二极管的外形与电路符号如图 6-17 所示。

(a) 外形　　(b) 电路符号

图 6-17　红外发光二极管

2. 用指针万用表检测红外发光二极管

1）极性与好坏检测

红外发光二极管具有单向导电性，其正向导通电压略高于 1V。在检测时，万用表拨至 R×1kΩ 挡，红、黑表笔分别接两个电极，正、反各测一次，以阻值小的一次测量为准，红表笔接的为负极，黑表笔接的为正极。对于未使用过的红外发光二极管，引脚长的为正极，引脚短的为负极。

在检测红外发光二极管好坏时，使用万用表的 R×1kΩ 挡测正向、反向电阻，正常时正向电阻在 20 ～ 40kΩ 之间，反向电阻应在 500kΩ 以上，若正向电阻偏大或反向电阻偏小，表明管子性能不良，若正向、反向电阻均为 0 或无穷大，表明管子短路或开路。

2）区分红外发光二极管与普通发光二极管

红外发光二极管的起始导通电压为 1 ～ 1.3V，普通发光二极管为 1.6 ～ 2V，万用表选择 R×1Ω 至 R×1kΩ 挡时，内部使用 1.5V 电池，根据这些规律可使用万用表 R×100Ω 挡来测管子的正向、反向电阻。若正向、反向电阻均为无穷大或接近无穷大，所测管子为普通发光二极管，若正向电阻小、反向电阻大，所测管子为红外发光二极管。由于红外线为不可见光，故也可使用 R×10kΩ 挡测量正向、反向管子，同时观察管子是否有光发出，有光发出的为普通二极管，无光发出的为红外发光二极管。

3. 用数字万用表检测红外发光二极管（附视频操作演示）

用数字万用表检测红外发光二极管如图 6-18 所示，详细操作过程请打开本书配套光盘中的“红外发光二极管的检测”视频文件观看。

图 6-18　用数字万用表检测红外发光二极管

6.2 光敏二极管

6.2.1 普通光敏二极管

1. 外形与电路符号

光敏二极管又称光电二极管，它是一种光－电转换器件，能将光转换成电信号。图 6-19（a）所示是一些常见的光敏二极管的实物外形，图 6-19（b）所示为光敏二极管的电路符号。

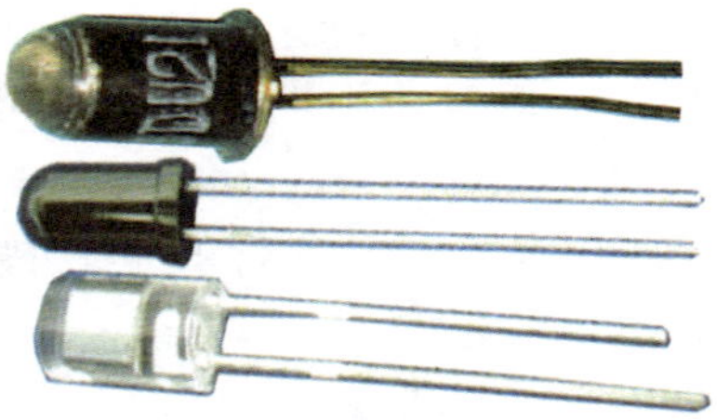

(a) 实物外形

(b) 电路符号

图 6-19 光敏二极管

2. 性质

光敏二极管在电路中需要反向连接才能正常工作。下面以图 6-20 所示的电路来说明光敏二极管的性质。

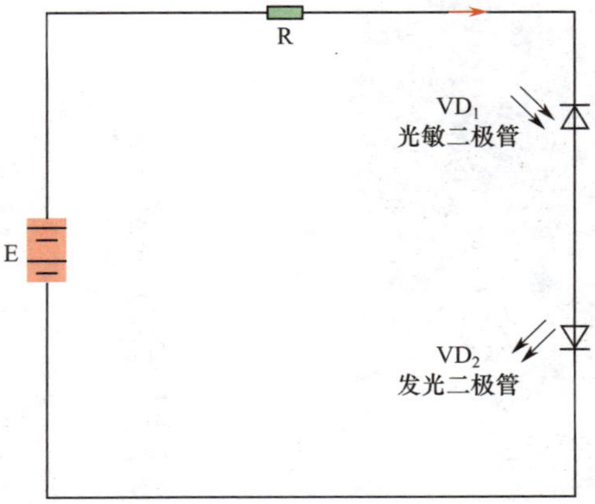

图 6-20 光敏二极管的性质说明

在图 6-20 中，当无光线照射时，光敏二极管 VD1 不导通，无电流流过发光二极管 VD2，VD2 不亮。如果用光线照射 VD1，VD1 导通，电源输出的电流通过 VD1 流经发光二极管 VD2，VD2 亮，照射光敏二极管的光线越强，光敏二极管导通程度越深，自身的电阻变得越小，经它流到发光二极管的电流越大，发光二极管发出的光线越亮。

3. 主要参数

光敏二极管的主要参数有最高工作电压、光电流、暗电流、响应时间和光灵敏度等。

1）最高工作电压

最高工作电压是指无光线照射，光敏二极管反向电流不超过 1μA 时所加的最高反向电压值。

2）光电流

光电流是指光敏二极管在受到一定的光线照射，并加有一定的反向电压时的反向电流。对于光敏二极管来说，该值越大越好。

3）暗电流

暗电流是指光敏二极管无光线照射，并加有一定的反向电压时的反向电流，该值越小越好。

4）响应时间

响应时间是指光敏二极管将光转换成电信号所需的时间。

5）光灵敏度

光灵敏度是指光敏二极管对光线的敏感程度。它是指在接受到 1μW 光线照射时产生的电流大小，光灵敏度的单位是 μA/W。

4. 检测

光敏二极管的检测包括极性检测和好坏检测。

1）极性检测

与普通二极管一样，光敏二极管也有正极、负极。对于未使用过的光敏二极管，引脚长的为正极（P），引脚短的为负极。在无光线照射时，光敏二极管也具有正向电阻小、反向电阻大的特点。根据这一特点可以用万用表检测光敏二极管的极性。

在检测光敏二极管极性时，万用表选择 R×1kΩ 挡，用黑色物体遮住光敏二极管，然后红、黑表笔分别接光敏二极管两个电极，正、反各测一次，两次测量阻值会出现一大一小，如图 6-21 所示，以阻值小的那次为准，如图 6-21（a）所示，黑表笔接的为正极，红表笔接的为负极。

2）好坏检测

光敏二极管的检测包括遮光检测和受光检测。

在进行遮光检测时，用黑纸或黑布遮住光敏二极管，然后检测两电极之间的正向、反向电阻，正常为正向电阻小，反向电阻大，具体检测可参见图 6-21。

在进行受光检测时，万用表仍选择 R×1kΩ 挡，用光源照射光敏二极管的受光面，如图 6-22 所示，再测量两电极之间的正向、反向电阻。若光敏二极管正常，光照射时测得的反向电阻明显变小，而正向电阻变化不大。

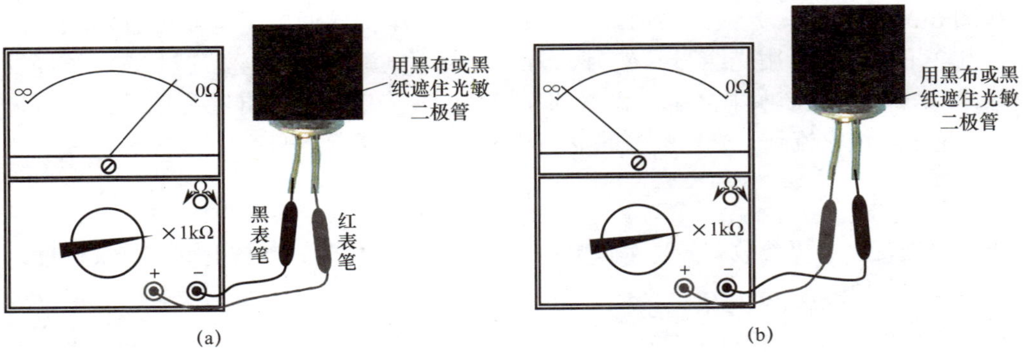

图 6-21　光敏二极管的极性检测

若正向、反向电阻均为无穷大，则光敏二极管开路。
若正向、反向电阻均为 0，则光敏二极管短路。
若遮光和受光测量时的反向电阻大小无变化，则光敏二极管失效。

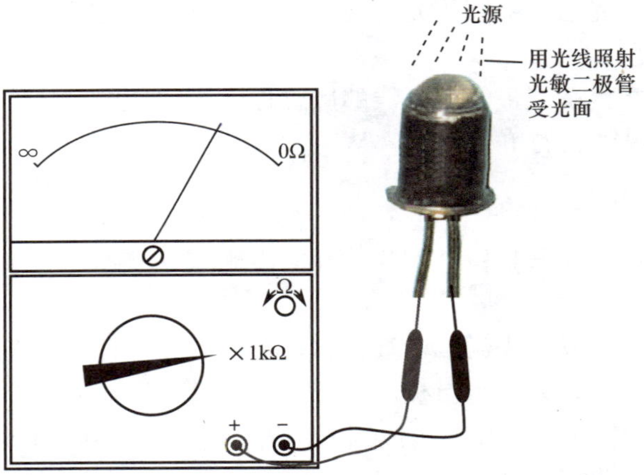

图 6-22　光敏管的好坏检测

6.2.2　红外线接收二极管

1. 外形与电路符号

红外线接收二极管又称红外线光敏二极管，简称红外线接收管，能将红外光转换成电信号，为了减少可见光的干扰，常采用黑色树脂材料封装。红外线接收二极管的外形与电路符号如图 6-23 所示。

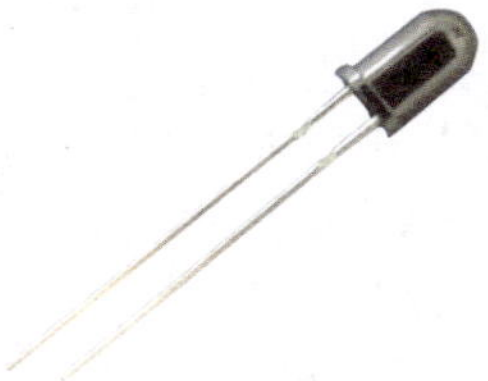

(a) 外形

(b) 电路符号

图 6-23 红外线发光二极管

2. 检测

1）极性与好坏检测

红外线接收二极管具有单向导电性，在检测时，万用表拨至 R×1kΩ 挡，红、黑表笔分别接两个电极，正、反各测一次，以阻值小的一次测量为准，红表笔接的为负极，黑表笔接的为正极。对于未使用过的红外线发光二极管，引脚长的为正极，引脚短的为负极。

在检测红外线接收二极管好坏时，使用万用表的 R×1kΩ 挡测正反向电阻，正常时正向电阻为 3 ～ 4kΩ，反向电阻应达 500kΩ 以上，若正向电阻偏大或反向电阻偏小，表明管子性能不良，若正向、反向电阻均为 0 或无穷大，表明管子短路或开路。

2）受光能力检测

将万用表拨至 50μA 或 0.1mA 挡，让红表笔接红外线接收二极管的正极，黑表笔接负极，然后让阳光照射被测管，此时万用表表针应向右摆动，摆动幅度越大，表明管子光－电转换能力越强，性能越好，若表针不摆动，说明管子性能不良，不可使用。

6.2.3 红外线接收组件

1. 外形

红外线接收组件又称红外线接收头，广泛用在各种具有红外线遥控接收功能的电子产品中。图 6-24 列出了三种常见的红外线接收组件。

VS838

1838

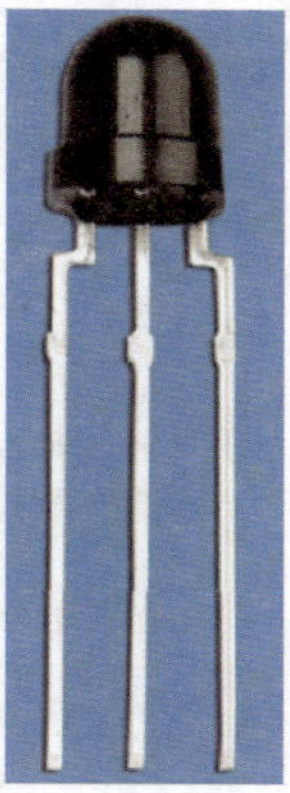

LF0038M

图 6-24 红外线接收组件

2. 结构与原理

红外线接收组件内部由红外线接收二极管和接收集成电路组成，接收集成电路内部主要由放大、选频及解调电路组成，红外线接收组件内部结构如图 6-25 所示。

接收头内的红外线接收二极管将遥控器发射来的红外光转换成电信号，送入接收集成电路进行放大，然后经选频电路选出特定频率的信号（频率多数为 38kHz），再由解调电路从该信号中取出遥控指令信号，从 OUT 端输出去单片机。

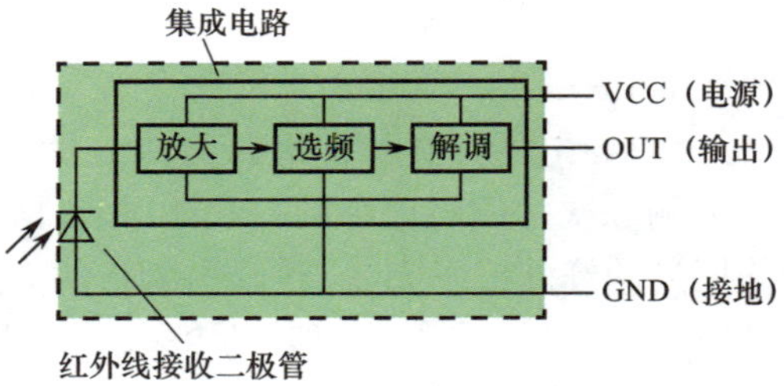

图 6-25　红外线接收组件内部结构

3. 引脚极性识别

红外线接收组件有 VCC（电源，通常为 5V）、OUT（输出）和 GND（接地）三个引脚，在安装和更换时，这三个引脚不能弄错。红外线接收组件三个引脚排列没有统一规范，可以使用万用表来判别三个引脚的极性。

在检测红外线接收组件引脚极性时，万用表置于 R×10Ω 挡，测量各引脚之间的正向、反向电阻（共测量 6 次），以阻值最小的那次测量为准，黑表笔接的为 GND 脚，红表笔接的为 VCC 脚，余下的为 OUT 脚。

如果要在电路板上判别红外线接收组件的引脚极性，可找到接收组件旁边的有极性电容器，因为接收组件的 VCC 端一般会接有极性电容器进行电源滤波，故接收组件的 VCC 引脚与有极性电容器正引脚直接连接（或通过一个 100 多欧姆的电阻连接），GND 引脚与电容器的负引脚直接连接，余下的引脚为 OUT 引脚，如图 6-26 所示。

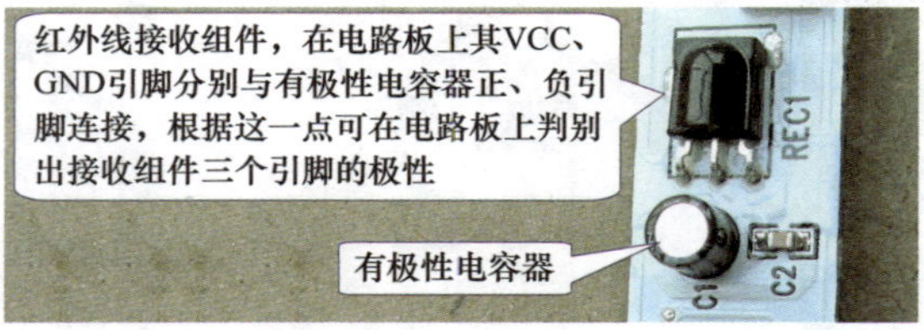

图 6-26　在电路板上判别红外线接收组件三个引脚的极性

4. 好坏判别与更换

在判别红外线接收组件好坏时，在红外线接收组件的 VCC 和 GND 引脚之间接上 5V 电源，然后将万用表置于直流 10V 挡，测量 OUT 引脚电压（红、黑表笔分别接 OUT、GND 引脚），在未接收遥控信号时，OUT 引脚电压约为 5V，再将遥控器对准接收组件，按压按键让遥控器发射红外线信号，若接收组件正常，OUT 引脚电压会发生变化（下降），说明输出脚有信号输出，否则可能接收组件损坏。

红外线接收组件损坏后，若找不到同型号组件更换，也可用其他型号的组件更换。一般来说，相同接收频率的红外线接收组件都能互换，38 系列（1838、838、0038 等）红外线接收组件频率相同，可以互换，由于它们引脚排列可能不一样，更换时要先识别出各引脚，再将新组件引脚对号入座安装。

6.3 光敏三极管

6.3.1 外形与电路符号

光敏三极管是一种对光线敏感且具有放大能力的三极管。光敏三极管大多只有两个引脚，少数有三个引脚。图 6-27（a）所示是一些常见的光敏三极管的实物外形，图 6-27（b）所示为光敏三极管的电路符号。

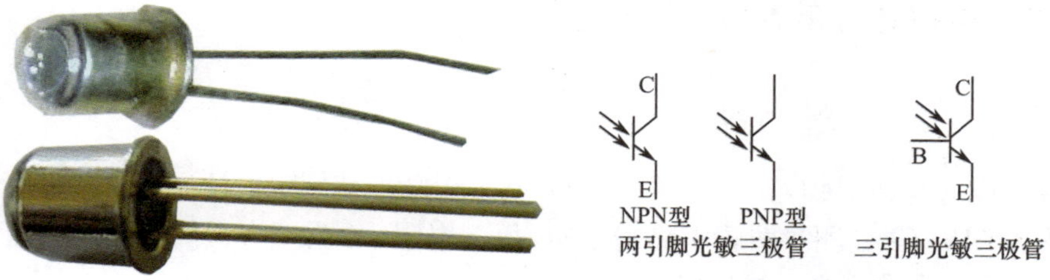

(a) 实物外形　　(b) 电路符号

图 6-27　光敏三极管

6.3.2 性质

光敏三极管与光敏二极管区别：光敏三极管除了具有光敏性外，还具有放大能力。两引脚的光敏三极管的基极是一个受光面，没有引脚，三引脚的光敏三极管基极既作为受光面，又引出电极。下面通过图 6-28 所示的电路来说明光敏三极管的性质。

在图 6-28（a）中，两引脚光敏三极管与发光二极管串接在一起。在无光照射时，光敏三极管不导通，发光二极管不亮。当光线照光敏三极管受光面（基极）时，受光面将入射光转换成 I_b 电流，该电流控制光敏三极管 c、e 极之间导通，有 I_c 电流流过，光线越强，

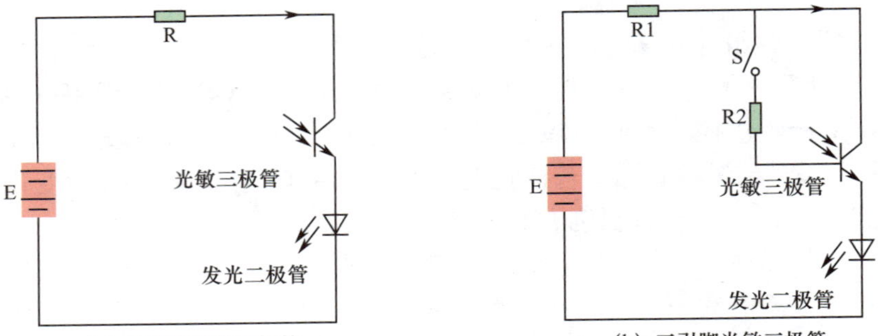

(a) 两引脚光敏三极管　(b) 三引脚光敏三极管

图 6-28　光敏三极管的性质说明

I_b 电流越大，I_c 越大，发光二极管越亮。

图 6-28（b）中，三引脚光敏三极管与发光二极管串接在一起。光敏三极管 c、e 间导通可由三种方式控制：一是用光线照射受光面；二是给基极直接通入 I_b 电流；三是既通 I_b 电流，又用光线照射。

由于光敏三极管具有放大能力，比较适合用在光线微弱的环境中，它能将微弱光线产生的小电流进行放大，控制光敏三极管导通效果比较明显，而光敏二极管对光线的敏感度较差，常用在光线较强的环境中。

6.3.3　用指针万用表检测光敏三极管

1. 光敏二极管和光敏三极管的判别

光敏二极管与两引脚光敏三极管的外形基本相同，其判定方法是：遮住受光窗口，万用表选择 R×1kΩ 挡，测量两管引脚间正向、反向电阻，均为无穷大的为光敏三极管，正向、反向阻值一大一小的为光敏二极管。

2. 电极判别

光敏三极管有 c 极和 e 极，可根据外形判断电极。引脚长的为 e 极、引脚短的为 c 极；对于有标志（如色点）管子，靠近标志处的引脚为 e 极，另一引脚为 c 极。

光敏三极管的 c 极和 e 极也可用万用表检测。以 NPN 型光敏三极管为例，万用表选择 R×1kΩ 挡，将光敏三极管对着自然光或灯光，红、黑表笔测量光敏三极管的两引脚之间的正向、反向电阻，两次测量中阻值会出现一大一小，以阻值小的那次为准，黑表笔接的为 c 极，红表笔接的为 e 极。

3. 好坏检测

光敏三极管好坏检测包括无光检测和受光检测。

在进行无光检测时，用黑布或黑纸遮住光敏三极管受光面，万用表选择 R×1kΩ 挡，测量两管引脚间正向、反向电阻，正常应均为无穷大。

在进行受光检测时，万用表仍选择 R×1kΩ 挡，黑表笔接 c 极，红表笔接 e 极，让光线照射光敏三极管受光面，正常光敏三极管阻值应变小。在无光和受光检测时，阻值变化越大，表明光敏三极管灵敏度越高。

若无光检测和受光检测的结果与上述不符，则为光敏三极管损坏或性能变差。

6.3.4　用数字万用表检测红外光敏三极管（附视频操作演示）

用数字万用表检测红外光敏三极管如图 6-29 所示，详细操作过程请打开本书配套光盘中的“红外光敏三极管的检测”视频文件观看。

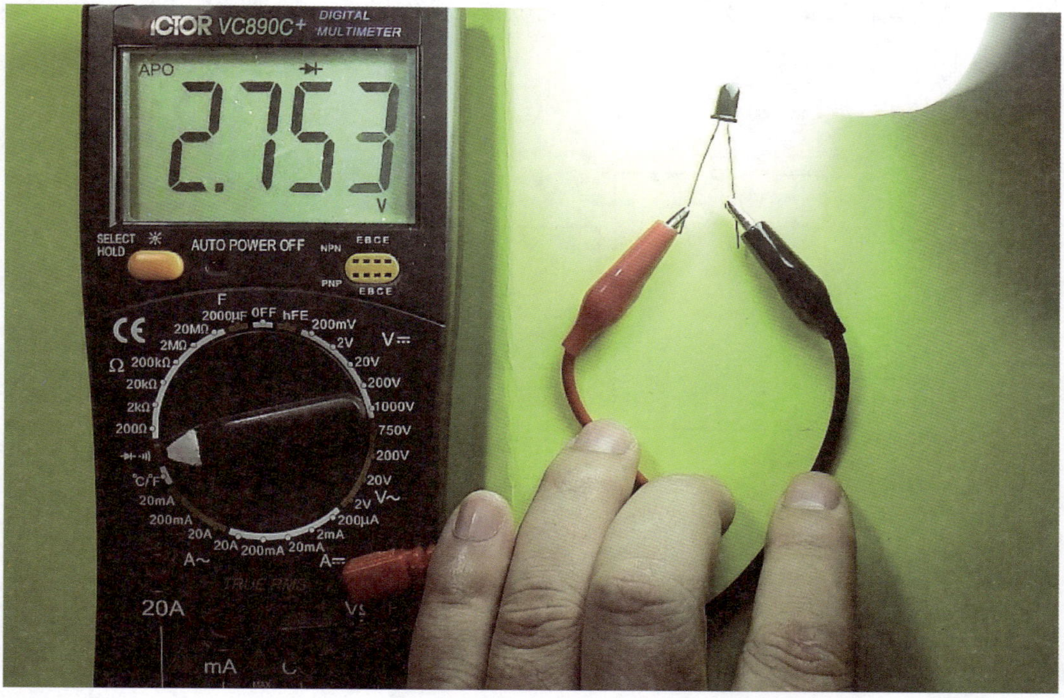

图 6-29　用数字万用表检测红外光敏三极管

6.4　光电耦合器

6.4.1　外形与电路符号

光电耦合器是将发光二极管和光敏管组合在一起并封装起来构成的。图 6-30（a）所示是一些常见的光电耦合器的实物外形，图 6-30（b）所示为光电耦合器的电路符号。

(a) 实物外形

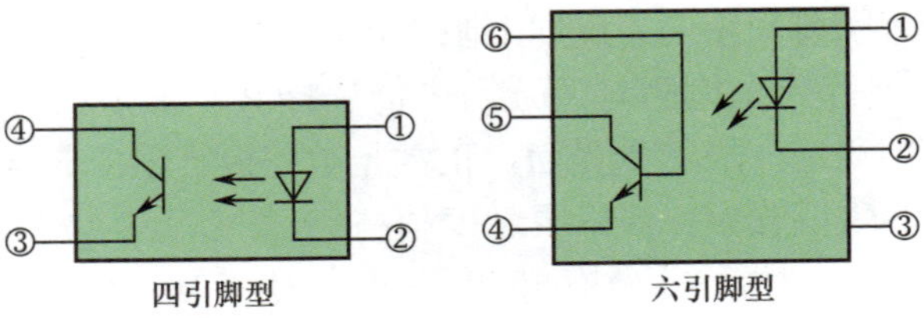

(b) 电路符号

图 6-30　光电耦合器

6.4.2　工作原理

光电耦合器内部集成了发光二极管和光敏管。下面以图 6-31 所示的电路来说明光电耦合器的工作原理。

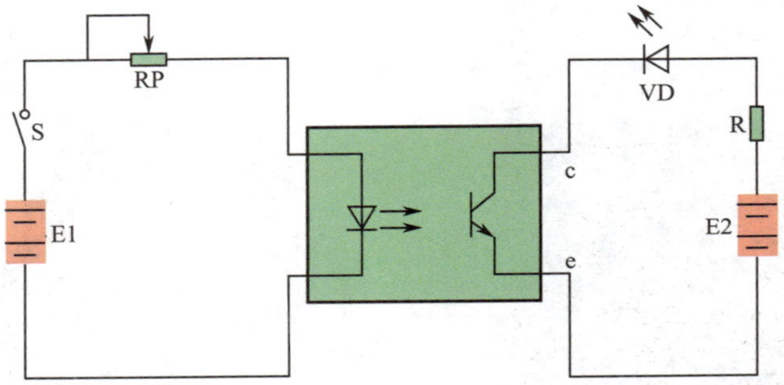

图 6-31　光电耦合器工作原理说明

在图 6-31 中，当闭合开关 S 时，电源 E1 经开关 S 和电位器 RP 为光电耦合器内部的发光管提供电压，有电流流过发光管，发光管发出光线，光线照射到内部的光敏管，光敏管导通，电源 E2 输出的电流经电阻 R、发光二极管 VD 流入光电耦合器的 c 极，然后从 e 极流出回到 E2 的负极，有电流流过发光二极管 VD，VD 发光。

调节电位器 RP 可以改变发光二极管 VD 的光线亮度。当 RP 滑动端右移时，其阻值变小，流入光电耦合器内发光管的电流大，发光管光线强，光敏管导通程度深，光敏管 c、e 极之间电阻变小，电源 E2 的回路总电阻变小，流经发光二极管 VD 的电流大，VD 变得更亮。

若断开开关 S，无电流流过光电耦合器内的发光管，发光管不亮，光敏管无光照射不能导通，电源 E2 回路切断，发光二极管 VD 无电流通过而熄灭。

6.4.3　用指针万用表检测光电耦合器

光电耦合器的检测包括电极检测和好坏检测。

1. 电极检测

光电耦合器内部有发光二极管和光敏管，根据引脚数量不同，可分为四引脚型和六引脚型。光电耦合器引脚识别如图 6-32 所示，光电耦合器上小圆点处对应第 1 引脚，按逆时针方向依次为第 2、3 引脚……对于四引脚光电耦合器，通常①、②引脚接内部发光二极管，③、④引脚接内部光敏管，如图 6-30（b）所示；对于六引脚型光电耦合器，通常①、②引脚接内部发光二极管，③引脚空脚，④、⑤、⑥引脚接内部光敏三极管。

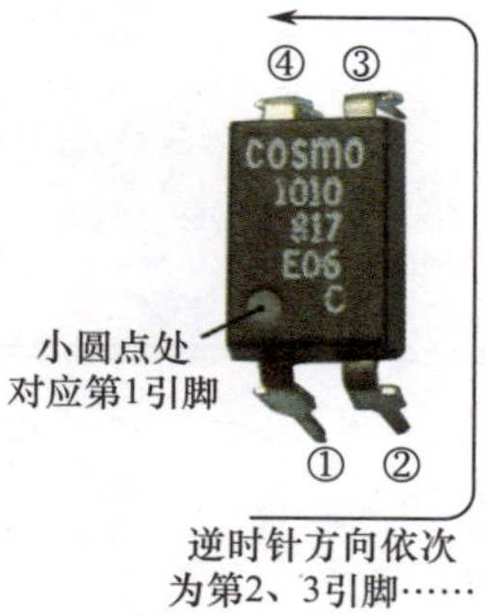

图 6-32 光电耦合器引脚识别

光电耦合器的电极也可以用万用表判别。下面以检测四引脚型光电耦合器为例来说明。

在检测光电耦合器时，先检测出的发光二极管引脚。万用表选择 R×1kΩ 挡，测量光电耦合器任意两引脚之间的电阻，当出现阻值小时，如图 6-23 所示，黑表笔接的为发光二极管的正极，红表笔接的为负极，剩余两极为光敏管的引脚。

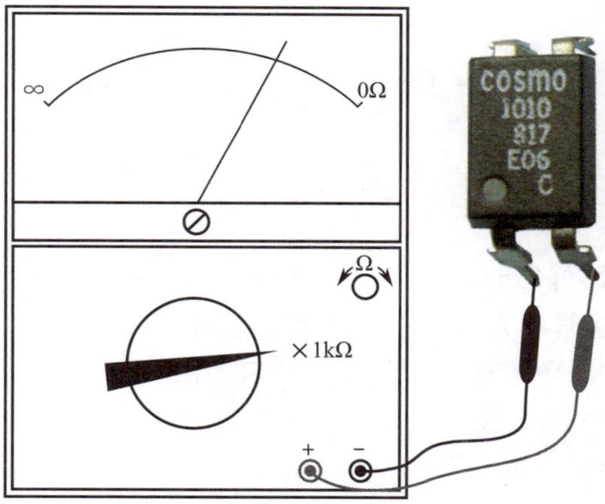

图 6-33 光电耦合器发光二极管的检测

找出光电耦合器的发光二极管引脚后，再判别光敏管的 c、e 极引脚。在判别光敏管 c、e 引脚时，可采用两只万用表，如图 6-34 所示，其中一只万用表拨至 R×100Ω 挡，黑表笔接发光二极管的正极，红表笔接负极，这样做是利用万用表内部电池为发光二极管供电，使之发光；另一只万用表拨至 R×1kΩ 挡，红、黑表笔接光电耦合器光敏管引脚，正、反各测一次，测量会出现阻值一大一小，以阻值小的测量为准，黑表笔接的为光敏管的 c 极，红表笔接的为光敏管和 e 极。

如果只有一只万用表，可用一节 1.5V 电池串联一个 100Ω 的电阻，来代替万用表为光电耦合器的发光二极管供电。

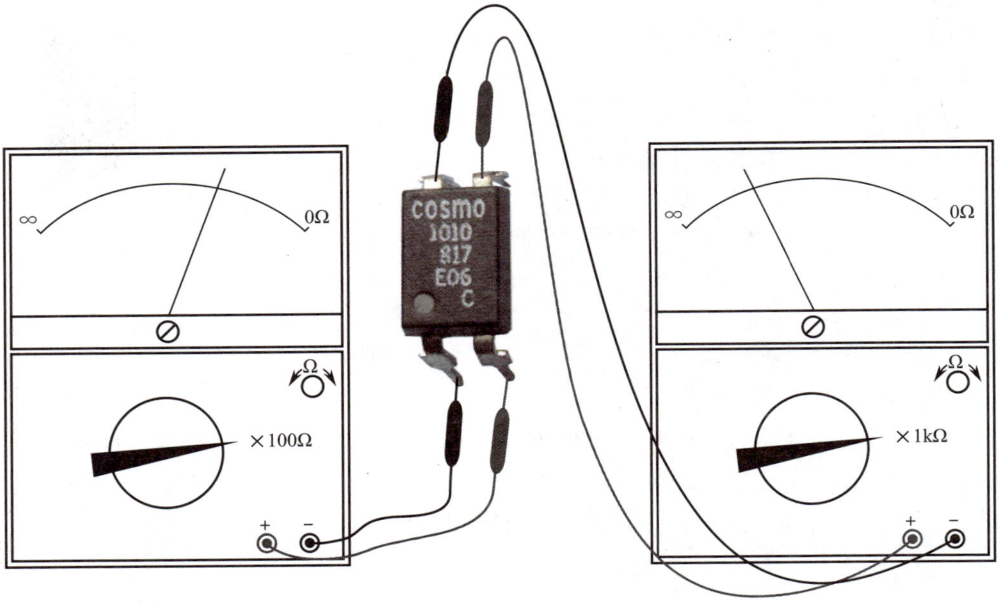

图 6-34　光电耦合器的光敏管 c、e 极的判别

2. 好坏检测

在检测光电耦合器好坏时，要进行三项检测：①检测发光二极管好坏；②检测光敏管好坏；③检测发光二极管与光敏管之间的绝缘电阻。

在检测发光二极管好坏时，万用表选择 R×1kΩ 挡，测量发光二极管两引脚之间的正向、反向电阻。若发光二极管正常，正向电阻小、反向电阻无穷大，否则发光二极管损坏。

在检测光敏管好坏时，万用表仍选择 R×1kΩ 挡，测量光敏管两引脚之间的正向、反向电阻。若光敏管正常，正向、反向电阻均为无穷大，否则光敏管损坏。

在检测发光二极管与光敏管绝缘电阻时，万用表选择 R×10kΩ 挡，一只表笔接发光二极管任意一个引脚，另一只表笔接光敏管任意一个引脚，测量两者之间的电阻，正、反各测一次。若光电耦合器正常，两次测得发光二极管与光敏管之间的绝缘电阻应均为无穷大。

检测光电耦合器时，只有上面三项测量都正常，才能说明光电耦合器正常，任意一项测量不正常，光电耦合器都不能使用。

6.4.4　用数字万用表检测光电耦合器（附视频操作演示）

用数字万用表检测光电耦合器如图 6-35 所示，详细操作过程请打开本书配套光盘中的“光电耦合器的检测”视频文件观看。

图 6-35　用数字万用表检测光电耦合器

6.5　光遮断器

光遮断器又称光断续器、穿透型光电感应器，它与光电耦合器一样，都是由发光管和光敏管组成的，但光电遮断器的发光管和光敏管并没有封装成一体，而是相互独立的。

6.5.1　外形与电路符号

光遮断器外形与电路符号如图 6-36 所示。

对射型　贴片对射型　反射型

(a) 外形　(b) 电路符号

图 6-36　光遮断器

6.5.2 工作原理

光遮断器可分为对射型和反射型，下面以图 6-37 电路为例来说明这两种光遮断器的工作原理。

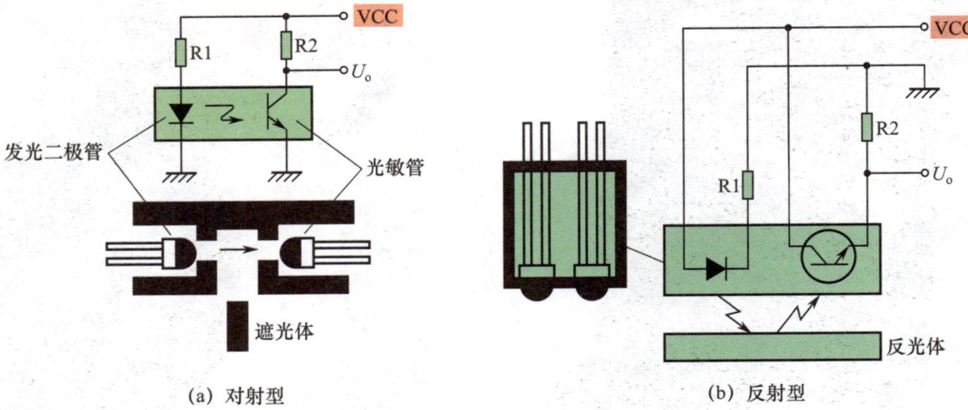

图 6-37 光遮断器工作原理说明图

图 6-37（a）所示为对射型光遮断器的结构及应用电路。当电源通过 R1 为发光电二极管供电时，发光二极管发光，其光线通过小孔照射到光敏管，光敏管受光导通，输出电压 U_o 为低电平，如果用一个遮光体放在发光管和光敏管之间，发光管的光线无法照射到光敏管，光敏管截止，输出电压 U_o 为高电平。

图 6-37（b）所示为反射型光遮断器的结构及应用电路。当电源通过 R1 为发光电二极管供电时，发光二极管发光，其光线先照射到反光体上，再反射到光敏管，光敏管受光导通，输出电压 U_o 为高电平，如果无反光体存在，发光管的光线无法反射到光敏管，光敏管截止，输出电压 U_o 为低电平。

6.5.3 检测

光遮断器的结构与光电耦合器类似，因此检测方法也大同小异。

1. 电极检测

在检测光遮断器时，先检测发光二极管引脚。万用表选择 R×1kΩ 挡，测量光电耦合器任意两引脚之间的电阻，当出现阻值小时，黑表笔接的为发光二极管的正极，红表笔接的为负极，剩余两极为光敏管的引脚。

找出光遮断器的发光二极管引脚后，再判别光敏管的 c、e 极引脚。在判别光敏管 c、e 引脚时，可采用两只万用表，其中一只万用表拨至 R×100Ω 挡，黑表笔接发光二极管的正极，红表笔接负极，这样做是利用万用表内部电池为发光二极管供电，使之发光；另一只万用表拨至 R×1kΩ 挡，红、黑表笔接光遮断器光敏管引脚，正、反各测一次，测量会出现阻值一大一小，以阻值小的测量为准，黑表笔接的为光敏管的 c 极，红表笔接的为光敏管和 e 极。

2. 好坏检测

在检测光遮断器好坏时，要进行三项检测：①检测发光二极管的好坏；②检测光敏管的好坏；③检测遮光效果。

在检测发光二极管好坏时，万用表选择 R×1kΩ 挡，测量发光二极管两引脚之间的正向、反向电阻。若发光二极管正常，正向电阻小、反向电阻无穷大，否则发光二极管损坏。

在检测光敏管好坏时，万用表仍选择 R×1kΩ 挡，测量光敏管两引脚之间的正向、反向电阻。若光敏管正常，正向、反向电阻均为无穷大，否则光敏管损坏。

在检测光遮断器遮光效果时，可采用两只万用表，其中一只万用表拨至 R×100Ω 挡，黑表笔接发光二极管的正极，红表笔接负极，利用万用表内部电池为发光二极管供电，使之发光，另一只万用表拨至 R×1kΩ 挡，红、黑表笔分别接光遮断器光敏管的 c、e 极，对于对射型光遮断器，光敏管会导通，故正常阻值应较小，对于反射型光遮断器，光敏管处于截止状态，故正常阻值应无穷大，然后用遮光体或反光体遮挡或反射光线，光敏管的阻值应发生变化，否则光遮断器损坏。

检测光遮断器时，只有上面三项测量都正常，才能说明光遮断器正常，任意一项测量不正常，光遮断器都不能使用。

第7章

电声器件

7.1 扬声器

7.1.1 外形与电路符号

扬声器又称喇叭，是一种最常用的电－声转换器件，其功能将电信号转换成声音。扬声器实物外形和电路符号如图 7-1 所示。

(a) 实物外形

(b) 电路符号

图 7-1 扬声器

7.1.2 种类与工作原理

1. 种类

扬声器可按以下方式进行分类。

按换能方式可分为动圈式（即电动式）、电容式（即静电式）、电磁式（即舌簧式）和压电式（即晶体式）等。

按频率范围可分为低音扬声器、中音扬声器、高音扬声器。

按扬声器形状可分为纸盆式、号筒式和球顶式等。

2. 工作原理

扬声器的种类很多，工作原理大同小异，这里仅介绍应用最为广泛的动圈式扬声器工作原理。动圈式扬声器的结构如图 7-2 所示。

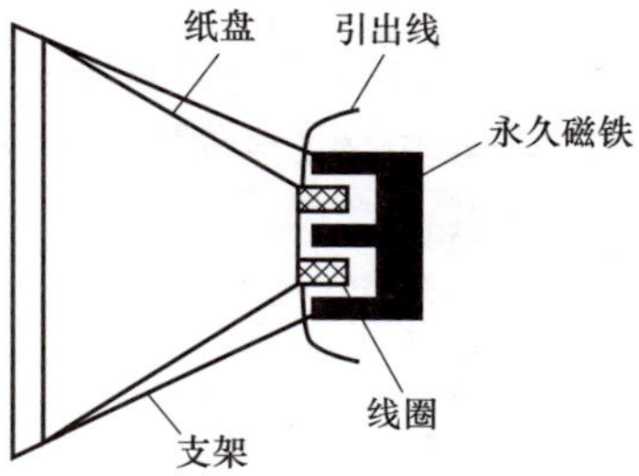

图 7-2 动圈式扬声器的结构

从图 7-2 可以看出，动圈式扬声器主要由永久磁铁、线圈 (或称音圈) 和与线圈做在一起的纸盒等构成。当电信号通过引出线流进线圈时，线圈产生磁场，由于流进线圈的电流是变化的，故线圈产生的磁场也是变化的，线圈变化的磁场与磁铁的磁场相互作用，线圈和磁铁不断出现排斥和吸引，质量轻的线圈产生运动（时而远离磁铁，时而靠近磁铁），线圈的运动带动与它相连的纸盆振动，纸盆就发出声音，从而实现了电 - 声转换。

7.1.3 主要参数

扬声器的主要参数如下。

1. 额定功率

额定功率又称标称功率，是指扬声器在无明显失真的情况下，能长时间正常工作时的输入电功率。扬声器实际能承受的最大功率要大于额定功率（1 ～ 3 倍），为了获得较好的音质，应让扬声器实际输入功率小于额定功率。

2. 额定阻抗

额定阻抗又称标称阻抗，是指扬声器工作在额定功率下所呈现的交流阻抗值。扬声器的额定阻抗有 4Ω、8Ω、16Ω 和 32Ω 等，当扬声器与功放电路连接时，扬声器的阻抗只有与功放电路的输出阻抗相等，才能工作在最佳状态。

3. 频率特性

频率特性是指扬声器输出的声音大小随输入音频信号频率变化而变化的特性。不同频率特性的扬声器用在不同的电路，例如，低频特性好的扬声器在还原低音时声音大、效果好。

根据频率特性不同，扬声器可分为高音扬声器（几千到 20 千赫兹）、中音扬声器（1 ～ 3kHz）和低音扬声器 (几百到几十赫兹)。扬声器的频率特性与结构有关，一般体积小的扬声器高频特性较好。

4. 灵敏度

灵敏度是指给扬声器输入规定大小和频率的电信号时，在一定距离处扬声器产生的声

压（即声音大小）。在输入相同频率和大小的信号时，灵敏度越高的扬声器发出的声音越大。

5. 指向性

指向性是指扬声器发声时在不同空间位置辐射的声压分布特性。扬声器的指向性越强，就意味着发出的声音越集中。扬声器的指向性与纸盆有关，纸盆越大，指向性越强，另外还与频率有关，频率越高，指向性越强。

7.1.4 用指针万用表检测扬声器

扬声器的检测包括好坏检测和极性检测。

1. 好坏检测

在检测扬声器时，万用表选择 R×1Ω 挡，红、黑表笔分别接扬声器的两个接线端，

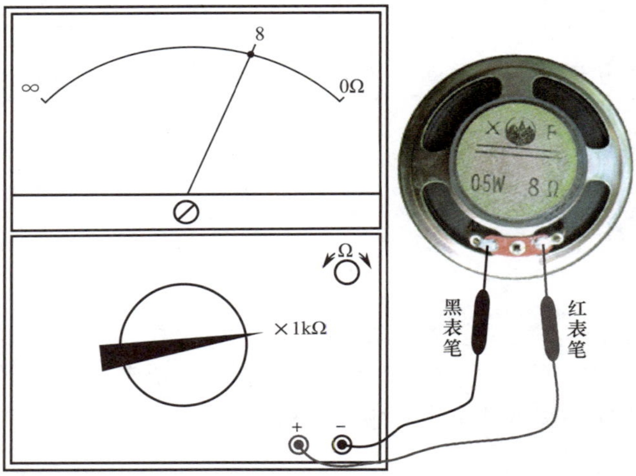

图 7-3　扬声器的好坏检测

测量扬声器内部线圈的电阻，如图 7-3 所示。

如果扬声器正常，测得的阻值应与标称阻抗相同或相近，同时扬声器会发出轻微的“嚓嚓”声，图 7-3 中扬声器上标注阻抗为 8Ω，万用表测出的阻值也应在 8Ω 左右。若测得阻值无穷大，则为扬声器线圈开路或接线端脱焊。若测得阻值为 0，则为扬声器线圈短路。

2. 极性检测

单个扬声器接在电路中，可以不用考虑两个接线端的极性，但如果将多个扬声器并联或串联起来使用，就需要考虑接线端的极性了。这是因为相同的音频信号从不同极性的接线端流入扬声器时，扬声器纸盆振动方向会相反，这样扬声器发出的声音会抵消一部分，扬声器间相距越近，抵消越明显。

在检测扬声器极性时，万用表选择 0.05mA 挡，红、黑表笔分别接扬声器的两个接线端，如图 7-4 所示，然后手轻压纸盆，会发现表针摆动一下又返回到 0 处。若表针向右摆动，则红表笔接的接线端为“+”，黑表笔接的接线端为“-”；若表针向左摆动，则红表笔接的接线端为“-”，黑表笔接的接线端为“+”。

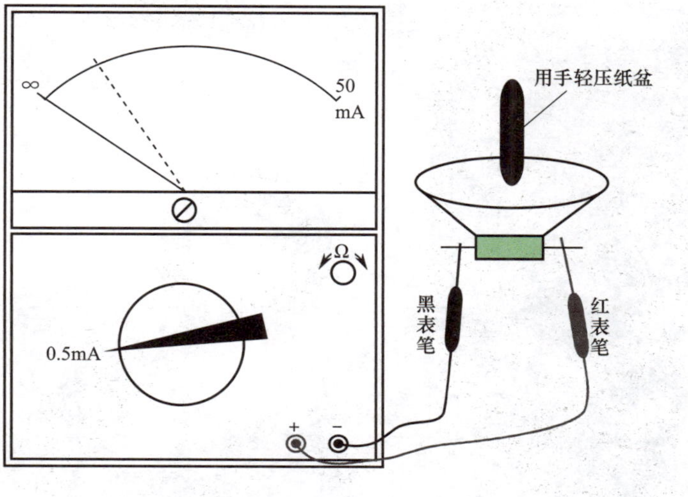

图 7-4　扬声器的极性检测

用上述方法检测扬声器理论根据是：当手轻压纸盆时，纸盆带动线圈运动，线圈切割磁铁的磁力线而产生电流，电流从扬声器的“+”接线端流出。当红表笔接“+”端时，表针往右摆动，若红表笔接“-”端时，表针反偏（左摆）。

当多个扬声器并联使用时，要将各个扬声器的“+”端与“+”端连接在一起，“-”端与“-”端连接在一起，如图 7-5 所示。当多个扬声器串联使用时，要将下一个扬声器的“+”端与上一个扬声器的“-”端连接在一起。

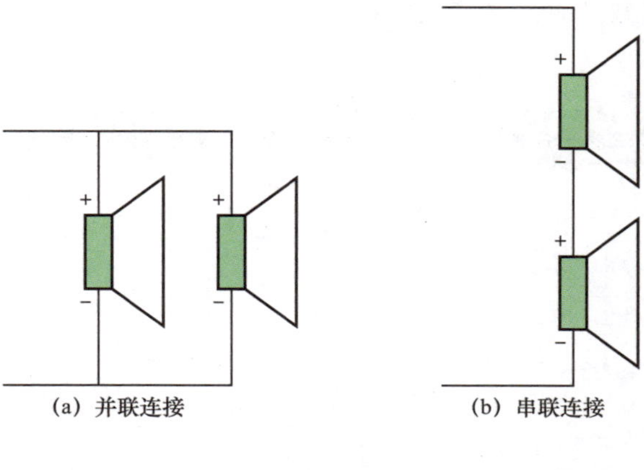

图 7-5　多个扬声器并联、串联时正确的连接方法

7.1.5　用数字万用表检测扬声器（附视频操作演示）

用数字万用表检测扬声器如图 7-6 所示，详细操作过程请打开本书配套光盘中的“扬声器的检测”视频文件观看。

图 7-6　用数字万用表检测扬声器

7.1.6　扬声器的型号命名方法

新型国产扬声器的型号命名由四部分组成：第一部分用字母“Y”表示产品名称为扬声器；第二部分用字母表示产品类型，“D”为电动式，“DG”为电动式高音，“HG”为号筒式高音；第三部分用字母表示扬声器的重放频带，用数字表示扬声器口径（单位为 mm）；第四部分用数字或数字与字母混合表示扬声器的生产序号。

新型国产扬声器的型号命名及含义见表 7-1。

表 7-1　新型国产扬声器的型号命名及含义

第一部分：主称		第二部分：类型		第三部分：重放频带或口径		第四部分：序号
字母	含义	字母	含义	数字或字母	含义	
Y	扬声器	D	电动式	D	低音	用数字或数字与字母混合表示扬声器的生产序号
				Z	中音	
				G	高音	
				QZ	球顶中音	
				QG	球顶高音	
				HG	号筒高音	
				130	130mm	

续表

第一部分：主称		第二部分：类型		第三部分：重放频带或口径		第四部分：序号
字母	含义	字母	含义	数字或字母	含义	
				140	140mm	用数字或数字与字母混合表示扬声器的生产序号
				166	166mm	
				176	176mm	
				200	200mm	
				206	206mm	

例如：

YD 200—1A（200mm 电动式扬声器）
Y——扬声器
D——电动式
200——口径为 200mm
1A——序号

YD QG 1—6（电动式球顶高音扬声器）
Y——扬声器
D——电动式
QG——球顶高音
1-6——序号

7.2 耳机

7.2.1 外形与电路符号

耳机与扬声器一样，是一种电 - 声转换器件，其功能是将电信号转换成声音。耳机的实物外形和电路符号如图 7-7 所示。

(a) 外形　　(b) 电路符号

图 7-7　耳机

7.2.2 种类与工作原理

耳机的种类很多，可分为动圈式、动铁式、压电式、静电式、气动式、等磁式和驻极体式七类，动圈式、动铁式和压电式耳机较为常见，其中动圈式耳机使用最为广泛。

动圈式耳机：一种最常用的耳机，其工作原理与动圈式扬声器相同，可以看作微型动圈式扬声器，其结构与工作原理可参见动圈式扬声器。动圈式耳机的优点是制作相对容易，且线性好、失真小、频响宽。

动铁式耳机：又称电磁式耳机，其结构如图 7-8 所示，一个铁片振动膜被永久磁铁吸引，在永久磁铁上绕有线圈，当线圈通入音频电流时会产生变化的磁场，它会增强或削弱永久磁铁的磁场，磁铁变化的磁场使铁片振动膜发生振动而发声。动铁式耳机优点是使用寿命长、效率高，缺点是失真大，频响窄，在早期较为常用。

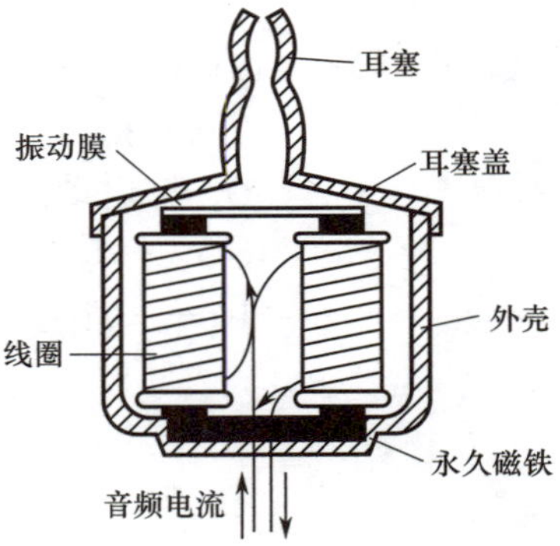

图 7-8　电磁式耳机的结构

压电式耳机：利用压电陶瓷的压电效应发声。压电陶瓷的结构如图 7-9 所示，在铜片和涂银层之间夹有压电陶瓷片，当给铜片和涂银层之间施加变化的电压时，压电陶瓷片会发生振动而发声。压电式耳机效率高、频率高，其缺点是失真大、驱动电压高、低频响应差，抗冲击差。这种耳机使用远不及动圈式耳机广泛。

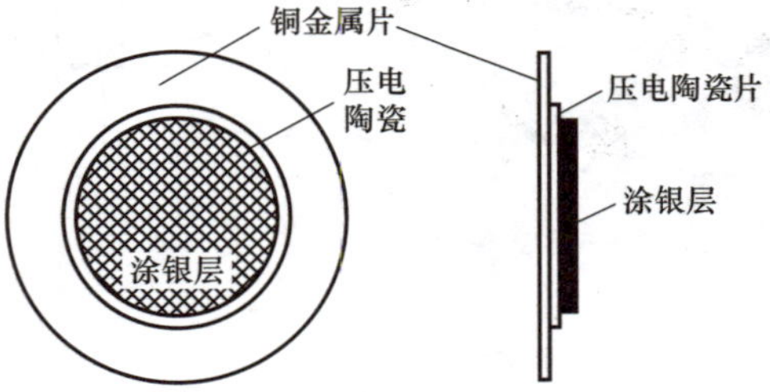

图 7-9　压电陶瓷片的结构

7.2.3　用指针万用表检测耳机

图 7-10 所示是双声道耳机的接线示意图，从图中可以看出，耳机插头有 L、R、公共三个导电环，由两个绝缘环隔开，三个导电环内部接出三根导线，一根导线引出后一分为

二,三根导线变为四根后两两与左、右声道耳机线圈连接。

在检测耳机时，万用表选择 R×1Ω 或 R×10Ω 挡，先将黑表笔接耳机插头的公共导电环，红表笔间断接触 L 导电环，听左声道耳机有无声音，正常耳机有“嚓嚓”声发出，红、黑表笔接触两导环不动时，测得左声道耳机线圈阻值应为几欧姆至几百欧姆，如图 7-11 所示，如果阻值为 0 或无穷大，表明左声道耳机线圈短路或开路。然后黑表笔不动，红表笔间断接触 R 导电环，检测右声道耳机是否正常。

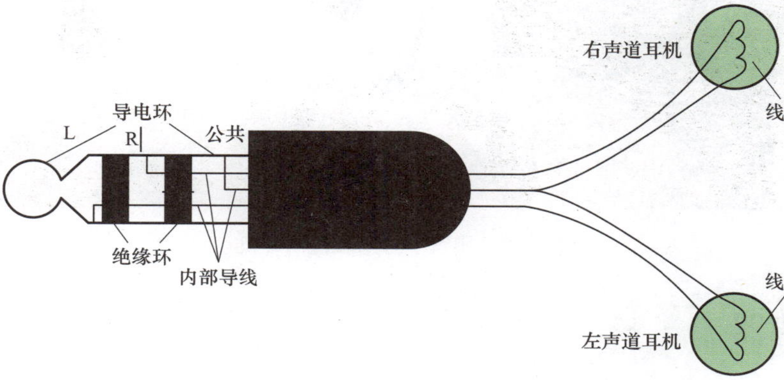

图 7-10　双声道耳机的接线示意图

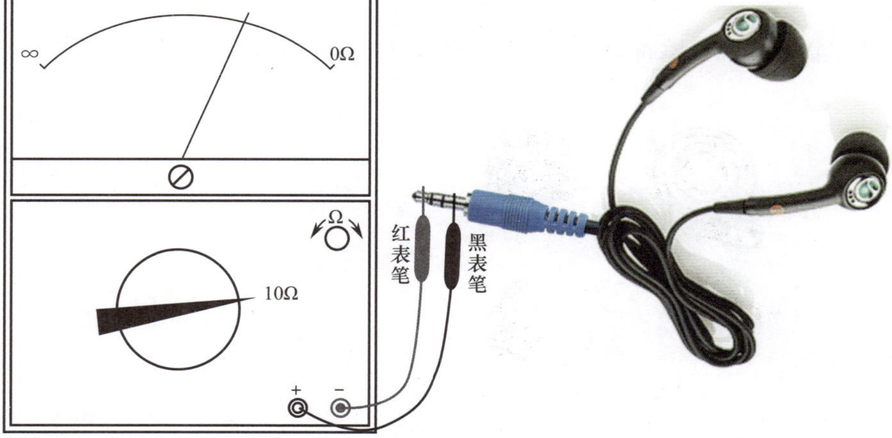

图 7-11　双声道耳机的检测

7.2.4　用数字万用表检测耳机（附视频操作演示）

用数字万用表检测耳机如图 7-12 所示，详细操作过程请打开本书配套光盘中的“耳机的检测”视频文件观看。

图 7-12　用数字万用表检测耳机

7.3　蜂鸣器

蜂鸣器是一种一体化结构的电子讯响器，广泛应用于空调器、计算机、打印机、复印机、报警器、电子玩具、汽车电子设备、电话机、定时器等电子产品中的发声器件。

7.3.1　外形与电路符号

蜂鸣器实物外形和电路符号如图 7-13 所示，蜂鸣器在电路中用字母“H”或“HA”表示。

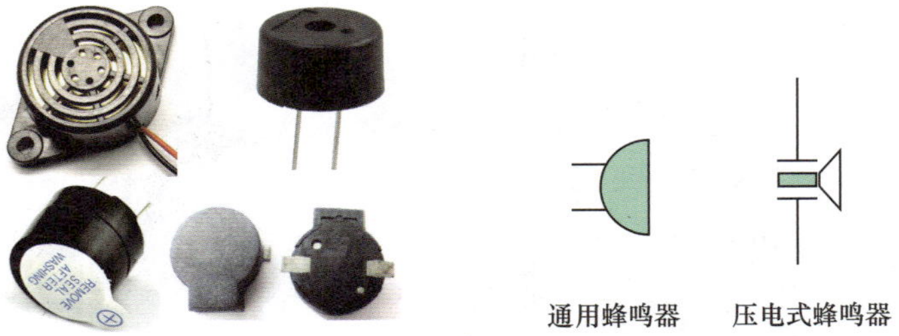

(a) 实物外形　　(b) 电路符号

图 7-13　蜂鸣器

7.3.2　种类及结构原理

蜂鸣器种类很多，根据发声材料不同，可分为压电式蜂鸣器和电磁式蜂鸣器，根据是否含有音源电路，可分为无源蜂鸣器和有源蜂鸣器。

①压电式蜂鸣器。有源压电式蜂鸣器主要由音源电路（多谐振荡器）、压电蜂鸣片、阻抗匹配器及共鸣腔、外壳等组成。有的压电式蜂鸣器外壳上还装有发光二极管。多谐振荡

器由晶体管或集成电路构成，只要提供直流电源（1.5 ～ 15V），音源电路会产生 1.5 ～ 2.5kHz 的音频信号，经阻抗匹配器推动压电蜂鸣片发声。压电蜂鸣片由锆钛酸铅或铌镁酸铅压电陶瓷材料制成，在陶瓷片的两面镀上银电极，经极化和老化处理后，再与黄铜片或不锈钢片粘在一起。无源压电蜂鸣器内部不含音源电路，需要外部提供音频信号才能使之发声。

②电磁式蜂鸣器。有源电磁式蜂鸣器由音源电路、电磁线圈、磁铁、振动膜片及外壳等组成。接通电源后，音源电路产生的音频信号电流通过电磁线圈，使电磁线圈产生磁场。振动膜片在电磁线圈和磁铁的相互作用下，周期性地振动发声。无源电磁式蜂鸣器的内部无音源电路，需要外部提供音频信号才能使之发声。

7.3.3　类型判别

蜂鸣器类型可从以下几个方面进行判别。

①从外观上看，有源蜂鸣器引脚有正、负极性之分（引脚旁会标注极性或用不同颜色引线），无源蜂鸣器引脚则无极性，这是因为有源蜂鸣器内部音源电路的供电有极性要求。

②给蜂鸣器两引脚加合适的电压（3 ～ 24V），能连续发声的为有源蜂鸣器，仅接通断开电源时发出“咔咔”声为无源电磁式蜂鸣器，不发声的为无源压电式蜂鸣器。

③用万用表合适的欧姆挡测量蜂鸣器两引脚间的正向、反向电阻，正向、反向电阻相同且很小（一般 8Ω 或 16Ω 左右，用 R×1Ω 挡测量）的为无源电磁式蜂鸣器，正向、反向电阻均为无穷大（用 R×10kΩ 挡测量）的为无源压电式蜂鸣器，正向、反向电阻在几百欧以上且测量时可能会发出连续音的为有源蜂鸣器。

7.3.4　用数字万用表检测有源蜂鸣器（附视频操作演示）

用数字万用表检测有源蜂鸣器如图 7-14 所示，详细操作过程请打开本书配套光盘中的“有源蜂鸣器的检测”视频文件观看。

图 7-14　用数字万用表检测有源蜂鸣器

7.4 话筒

7.4.1 外形与电路符号

话筒又称麦克风、传声器，是一种声－电转换器件，其功能是将声音转换成电信号。话筒实物外形和电路符号如图 7-15 所示。

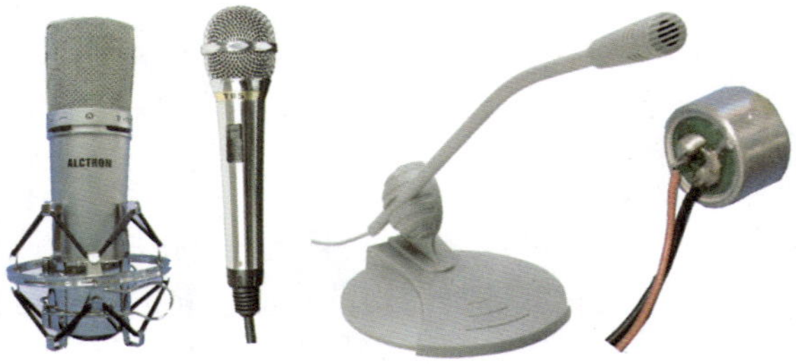

(a) 实物外形

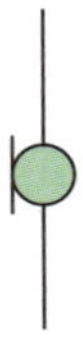

(b) 电路符号

图 7-15　话筒

7.4.2 工作原理

话筒的种类很多，下面介绍最常用的动圈式话筒和驻极体式话筒的工作原理。

1. 动圈式话筒的工作原理

动圈式话筒的结构如图 7-16 所示，它主要由振动膜、线圈和永久磁铁组成。

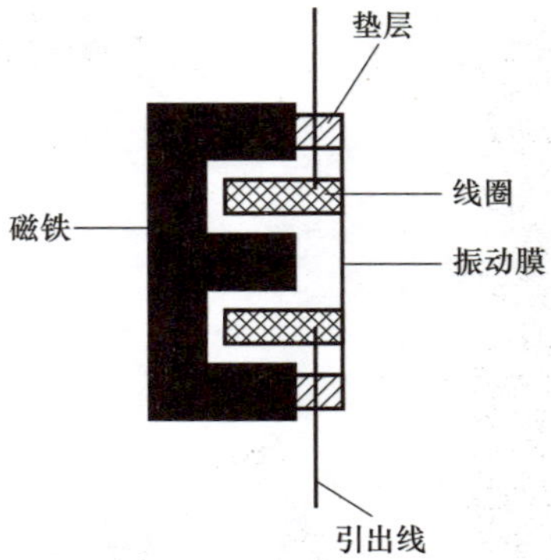

图 7-16　动圈式话筒的结构

当声音传递到振动膜时，振动膜产生振动，与振动膜连在一起的线圈会随振动膜一起运动，由于线圈处于磁铁的磁场中，当线圈在磁场中运动时，线圈会切割磁铁的磁感线而产生与运动相对应的电信号，该电信号从引出线输出，从而实现声－电转换。

2. 驻极体式话筒的工作原理

驻极体式话筒具有体积小、性能好，并且价格便宜，广泛用在一些小型具有录音功能的电子设备中。驻极体式话筒的结构如图 7-17 所示。

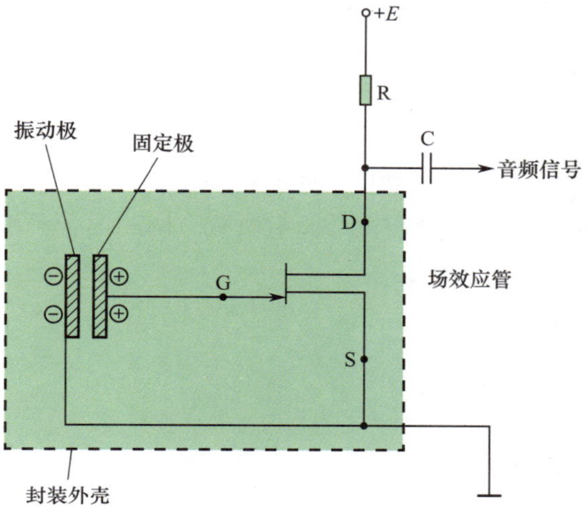

图 7-17　驻极体式话筒的结构

虚线框内的为驻极体式话筒，它由振动极、固定极和一个场效应管构成。振动极与固定极形成一个电容，由于两电极是经过特殊处理的，所以它本身具有静电场（即两电极上有电荷），当声音传递到振动极时，振动极发生振动，振动极与固定极距离发生变化，引起容量变化，容量的变化导致固定电极上的电荷向场效应管栅极 G 移动，移动的电荷就形成电信号，电信号经场效应管放大后从 D 极输出，从而完成了声－电转换过程。

7.4.3　主要参数

话筒的主要参数如下。

1. 灵敏度

灵敏度是指话筒在一定的声压下能产生音频信号电压的大小。灵敏度越高，在相同大小的声音下输出的音频信号幅值越大。

2. 频率特性

频率特性是指话筒的灵敏度随频率变化而变化的特性。如果话筒的高频特性好，那么还原出来的高频信号幅值大且失真小。大多数话筒频率特性较好的范围为 100Hz ～ 10kHz，优质话筒频率特性范围可达到 20Hz ～ 20kHz。

3. 输出阻抗

输出阻抗是指话筒在 1kHz 的情况下输出端的交流阻抗。低阻抗话筒输出阻抗一般在

2kΩ 以下，输出阻抗在 2kΩ 以上的话筒称为高阻抗话筒。

4. 固有噪声

固有噪声是指在没有外界声音时，话筒输出的噪声信号电压。话筒的固有噪声越大，工作时输出信号中混有的噪声越多。

5. 指向性

指向性是指话筒灵敏度随声波入射方向变化而变化的特性。话筒的指向性有单向性、双向性和全向性三种。

单向性话筒对正面方向的声音灵敏度高于其他方向的声音。双向性话筒对正、背面方向的灵敏度高于其他方向的声音。全向性话筒对所有方向的声音灵敏度都高。

7.4.4 种类与选用

1. 种类

话筒种类很多，常见的有动圈式话筒、驻极体式话筒、铝带式话筒、电容式话筒、压电式话筒和炭粒式话筒等。常见话筒的特点见表 7-2。

表 7-2 常见话筒的特点

种　类	特　点
动圈式话筒	动圈式话筒又称电动式话筒，其优点是结构合理耐用、噪声低、工作稳定、经济实用且性能好
驻极体式话筒	驻极体式话筒具有质量轻、体积小、价格低、结构简单和电声性能好，但音质较差、噪声较大
铝带式话筒	铝带式话筒具有音质真实自然，高、低频音域宽广，过渡平滑自然，瞬间响应快速精确，但价格较贵
电容式话筒	电容式话筒是一种电声特性非常好的话筒。它具有频率范围宽、灵敏度高，非线性失真小，瞬态响应好，缺点是防潮性差，机械强度低，价格较贵，使用时需提供高压
压电式话筒	压电式话筒又称晶体式话筒，它具有灵敏度高、结构简单、价格便宜，但频率特性不够宽
炭粒式话筒	炭粒式话筒具有结构简单、价格便宜、灵敏高、输出功率大等优点，但频率特性差、噪声大、失真也很大

2. 选用

话筒的选用主要根据环境和声源特点来决定。在室内进行语言录音时，一般选用动圈式话筒，因为语言的频带较窄，使用动圈式话筒可避免产生不必要的杂音。在进行音乐录音时，一般要选择性能好的电容式话筒，以满足宽频带、大动态、高保真的需要。若环境噪声大，可选用单指向话筒，以增加选择性。

在使用话筒时，除近讲话筒外，普通话筒要注意与声源保持 0.3m 左右的距离，以防失真。在运动中录音时，要使用无线话筒，使用无线话筒时要注意防止干扰和“死区”，碰到这种情况时，可通过改变话筒无线电频率和调整收、发天线来解决。

7.4.5 用指针万用表检测话筒

1. 动圈式话筒的检测

动圈式话筒外部接线端与内部线圈连接，根据线圈电阻大小可分为低阻抗话筒（几十至几百欧）和高阻抗话筒（几百至几千欧）。

在检测低阻抗话筒时，万用表选择 R×10Ω 挡，检测高阻抗话筒时，可选择 R×100Ω 或 R×1kΩ 挡，然后测量话筒两接线端之间的电阻。

若话筒正常，阻值应在几十至几千欧，同时话筒有轻微的“嚓嚓”声发出。

若阻值为 0，说明话筒线圈短路。

若阻值为无穷大，则为话筒线圈开路。

2. 驻极体式话筒的检测

驻极体式话筒检测包括电极检测、好坏检测和灵敏度检测。

1）电极检测

驻极体式话筒外形和电路结构如图 7-18 所示。

从图中可以看出，驻极体式话筒有两个接线端，分别与内部场效应管的 D、S 极连接，其中 S 极与 G 极之间接有一个二极管。在使用时，驻极体式话筒的 S 极与电路的地连接，D 极除了接电源外，还是话筒信号输出端，具体连接可参见图 7-17。

驻极体式话筒电极判断用直观法，也可以用万用表检测。在用直观法观察时，会发现有一个电极与话筒的金属外壳连接，如图 7-18（a）所示，该极为 S 极，另一个电极为 D 极。

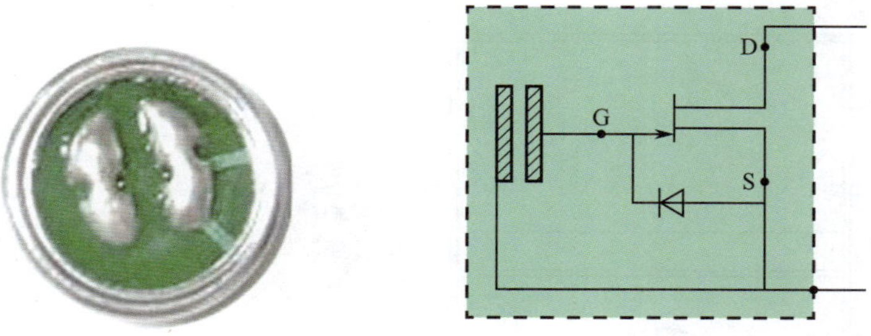

（a）外形　　（b）电路结构

图 7-18 驻极体式话筒

在用万用表检测时，万用表选择 R×100Ω 或 R×1kΩ 挡，测量两电极之间的正向、反向电阻，如图 7-19 所示，正常测得阻值一大一小，以阻值小的那次为准，如图 7-19（a）所示，黑表笔接的为 S 极，红表笔接的为 D 极。

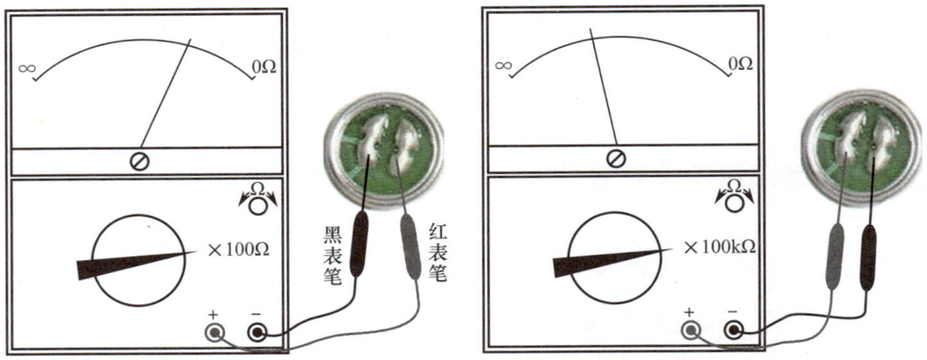

(a) 阻值小　　(b) 阻值大

图 7-19　驻极体式话筒的检测

2）好坏检测

在检测驻极体式话筒好坏时，万用表选择 R×100Ω 或 R×1kΩ 挡，测量两电极之间的正向、反向电阻，正常测得阻值一大一小。

若正向、反向电阻均为无穷大，则话筒内部的场效应管开路。

若正向、反向电阻均为 0，则话筒内部的场效应管短路。

若正向、反向电阻相等，则话筒内部场效应管 G、S 极之间的二极管开路。

3）灵敏度检测

灵敏度检测可以判断话筒的声－电转换效果。在检测灵敏度时，万用表选择 R×100Ω 或 R×1kΩ 挡，黑表笔接话筒的 D 极，红表笔接话筒的 S 极，这样做是利用万用表内部电池为场效应管 D、S 极之间提供电压，然后对话筒正面吹气，如图 7-20 所示。

若话筒正常，表针应发生摆动，话筒灵敏度越高，表针摆动幅度越大。

若表针不动，则话筒失效。

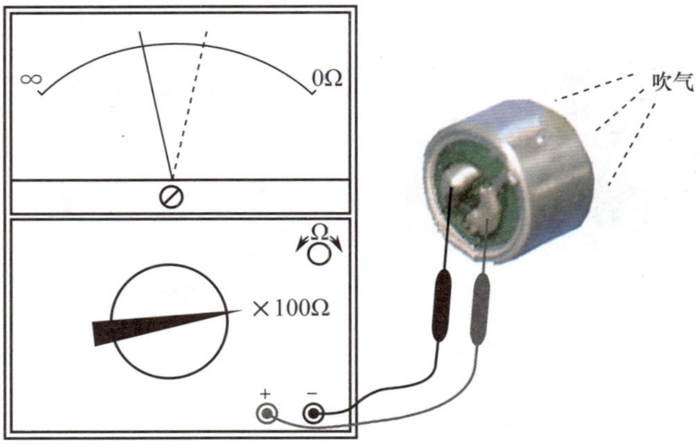

图 7-20　驻极体式话筒灵敏度的检测

7.4.6　用数字万用表检测驻极体式话筒（附视频操作演示）

用数字万用表检测驻极体式话筒如图 7-21 所示，详细操作过程请打开本书配套光盘中的“驻极体式话筒的检测”视频文件观看。

图 7-21　用数字万用表检测驻极体式话筒

第8章

显示器件

显示器件是一种将电信号转换成能看见的字符图形。显示器件种类很多，本书主要介绍 LED 数码管、LED 点阵显示器、真空荧光显示器和液晶显示屏。

LED 数码管是将发光二极管做成段状，通过让不同段发光来组合成各种数字；LED 点阵显示器是将发光二极管做成点状，通过让不同点发光来组合成各种字符图形；真空荧光显示器是将有关电极做成各种形状并涂上荧光粉，通过让灯丝发射电子轰击不同电极上的荧光粉来显示字符图形；液晶显示屏是通过施加电压使特定区域的液晶变得透明或不透明来显示字符图形。

8.1 LED 数码管与 LED 点阵显示器

8.1.1 一位 LED 数码管

1. 外形、结构与类型

一位 LED 数码管如图 8-1 所示，它将 a、b、c、d、e、f、g、dp 共 8 个发光二极管排

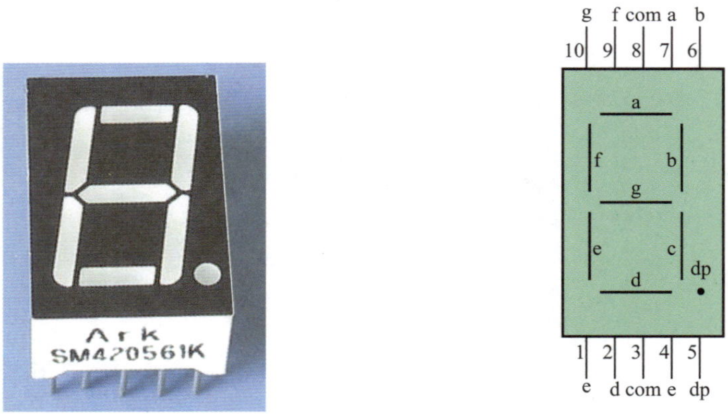

(a) 外形　　(b) 段与引脚的排列

图 8-1　一位 LED 数码管

成图示的“8.”字形，通过让 a、b、c、d、e、f、g 不同的段发光来显示数字 0 ～ 9。

由于 8 个发光二极管共有 16 个引脚，为了减少数码管的引脚数，在数码管内部将 8 个发光二极管正极或负极引脚连接起来，接成一个公共端（com 端），根据公共端是发光二极管正极还是负极，可分为共阳极接法（正极相连）和共阴极接法（负极相连），如图 8-2 所示。

对于共阳极接法的数码管，需要给发光二极管加低电平才能发光；而对于共阴极接法的数码管，需要给发光二极管加高电平才能发光。假设图 8-1 所示是一个共阴极接法的数码管，如果让它显示一个“5”字，那么需要给 a、c、d、f、g 引脚加高电平（即这些引脚为 1），b、e 引脚加低电平（即这些引脚为 0），这样 a、c、d、f、g 段的发光二极管有电流通过而发光，b、e 段的发光二极管不发光，数码管就会显示出数字“5”。

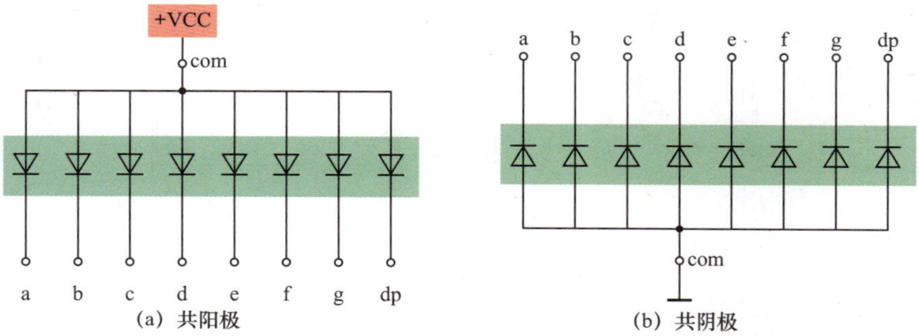

图 8-2　一位 LED 数码管内部发光二极管的连接方式

2. 类型与引脚检测

检测 LED 数码管使用万用表的 R×10kΩ 挡。从图 8-2 所示的数码管内部发光二极管的连接方式可以看出：对于共阳极数码管，黑表笔接公共极、红表笔依次接其他各极时，会出现 8 次阻值小；对于共阴极多位数码管，红表笔接公共极、黑表笔依次接其他各极时，也会出现 8 次阻值小。

1）类型与公共极的判别

在判别 LED 数码管类型及公共极（com）时，万用表拨至 R×10kΩ 挡，测量任意两引脚之间的正 / 反向电阻，当出现阻值小时，如图 8-3（a）所示，说明黑表笔接的为发光二极管的正极，红表笔接的为负极，然后黑表笔不动，红表笔依次接其他各引脚。若出现阻值小的次数大于 2 次时，则黑表笔接的引脚为公共极，被测数码管为共阳极类型；若出现阻值小的次数仅有 1 次，则该次测量时红表笔接的引脚为公共极，被测数码管为共阴极。

2）各段极的判别

在检测 LED 数码管各引脚对应的段时，万用表选择 R×10kΩ 挡。对于共阳极数码管，黑表笔接公共引脚，红表笔接其他某个引脚，这时会发现数码管某段会有微弱的亮光，如 a 段有亮光，表明红表笔接的引脚与 a 段发光二极管负极连接；对于共阴极数码管，红表笔接公共引脚，黑表笔接其他某个引脚，会发现数码管某段会有微弱的亮光，则黑表笔接的引脚与该段发光二极管正极连接。

由于万用表的 R×10kΩ 挡提供的电流很小，因此测量时有可能无法让一些数码管内部的发光二极管正常发光，虽然万用表使用 R×1Ω 至 R×1kΩ 挡时提供的电流大，但内部使用 1.5V 电池，无法使发光二极管导通发光，解决这个问题的方法是将万用表拨至 R×10Ω 或 R×1Ω 挡，给红表笔串接一个 1.5V 的电池，电池的正极连接红表笔，负极接被测数码管的引脚，如图 8-3（b）所示，具体的检测方法与万用表选择 R×10kΩ 挡时相同。

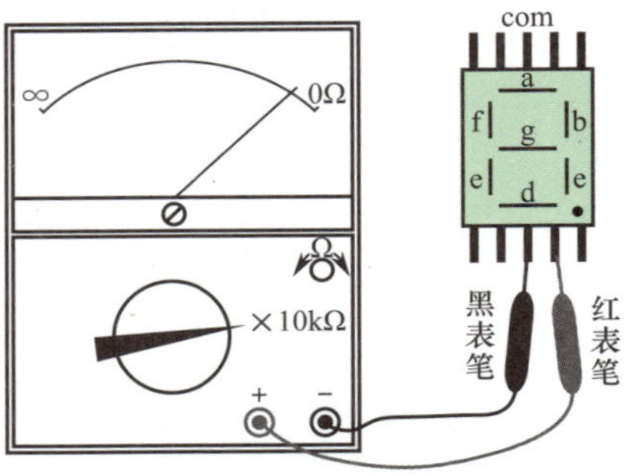

(a) 检测方法一

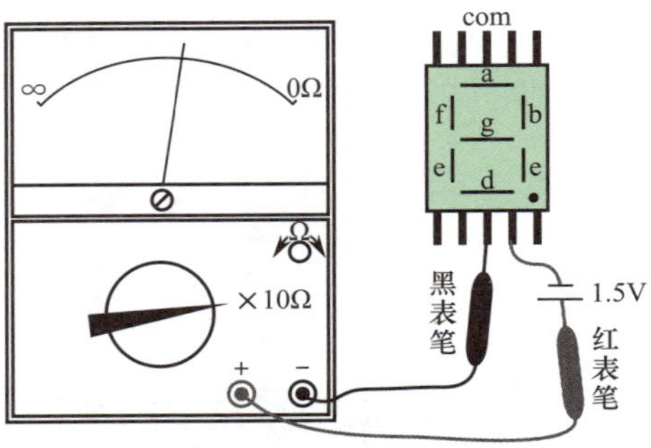

(b) 检测方法二

图 8-3　一位 LED 数码管的检测

3. 用数字万用表检测一位数码管（附视频操作演示）

用数字万用表检测一位数码管如图 8-4 所示，详细操作过程请打开本书配套光盘中的“一位数码管的检测”视频文件观看。

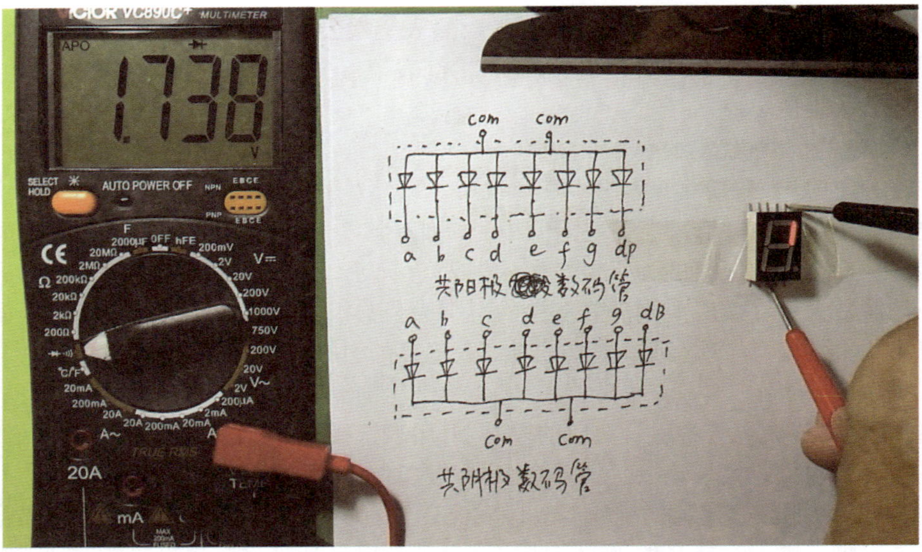

图 8-4　用数字万用表检测一位数码管

8.1.2 多位 LED 数码管

1. 外形与类型

图 8-5 所示是四位 LED 数码管，它有两排共 12 个引脚，其内部发光二极管有共阳极和共阴极两种连接方式，如图 8-6 所示，12、9、8、6 引脚分别为各位数码管的公共极，11、7、4、2、1、10、5、3 引脚同时接各位数码管的相应段，称为段极。

四位 LED 数码管内部发光二极管的连接方式如图 8-6 所示。

图 8-5 四位 LED 数码管

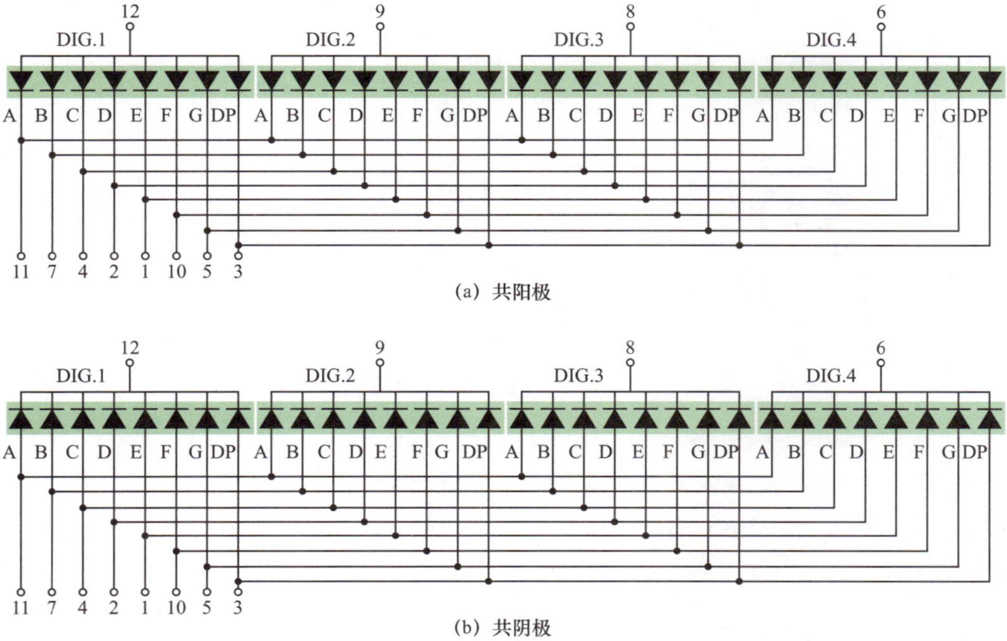

(a) 共阳极

(b) 共阴极

图 8-6 四位 LED 数码管内部发光二极管的连接方式

2. 显示原理

多位 LED 数码管采用了扫描显示方式，又称动态驱动方式。为了让读者理解该显示原理，这里以在图 8-5 所示的四位 LED 数码管上显示“1278”为例来说明，假设其内部发光二极管为图 8-6（b）所示的连接方式。

先给数码管的 12 引脚加一个低电平（9、8、6 引脚为高电平），再给 7、4 引脚加高电平（11、2、1、10、5 引脚均低电平），结果第一位的 B、C 段发光二极管点亮，第一位显示“1”，由于 9、8、6 引脚均为高电平，故第二、三、四位中的所有发光二极管均无法导通而不显示；然后给 9 引脚加一个低电平（12、8、6 引脚为高电平），给 11、7、2、1、5 引脚加高电平（4、10 引脚为低电平），第二位的 A、B、D、E、G 段发光二极管点亮，第二位显示“2”；同理，在第三位和第四位分别显示数字“7”、“8”。

多位数码管的数字虽然是一位一位地显示出来的，但人眼具有视觉暂留特性（所谓视觉暂留特性是指当人眼看见一个物体后，如果物体消失，人眼还会觉得物体仍在原位置，这种感觉约保留 0.04s），当数码管显示到最后一位数字“8”时，人眼会感觉前面 3 位数字还在显示，故看起来好像是一下子显示“1278”四位数。

3. 应用

图 8-7 所示是典型的空调器显示电路，它使用 4 个发光二极管分别显示制冷、制热、除湿和送风状态，使用两位 LED 数码管显示温度值或代码，由于 LED 数码管的公共端通过三极管接电源的正极，故其类型为共阳极数码管，段极加低电平才能使该段的发光二极管点亮。

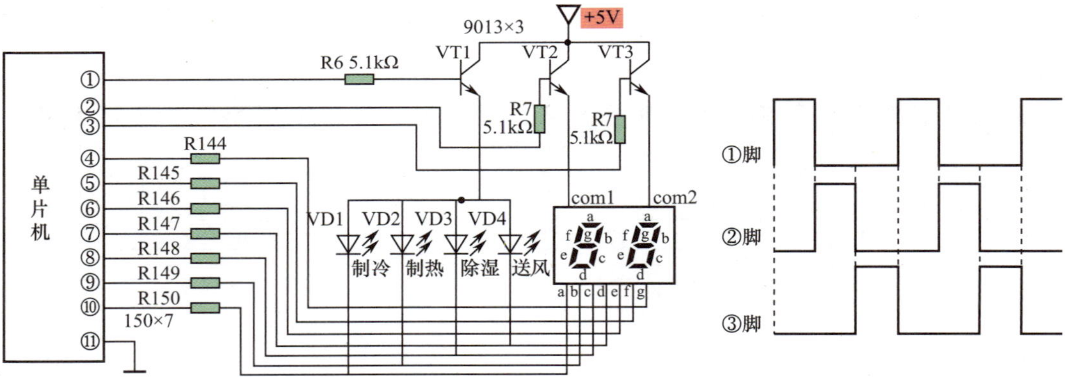

图 8-7　典型的空调器显示电路

下面以显示“制冷、32℃”为例来说明显示电路的工作原理。在显示时，先让制冷指示发光二极管 VD1 亮，然后切断 VD1 供电，并让第一位数码管显示“3”，再切断第一位数码管的供电，并让第二位数码管显示“2”，当第二位数码管显示“2”时，虽然 VD1 和前一位数码管已切断了电源，由于两者有余辉，仍有亮光，故它们虽然是分时显示的，但人眼会感觉它们是同时显示出来的。两位数码管显示完最后一位“2”后，必须马上重新依次让 VD1 亮、第一位数码管显示“3”，并且不断反复，这样人眼才会觉得这些信息是同时显示出来的。

显示电路的工作过程：首先单片机①脚输出高电平、⑩脚输出低电平，三极管 VT1 导通，制冷指示发光二极管 VD1 也导通，有电流流过 VD1，电流途径是 +5V → VT1 的 c 极→ e 极→ VD1 →单片机⑩脚→内部电路→ 11 引脚输出→地，VD1 发光，指示空调器当前为制冷模式；然后单片机①脚输出变为低电平，VT1 截止，VD1 无电流流过，由于 VD1 有一定的余辉时间，故 VD1 短时仍会亮，与此同时，单片机的②脚输出高电平，④、⑦～⑩脚输出低电平（无输出时为高电平），VT2 导通，+5V 电压经 VT2 加到数码管的 com1 引脚，④、⑦～⑩脚的低电平使数码管的 a ～ d、g 引脚也为低电平，第一位数码管的 a ～ d、g 段的发光二极管均有电流通过而发光，该位数码管显示“3”；接着单片机③脚输出高电平（②脚变为低电平），④、⑥、⑦、⑨、⑩脚输出低电平，VT3 导通，+5V 电压经 VT3 加到数码管的 com2 引脚，④、⑥、⑦、⑨、⑩脚的低电平使数码管的 a、b、d、e、g 引脚也为低电平，第二位数码管的 a、b、d、e、g 段的发光二极管均有电流通过而发光，第二位数码管显示“2”。以后不断重复上述过程。

4. 用指针万用表检测多位数码管

检测多位 LED 数码管使用万用表的 R×10kΩ 挡。从图 8-6 所示的多位数码管内部发光二极管的连接方式可以看出：对于共阳极多位数码管，黑表笔接某一位极、红表笔依次接其他各极时，会出现 8 次阻值小；对于共阴极多位数码管，红表笔接某一位极、黑表笔依次接其他各极时，也会出现 8 次阻值小。

1）类型与某位的公共极的判别

在检测多位 LED 数码管类型时，万用表选择 R×10kΩ 挡，测量任意两引脚之间的正 / 反向电阻，当出现阻值小时，说明黑表笔接的为发光二极管的正极，红表笔接的为负极，然后黑表笔不动，红表笔依次接其他各引脚，若出现阻值小的次数等于 8 次，则黑表笔接的引脚为某位的公共极，被测多位数码管为共阳极，若出现阻值小的次数等于数码管的位数（四位数码管为 4 次）时，则黑表笔接的引脚为段极，被测多位数码管为共阴极，红表笔接的引脚为某位的公共极。

2）各段极的判别

在检测多位 LED 数码管各引脚对应的段时，万用表选择 R×10kΩ 挡。对于共阳极数码管，黑表笔接某位的公共极，红表笔接其他引脚，若发现数码管某段有微弱的亮光，如 a 段有亮光，表明红表笔接的引脚与 a 段发光二极管负极连接；对于共阴极数码管，红表笔接某位的公共极，黑表笔接其他引脚，若发现数码管某段有微弱的亮光，则黑表笔接的引脚与该段发光二极管正极连接。

如果使用万用表 R×10kΩ 挡检测无法观察到数码管的亮光，可按图 8-3（b）所示的检测方法，将万用表拨至 R×10Ω 或 R×1Ω 挡，给红表笔串接一个 1.5V 的电池，电池的正极连接红表笔，负极接被测数码管的引脚，具体的检测方法与万用表选择 R×10kΩ 挡时相同。

5. 用数字万用表检测四位数码管（附视频操作演示）

用数字万用表检测四位数码管如图 8-8 所示，详细操作过程请打开本书配套光盘中的“四位数码管的检测”视频文件观看。

图 8-8　用数字万用表检测四位数码管

8.1.3　LED 点阵显示器

1. 外形与结构

图 8-9（a）所示为 LED 点阵显示器的实物外形，图 8-9（b）所示为 8×8 LED 点阵显示器内部结构，它由 8×8 = 64 个发光二极管组成，每个发光管相当于一个点，发光管为单色发光二极管可构成单色点阵显示器，发光管为双色发光二极管或三基色发光二极管则能构成彩色点阵显示器。

（a）外形

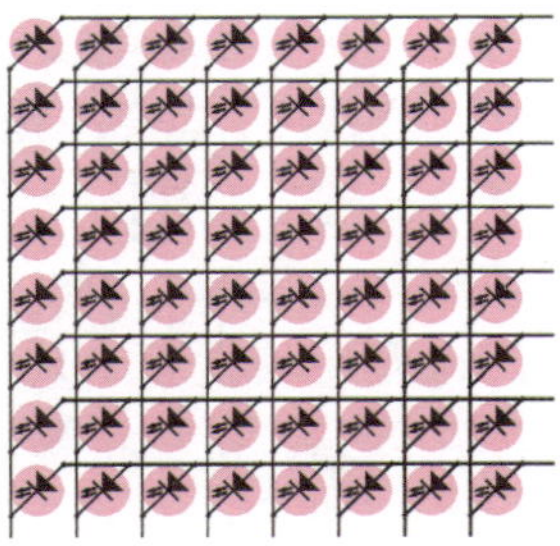

（b）结构

图 8-9　LED 点阵显示器

2. 类型与工作原理

1）类型

根据内部发光二极管连接方式不同，LED 点阵显示器可分为共阴型和共阳型，其结构如图 8-10 所示，对单色 LED 点阵来说，若第一个引脚（引脚旁通常标有 1）接发光二极管的阴极，该点阵称共阴型点阵（又称行共阴列共阳点阵），反之则称共阳点阵（又称行共阳列共阴点阵）。

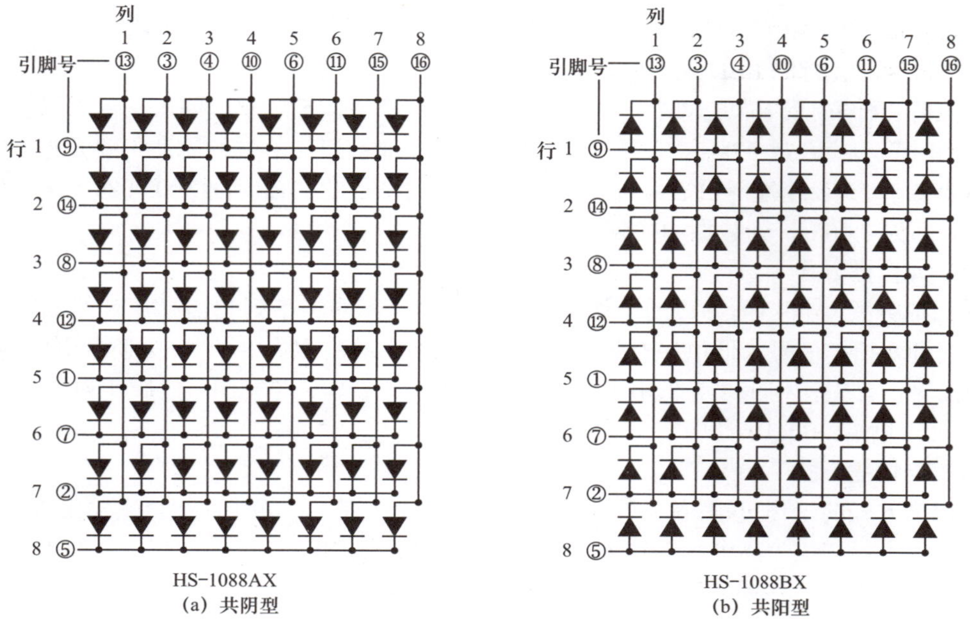

图 8-10 单色 LED 点阵的结构类型

2）工作原理

下面以在图 8-11 所示的 5×5 点阵中显示“△”图形为例进行说明。

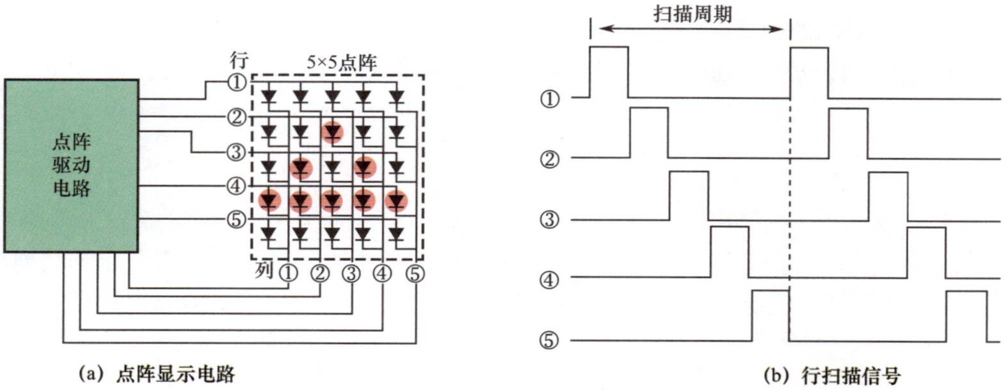

图 8-11 点阵显示原理说明

点阵显示采用扫描显示方式，具体又可分为三种方式：行扫描、列扫描和点扫描。

（1）行扫描方式

在显示前，让点阵所有行线为低电平（0）、所有列线为高电平（1），点阵中的发光二极管均截止，不发光。在显示时，首先让行①线为 1，如图 8-11（b）所示，列①～⑤线为 11111，第一行 LED 都不亮；然后让行②线为 1，列①～⑤线为 11011，第二行中的第 3 个 LED 亮；再让行③线为 1，列①～⑤线为 10101，第 3 行中的第 2、4 个 LED 亮；接着让行④线为 1，列①～⑤线为 00000，第 4 行中的所有 LED 都亮；最后让行⑤线为 1，列①～⑤为 11111，第 5 行中的所有 LED 都不亮。第 5 行显示后，由于人眼的视觉暂留特性，会觉得前面几行的 LED 还在亮，整个点阵显示一个“△”图形。

当点阵工作在行扫描方式时，为了让显示的图形有整体连续感，要求从第①行扫到最后一行的时间不应超过 0.04s（人眼视觉暂留时间），即行扫描信号的周期不要超过 0.04s，频率不要低于 25Hz，若行扫描信号周期为 0.04s，则每行的扫描时间为 0.008s，即每列数据持续时间为 0.008s，列数据切换频率为 125Hz。

（2）列扫描方式

列扫描方式与行扫描方式的工作原理大致相同，不同在于列扫描是从列线输入扫描信号，并且列扫描信号为低电平有效，而行线输入行数据。以图 8-11（a）所示电路为例，在列扫描时，首先让列①线为低电平（0），从行①～⑤线输入 00010，然后让列②线为 0，从行①～⑤线输入 00110。

（3）点扫描方式

点扫描方式的工作过程：首先让行①线为高电平，让列①～⑤线逐线依次输出 1、1、1、1、1；然后让行②线为高电平，让列①～⑤线逐线依次输出 1、1、0、1、1；再让行③线为高电平，让列①～⑤线逐线依次输出 1、0、1、0、1；接着让行④线为高电平，让列①～⑤线逐线依次输出 0、0、0、0、0；最后让行⑤线为高电平，让列①～⑤线逐线依次输出 1、1、1、1、1。结果在点阵上显示出“△”图形。

从上述分析可知，点扫描是从前往后让点阵中的每个 LED 逐个显示，由于是逐点输送数据，这样就要求列数据的切换频率很高，以 5×5 点阵为例，如果整个点阵的扫描周期为 0.04s，那么每个 LED 显示时间为 0.04/25 = 0.0016s，即 1.6ms，列数据切换频率达 625Hz。对于 128×128 点阵，若采用点扫描方式显示，其数据切换频率更达 409 600Hz，每个 LED 通电时间约为 2μs，这要求点阵驱动电路有很高的数据处理速度，另外，由于每个 LED 通电时间很短，会造成整个点阵显示的图形偏暗，故像素很多的点阵很少采用点扫描方式。

3. 应用

图 8-12 所示是一个单片机驱动的 8×8 点阵电路。U1 为 8×8 共阳型 LED 点阵，其列引脚旁的小圆圈表示低电平输入有效，不显示时这些引脚为高电平，需要点阵某列显示时可让对应列引脚为低电平，U2 为 AT89S51 型单片机，S、C1、R2 构成单片机的复位电路，Y1、C2、C3 为单片机的振荡电路外接定时元件，R1 为 1kΩ 的排阻，1 引脚与 2 ～ 9 引脚之间分别接有 8 个 1kΩ 的电阻。如果希望在点阵上显示字符或图形，可先在计算机中用编程软件编写相应的程序，然后通过编程器将程序写入单片机 AT89S51，再将单片机

安装在图 8-12 所示的电路中，它就能输出扫描信号和显示数据，驱动点阵显示相应的字符或图形，该点阵的扫描方式由编写的程序确定，具体可参阅有关单片机方面的书籍。

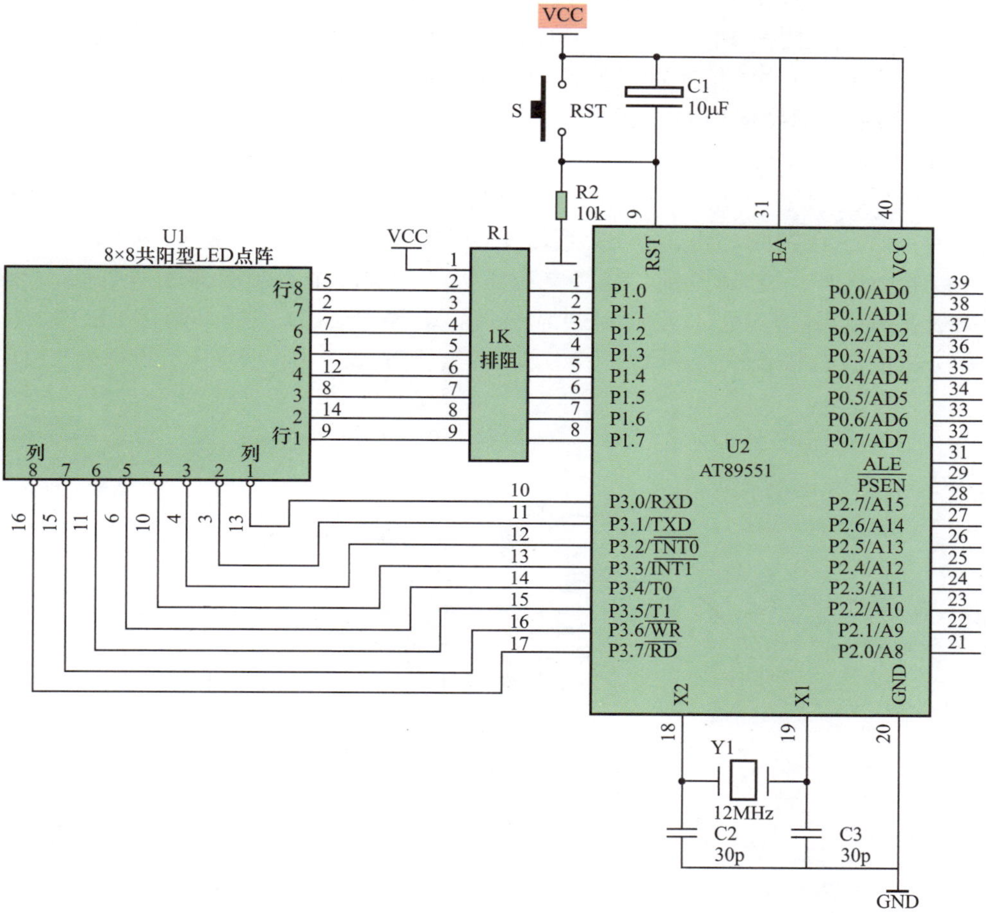

图 8-12 一个单片机驱动的 8×8 点阵电路

4. 用指针万用表检测单色点阵

1）共阳、共阴类型的检测

对于单色 LED 点阵来说，若第 1 引脚接 LED 的阴极，该点阵称共阴型点阵，反之则称共阳点阵。在检测时，万用表拨至 R×10kΩ 挡，红表笔接点阵的第 1 引脚（引脚旁通常标有 1）不动，黑表笔接其他引脚，若出现阻值小，表明红表笔接的第 1 引脚为 LED 的负极，该点阵为共阴型，若未出现阻值小，则红表笔接的第 1 引脚为 LED 的正极，该点阵为共阳型。

2）点阵引脚与 LED 正极、负极连接检测

从点阵内部 LED 连接方式来看，共阴、共阳型点阵没有根本的区别，共阴型上下翻转过来就可变成共阳型，因此如果找不到第 1 引脚，只要判断点阵哪些引脚接 LED 正极，哪些引脚接 LED 负极，驱动电路是采用正极扫描或是负极扫描，在使用时就不会出错。

点阵引脚与 LED 正极、负极连接检测：万用表拨至 R×10kΩ 挡，测量点阵任意两脚之间的电阻，当出现阻值小时，黑表笔接的引脚接 LED 的正极，红表笔接的为 LED 的负极，然后黑表笔不动，红表笔依次接其他各脚，所有出现阻值小时红表笔接的引脚都与 LED 负极连接，其余引脚都与 LED 正极连接。

3）好坏判别

LED 点阵由很多发光二极管组成，只要检测这些发光二极管是否正常，就能判断点阵是否正常。判别时，将 3 ～ 6V 直流电源与一只 100Ω 电阻串联，如图 8-13 所示，再用导线将行①～⑤引脚短接，并将电源正极（串有电阻）与行某引脚连接，然后将电源负极接列①引脚，列①五个 LED 应全亮，若某个 LED 不亮，则该 LED 损坏，用同样方法将电源负极依次接列②～⑤引脚，若点阵正常，则列①～⑤的每列 LED 会依次亮。

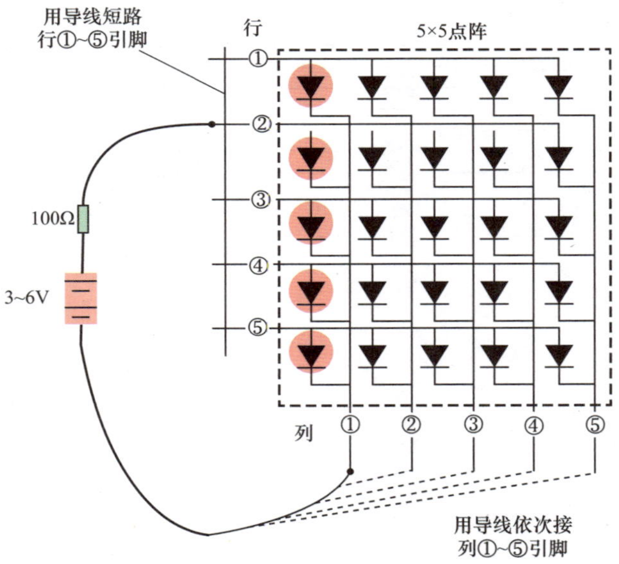

图 8-13　LED 点阵的好坏检测

5. 用数字万用表检测单色点阵（附视频操作演示）

用数字万用表检测单色点阵如图 8-14 所示，详细操作过程请打开本书配套光盘中的“单色点阵的检测”视频文件观看。

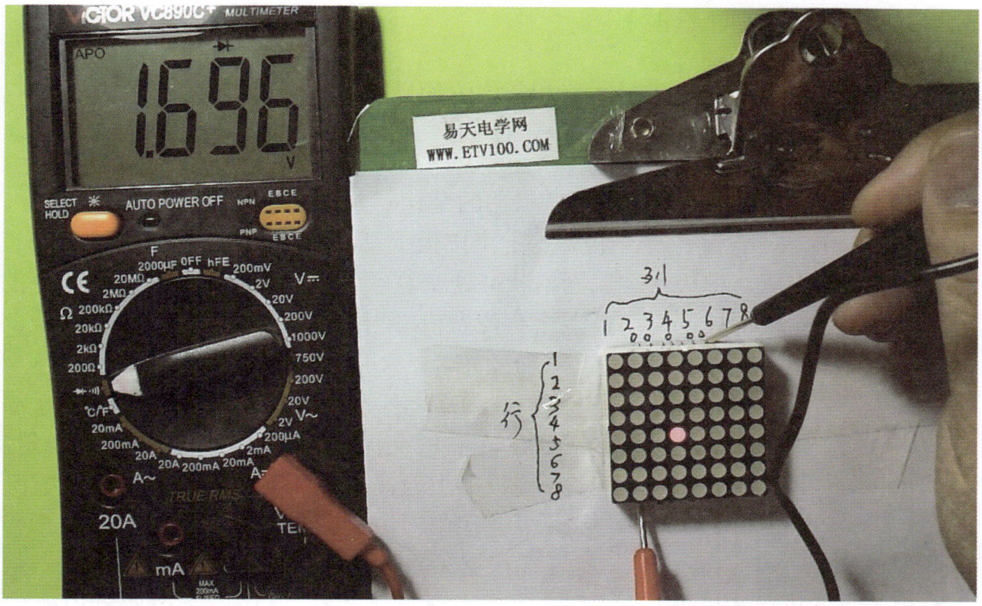

图 8-14　用数字万用表检测单色点阵

8.2 真空荧光显示器

真空荧光显示器简称 VFD，是一种真空显示器件，常用在一些家用电器（如影碟机、录像机和音响设备）、办公自动化设备、工业仪器仪表及汽车等各种领域中，用来显示机器的状态和时间等信息。

8.2.1 外形

真空荧光显示器外形如图 8-15 所示。

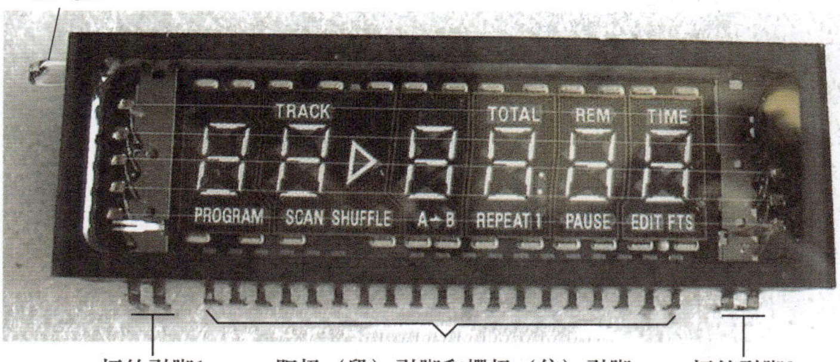

图 8-15　真空荧光显示器外形

8.2.2 结构与工作原理

真空荧光显示器有一位荧光显示器和多位荧光显示器。

1. 一位真空荧光显示器

图 8-16 所示为一位数字显示荧光显示器的结构示意图，它内部有灯丝、栅极（控制极）和 a、b、c、d、e、f、g 七个阳极，这七个阳极上都涂有荧光粉，并排列成“8”字样，灯丝的作用是发射电子，栅极（金属网格状）处于灯丝和阳极之间，灯丝发射出来的电子能否到达阳极，受栅极的控制，阳极上涂有荧光粉，当电子轰击荧光粉时，阳极上的荧光粉发光。

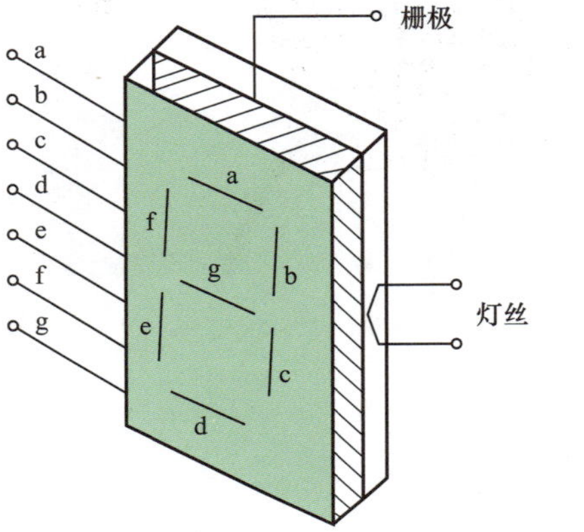

图 8-16　一位真空荧光显示器的结构示意图

在真空荧光显示器工作时，要给灯丝提供 3V 左右的交流电压，灯丝发热后才能发射电子，栅极加上较高的电压才能吸引电子，让它穿过栅极并往阳极方向运动。电子要轰击某个阳极，该阳极必须有高电压。

当要显示“3”字样时，由驱动电路给真空荧光显示器的 a、b、c、d、e、f、g 七个阳极分别送 1、1、1、1、0、0、1，即给 a、b、c、d、g 五个阳极送高电压，另外给栅极也加上高电压，于是灯丝发射的电子穿过网格状的栅极后轰击加有高电压的 a、b、c、d、g 阳极，由于这些阳极上涂有荧光粉，在电子的轰击下，这些阳极发光，显示器显示“3”的字样。

2. 多位真空荧光显示器

一个真空荧光显示器能显示一位数字，若需要同时显示多位数字或字符，可使用多位真空荧光显示器。图 8-17 所示为四位真空荧光显示器的结构及扫描信号。

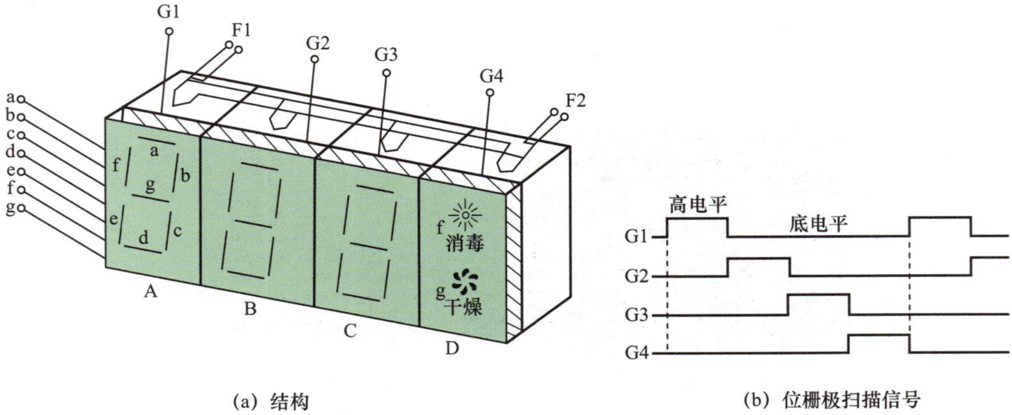

图 8-17　四位真空荧光显示器的结构及扫描信号

图 8-17 所示的真空荧光显示器有 A、B、C、D 四个位区，每个位区都有单独的栅极，四个位区的栅极引脚分别为 G1、G2、G3、G4；每个位区的灯丝在内部以并联的形式连接起来，对外只引出两个引脚；A、B、C 位区数字的相应各段的阳极都连接在一起，再与外面的引脚相连，如 C 位区的阳极段 a 与 B、A 位区的阳极段 a 都连接起来，再与显示器引脚 a 连接，D 位区两个阳极为图形和文字形状，消毒图形与文字为一个阳极，与引脚 f 连接，干燥图形与文字为一个阳极，与引脚 g 连接。

多位真空荧光显示器与多位 LED 数码管一样，都采用扫描显示原理。下面以在图 8-17 所示的显示器上显示“127 消毒”为例来说明。

首先给灯丝引脚 F1、F2 通电，再给 G1 引脚加一个高电平，此时 G2、G3、G4 均为低电平，然后分别给 b、c 引脚加高电平，灯丝通电发热后发射电子，电子穿过 G1 栅极轰击 A 位阳极 b、c，这两个电极的荧光粉发光，在 A 位显示“1”字样，这时虽然 b、c 引脚的电压也会加到 B、C 位的阳极 b、c 上，但因为 B、C 位的栅极为低电平，B、C 位的灯丝发射的电子无法穿过 B、C 位的栅极轰击阳极，故 B、C 位无显示；接着给 G2 脚加高电平，此时 G1、G3、G4 引脚均为低电平，再给阳极 a、b、d、e、g 加高电平，灯丝发射的电子轰击 B 位阳极 a、b、d、e、g，这些阳极发光，在 B 位显示“2”字样。同理，在 C 位和 D 位分别显示“7”、“消毒”字样，G1、G2、G3、G4 极的电压变化关系如图 8-17（b）所示。

显示器的数字虽然是一位一位地显示出来的，但由于人眼视觉暂留特性，当显示器显示最后“消毒”字样时，人眼仍会感觉前面 3 位数字还在显示，故看起好像是一下子显示“127 消毒”。

8.2.3　检测

真空荧光显示器 VFD 处于真空工作状态，如果发生显示器破裂漏气就会无法工作。在工作时，VFD 的灯丝加有 3V 左右的交流电压，在暗处 VFD 内部灯丝有微弱的红光发出。

在检测 VFD 时，可用万用表 R×1Ω 或 R×10Ω 挡测量灯丝的阻值，正常阻值很小，如果阻值无穷大，则为灯丝开路或引脚开路。在检测各栅极和阳极时，万用表 R×1kΩ 挡，测量各栅极之间、各阳极之间、栅阳极之间和栅阳极与灯丝间的阻值，正常应均为无穷大，若出现阻值为 0 或较小，则为所测极之间出现短路故障。

8.3　液晶显示屏

液晶显示屏简称 LCD 屏，其主要材料是液晶。液晶是一种有机材料，在特定的温度范围内，既有液体的流动性，又有某些光学特性，其透明度和颜色随电场、磁场、光及温度等外界条件的变化而变化。液晶显示器是一种被动式显示器件，液晶本身不会发光，它通过反射或透射外部光线来显示，光线越强，其显示效果越好。液晶显示屏是利用液晶在电场作用下光学性能变化的特性制成的。

液晶显示屏可分为笔段式和点阵式。

8.3.1 笔段式液晶显示屏

1. 外形

笔段式液晶显示屏外形如图 8-18 所示。

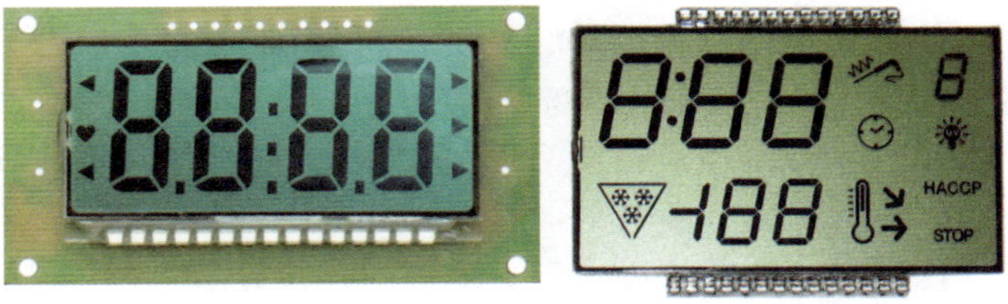

图 8-18 笔段式液晶显示屏外形

2. 结构与工作原理

图 8-19 所示是一位笔段式液晶显示屏的结构。

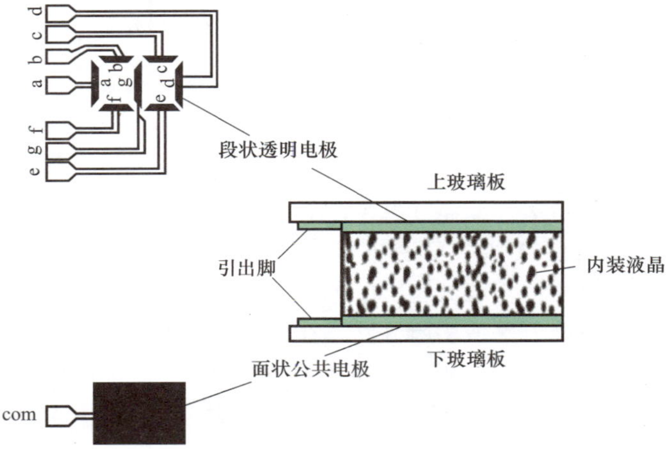

图 8-19 一位笔段式液晶显示屏的结构

一位笔段式液晶显示屏是将液晶材料封装在两块玻璃之间，在上玻璃内表面涂上“8”字形的七段透明电极，在下玻璃内表面整个涂上导电层作为公共电极（或称背电极）。

当给液晶显示屏上玻璃板的某段透明电极与下玻璃的公共电极之间加上适当大小的电压时，该段极与下玻璃上的公共电极之间夹持的液晶会产生“散射效应”，夹持的液晶不透明，就会显示出该段形状。例如，给下玻璃上的公共电极加一个低电压，而给上玻璃板内表面的 a、b 段透明电极加高电压，a、b 段极与下玻璃上的公共电极存在电压差，它们中间夹持的液晶特性改变，a、b 段下面的液晶变得不透明，呈现出“1”字样。

如果在上玻璃板内表面涂上某种形状的透明电极，只要给该电极与下面的公共电极之间加一定的电压，液晶屏就能显示该形状。笔段式液晶显示屏上玻璃板内表面可以涂上各种形状的透明电极，如横、竖、点状和雪花状，由于这些形状的电极是透明的，且液晶未加电压时也是透明的，故未加电压时显示屏无任何显示，只要给这些电极与公共极之间加电压，就可以将这些形状显示出来。

3. 多位笔段式液晶屏的驱动方式

多位笔段式液晶显示屏有静态和动态（扫描）两种驱动方式。在采用静态驱动方式时，整个显示屏使用一个公共背电极并接出一个引脚，而各段电极都需要独立接出引脚，如图 8-20 所示，故静态驱动方式的显示屏引脚数量较多。在采用动态驱动（即扫描方式）时，各位都要有独立的背极，各位相应的段电极在内部连接在一起再接出一个引脚，动态驱动方式的显示屏引脚数量较少。

动态驱动方式的多位笔段式液晶显示屏的工作原理与多位 LED 数码管、多位真空荧光显示器一样，采用逐位快速显示的扫描方式，利用人眼的视觉暂留特性来产生屏幕整体显示的效果。如果要将图 8-20 所示的静态驱动显示屏改成动态驱动显示屏，只要将整个公共背极切分成 5 个独立的背极，并引出 5 个引脚，然后将 5 个位中相同的段极在内部连接起来并接出 1 个引脚，共接出 8 个引脚，这样整个显示屏只要 13 个引脚。在工作时，先给第 1 位背极加电压，同时给各段极传送相应电压，显示屏第 1 位会显示出需要的数字，然后给第 2 位背极加电压，同时给各段极传送相应电压，显示屏第 2 位会显示出需要的数字，如此工作，直至第 5 位显示出需要的数字，然后重新从第 1 位开始显示。

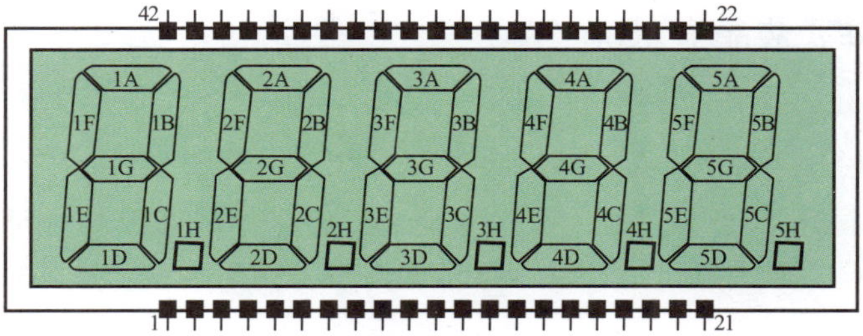

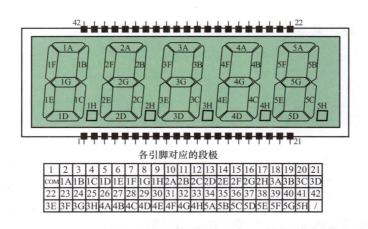

各引脚对应的段极

1	2	3	4	5	6	7	8	9	10	11	12	13	14	15	16	17	18	19	20	21
COM	1A	1B	1C	1D	1E	1F	1G	1H	2A	2B	2C	2D	2E	2F	2G	2H	3A	3B	3C	3D
22	23	24	25	26	27	28	29	30	31	32	33	34	35	36	37	38	39	40	41	42
3E	3F	3G	3H	4A	4B	4C	4D	4E	4F	4G	4H	5A	5B	5C	5D	5E	5F	5G	5H	/

（a）外形及各引脚对应的段极

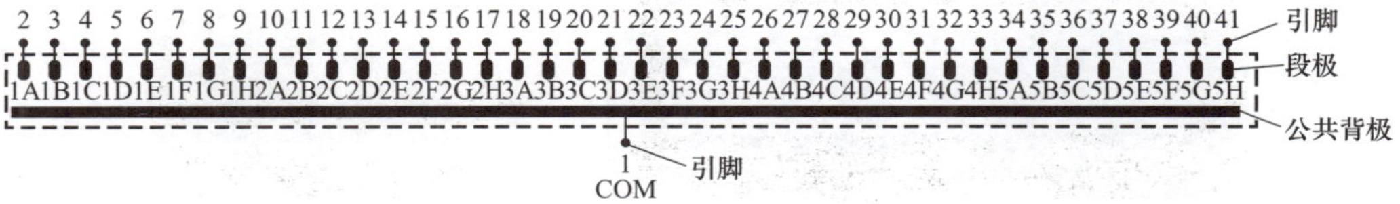

（b）等效图

图 8-20　静态驱动方式的多位笔段式液晶显示屏

4. 检测

1）公共极的判断

由液晶显示屏的工作原理可知，只有公共极与段极之间加有电压，段极形状才能显示出来，段极与段极之间加电压无显示，根据该原理可检测出公共极。检测时，万用表拨至 R×10kΩ 挡（也可使用数字万用表的二极管测量挡），红、黑表笔接显示屏任意两引脚，当显示屏有某段显示时，一只表笔不动，另一只表笔接其他引脚，如果有其他段显示，则不动的表笔所接的为公共极。

2）好坏检测

在检测静态驱动式笔段式液晶显示屏时，万用表拨至 R×10kΩ 挡，将一只表笔接显示屏的公共极引脚，另一只表笔依次接各段极引脚，当接到某段极引脚时，万用表就通过两表笔给公共极与段极之间加电压，如果该段正常，该段的形状将会显示出来。如果显示屏正常，各段显示应清晰、无毛边；如果某段无显示或有断线，则该段极可能开路或断极；如果所有段均不显示，可能是公共极开路或显示屏损坏。在检测时，有时测某段时邻近的段也会显示出来，这是正常的感应现象，可用导线将邻近段引脚与公共极引脚短路，即可消除感应现象。

在检测动态驱动式笔段式液晶显示屏时，万用表仍拨至 R×10kΩ 挡，由于动态驱动显示屏有多个公共极，检测时先将一只表笔接某位公共极引脚，另一只表笔依次接各段引脚，各段应正常显示，再将接位公共极引脚的表笔移至下一个位公共极引脚，用同样的方法检测该位各段是否正常。

用上述方法不但可以检测液晶显示屏的好坏，还可以判断出各引脚连接的段极。

8.3.2 点阵式液晶显示屏

1. 外形

笔段式液晶显示屏结构简单、价格低廉，但显示的内容简单且可变化性小，而点阵式液晶显示屏以点的形式显示，几乎可显示任何字符图形内容。点阵式液晶显示屏外形如图 8-21 所示。

图 8-21　点阵式液晶显示屏外形

2. 结构与工作原理

图 8-22 所示为 5×5 点阵式液晶显示屏显示原理说明，它是在封装有液晶的下玻璃内表面涂有 5 条行电极，在上玻璃内表面涂有 5 条透明列电极，从上往下看，行电极与列电极有 25 个交点，每个交点相当于一个点（又称像素）。

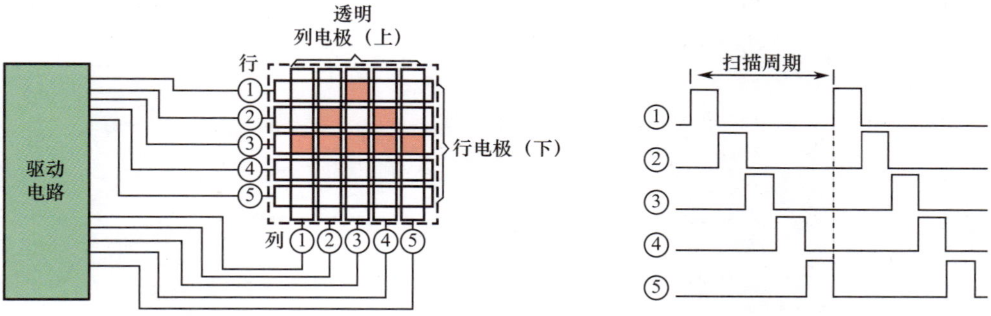

(a) 点阵显示电路　　(b) 行扫描信号

图 8-22　5×5 点阵式液晶屏显示原理说明

点阵式液晶显示屏与点阵 LED 显示屏一样，也采用扫描方式，也可分为三种方式：行扫描、列扫描和点扫描。下面以显示“△”图形为例来说明最常用的行扫描方式。

在显示前，让点阵所有行、列线电压相同，这样下行线与上列线之间不存在电压差，中间的液晶处于透明状态。在显示时，首先让行①线为 1（高电平），如图 8-22（b）所示，列①～⑤线为 11011，第①行电极与第③列电极之间存在电压差，其夹持的液晶不透明；然后让行②线为 1，列①～⑤线为 10101，第②行与第②、④列夹持的液晶不透明；再让行③线为 1，列①～⑤线为 00000，第③行与第①～⑤列夹持的液晶都不透明；接着让行④线为 1，列①～⑤线为 11111，第 4 行与第①～⑤列夹持的液晶全透明；最后让行⑤线为 1，列①～⑤为 11111，第 5 行与第①～⑤列夹持的液晶全透明。第 5 行显示后，由于人眼的视觉暂留特性，会觉得前面几行内容还显示，整个点阵显示一个“△”图形。

点阵式液晶显示屏有反射型和透射型之分，如图 8-23 所示，反射型液晶显示屏依靠液晶不透明来反射光线显示图形，如电子表显示屏、数字万用表的显示屏等都是利用液晶

(a) 反射型　　(b) 透射型

图 8-23　点阵式液晶显示屏的类型

不透明（通常为黑色）来显示数字的，透射型液晶显示屏依靠光线透过透明的液晶来显示图像，如手机显示屏、液晶电视显示屏等都是采用透射方式显示图像的。

图 8-23（a）所示的点阵为反射型液晶显示屏，如果将它改成透射型液晶显示屏，行、列电极均为透明电极，另外还要用光源（背光源）从下往上照射液晶显示屏，显示屏的 25 个液晶点像 25 个小门，液晶点透明相当于门打开，光线可透过小门从上玻璃射出，该点看起来为白色（背光源为白色），液晶点不透明相当于门关闭，该点看起来为黑色。

第9章

晶闸管、场效应管与IGBT

9.1 单向晶闸管

9.1.1 外形与电路符号

单向晶闸管又称单向可控硅，它有三个电极，分别是阳极（A）、阴极（K）和门极（G）。 图 9-1（a）所示是一些常见的单向晶闸管的实物外形，图 9-1（b）所示为单向晶闸管的电路符号。

(a) 实物外形　　(b) 电路符号

图 9-1　单向晶闸管

9.1.2 结构原理

1. 结构

单向晶闸管的内部结构与等效图如图 9-2 所示。

单向晶闸管有三个极：A 极（阳极）、G 极（门极）和 K 极（阴极）。单向晶闸管内部结构如图 9-2（a）所示，它相当于 PNP 型三极管和 NPN 型三极管以图 9-2（b）所示的方式连接而成。

2. 工作原理

下面以图 9-3 所示的电路来说明单向晶闸管的工作原理。

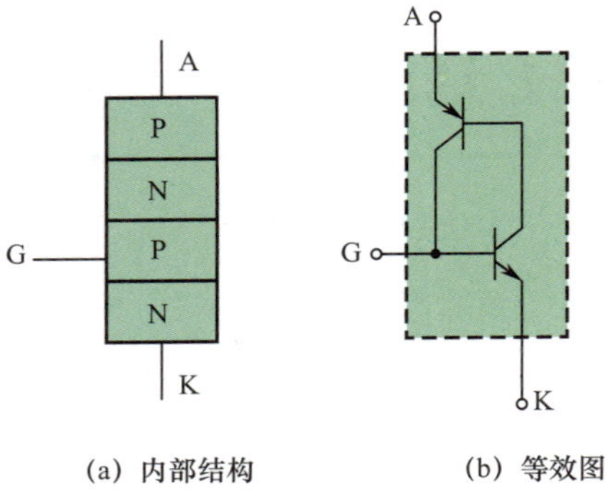

图 9-2 单向晶闸管的内部结构与等效图

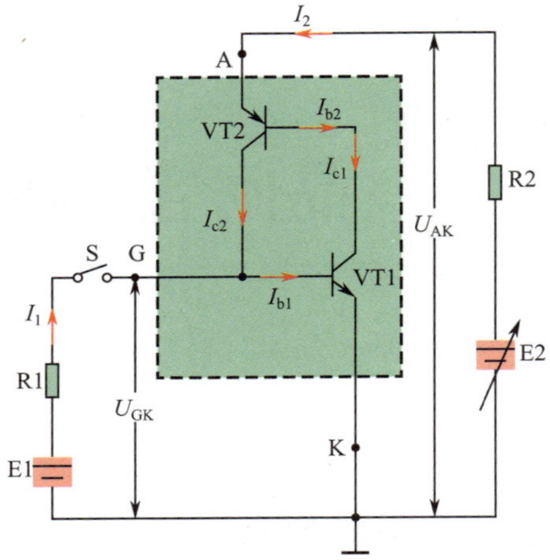

图 9-3 单向晶闸管的工作原理说明图

电源 E2 通过 R2 为晶闸管 A、K 极提供正向电压 U_{AK}，电源 E1 经电阻 R1 和开关 S 为晶闸管 G、K 极提供正向电压 U_{GK}，当开关 S 处于断开状态时，VT1 无 I_{b1} 电流而无法导通，VT2 也无法导通，晶闸管处于截止状态，I_2 电流为 0。

如果将开关 S 闭合，电源 E1 马上通过 R1、S 为 VT1 提供 I_{b1} 电流，VT1 导通，VT2 也导通（VT2 的 I_{b2} 电流经过 VT1 的 c、e 极），VT2 导通后，它的 I_{c2} 电流与 E1 提供的电流汇合形成更大的 I_{b1} 电流流经 VT1 的发射结，VT1 导通更深，I_{c1} 电流更大，VT2 的 I_{b2} 也增大（VT2 的 I_{b2} 与 VT1 的 I_{c1} 相等），I_{c2} 增大，这样会形成强烈的正反馈，正反馈过程如下：

$$I_{b1}\uparrow \rightarrow I_{c1}\uparrow \; I_{b2}\uparrow \rightarrow I_{c2}\uparrow$$

正反馈使 VT1、VT2 都进入饱和状态，I_{b2}、I_{c2} 都很大，I_{b2}、I_{c2} 都由 VT2 的发射极流入，也即晶闸管 A 极流入，I_{b2}、I_{c2} 电流在内部流经 VT1、VT2 后从 K 极输出。很大的电流从晶闸管 A 极流入，然后从 K 极流出，相当于晶闸管导通。

晶闸管导通后，若断开开关 S，I_{b2}、I_{c2} 电流继续存在，晶闸管继续导通。这时如果慢慢调低电源 E2 的电压，流入晶闸管 A 极的电流（即 I_2 电流）也慢慢减小，当电源电压调到很低时（接近 0V），流入 A 极的电流接近 0，晶闸管进入截止状态。

综上所述，晶闸管有以下性质。

①无论 A、K 极之间加什么电压，只要 G、K 极之间没有加正向电压，晶闸管就无法导通。

②只有 A、K 极之间加正向电压，并且 G、K 极之间也加一定的正向电压，晶闸管才能导通。

③晶闸管导通后，撤掉 G、K 极之间的正向电压后，晶闸管仍继续导通。要让导通的晶闸管截止，可采用两种方法：一是让流入晶闸管 A 极的电流减小到某一值 I_H（维持电流），晶闸管会截止；二是让 A、K 极之间的正向电压 U_{AK} 减小到 0 或为反向电压，也可以使晶闸管由导通转为截止。

单向晶闸管导通和关断（截止）条件见表 9-1。

表 9-1 单向晶闸管导通和关断条件

状 态	条 件	说 明
从关断到导通	1. 阳极电位高于阴极电位 2. 控制极有足够的正向电压和电流	两者缺一不可
维持导通	1. 阳极电位高于阴极电位 2. 阳极电流大于维持电流	两者缺一不可
从导通到关断	1. 阳极电位低于阴极电位 2. 阳极电流小于维持电流	任意一个条件即可

9.1.3 主要参数

单向晶闸管的主要参数如下。

1. 正向断态重复峰值电压 U_{DRM}

正向断态重复峰值电压是指在 G 极开路和单向晶闸管阻断的条件下，允许重复加到 A、K 极之间的最大正向峰值电压。一般所说电压为多少伏的单向晶闸管指的就是该值。

2. 反向重复峰值电压 U_{RRM}

反向重复峰值电压是指在 G 极开路，允许加到单向晶闸管 A、K 极之间的最大反向峰值电压。一般 U_{RRM} 与 U_{DRM} 接近或相等。

3. 控制极触发电压 U_{GT}

在室温条件下，A、K 极之间加 6V 电压时，使可控硅从截止转为导通所需的最小控制极（G 极）直流电压。

4. 控制极触发电流 I_{GT}

在室温条件下，A、K 极之间加 6V 电压时，使可控硅从截止变为导通所需的控制极最小直流电流。

5. 通态平均电流 I_T

通态平均电流又称额定态平均电流，是指在环境温度不大于 40℃和标准的散热条件下，可以连续通过 50Hz 正弦波电流的平均值。

6. 维持电流 I_H

维持电流是指在 G 极开路时，维持单向晶闸管继续导通的最小正向电流。

9.1.4 用指针万用表检测单向晶闸管

单向晶闸管的检测包括电极检测、好坏检测和触发能力的检测。

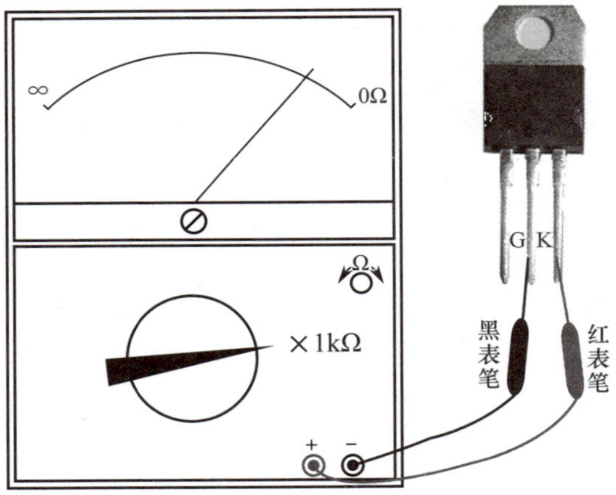

图 9-4　单向晶闸管的电极检测

1. 电极检测

单向晶闸管有 A、G、K 三个电极，三者不能混用，在使用单向晶闸管前要先检测出各个电极。单向晶闸管的 G、K 极之间有一个 PN 结，它具有单向导电性（即正向电阻小、反向电阻大），而 A、K 极与 A、G 极之间的正 / 反向电阻都是很大的。根据这个原则，可采用下面的方法来判别单向晶闸管的电极。

万用表拨至 R×100Ω 或 R×1kΩ 挡，测量任意两个电极之间的阻值，如图 9-4 所示，当测量出现阻值小时，以这次测量为准，黑表笔接的电极为 G 极，红表笔接的电极为 K 极，剩下的一个电极为 A 极。

2. 好坏检测

正常的单向晶闸管除了 G、K 极之间的正向电阻小、反向电阻大外，其他各极之间的正向、反向电阻均接近无穷大。在检测单向晶闸管时，将万用表拨至 R×1kΩ 挡，测量单向晶闸管任意两极之间的正向、反向电阻。

若出现两次或两次以上阻值小，说明单向晶闸管内部有短路现象。

若 G、K 极之间的正向、反向电阻均为无穷大，说明单向晶闸管 G、K 极之间开路。

若测量时只出现一次阻值小，并不能确定单向晶闸管一定正常（如 G、K 极之间正常，A、G 极之间出现开路），在这种情况下，需要进一步测量单向晶闸管的触发能力。

3. 触发能力检测

检测单向晶闸管的触发能力，实际上就是检测 G 极控制 A、K 极之间导通的能力。单向晶闸管触发能力检测过程如图 9-5 所示，测量过程说明如下。

将万用表拨至 R×1Ω 挡，测量单向晶闸管 A、K 极之间的正向电阻（黑表笔接 A 极，红表笔接 K 极），A、K 极之间的阻值正常应接近无穷大，然后用一根导线将 A、G 极短路，为 G 极提供触发电压，如果单向晶闸管良好，A、K 极之间应导通，A、K 极之间的阻值马上变小，再将导线移开，让 G 极失去触发电压，此时单向晶闸管还应处于导通状态，A、K 极之间阻值仍很小。

在上面的检测中，若导线短路 A、G 极前后，A、K 极之间的阻值变化不大，说明 G 极失去触发能力，单向晶闸管损坏；若移开导线后，单向晶闸管 A、K 极之间阻值又变大，则为单向晶闸管开路（即使单向晶闸管正常，如果使用万用表高阻挡测量，由于在高阻档时万用表提供给单向晶闸管的维持电流比较小，有可能不足以维持单向晶闸管继续导通，也会出现移开导线后 A、K 极之间阻值变大，为了避免检测判断失误，应采用 R×1Ω 或 R×10Ω 挡测量）。

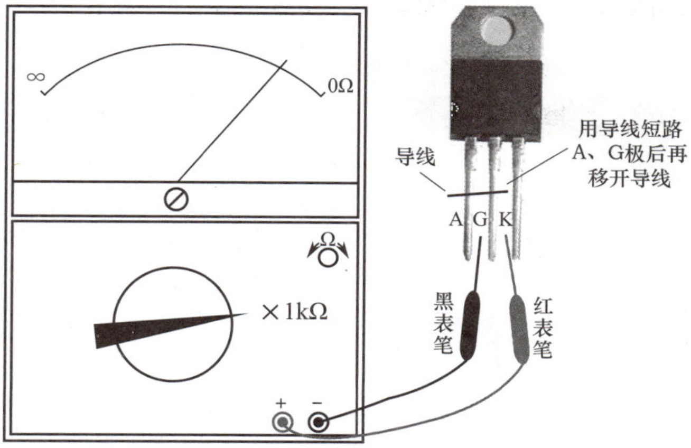

图 9-5　单向晶闸管触发能力的检测

9.1.5　用数字万用表检测单向晶闸管（附视频操作演示）

用数字万用表检测单向晶闸管如图 9-6 所示，详细操作过程请打开本书配套光盘中的“单向晶闸管的检测”视频文件观看。

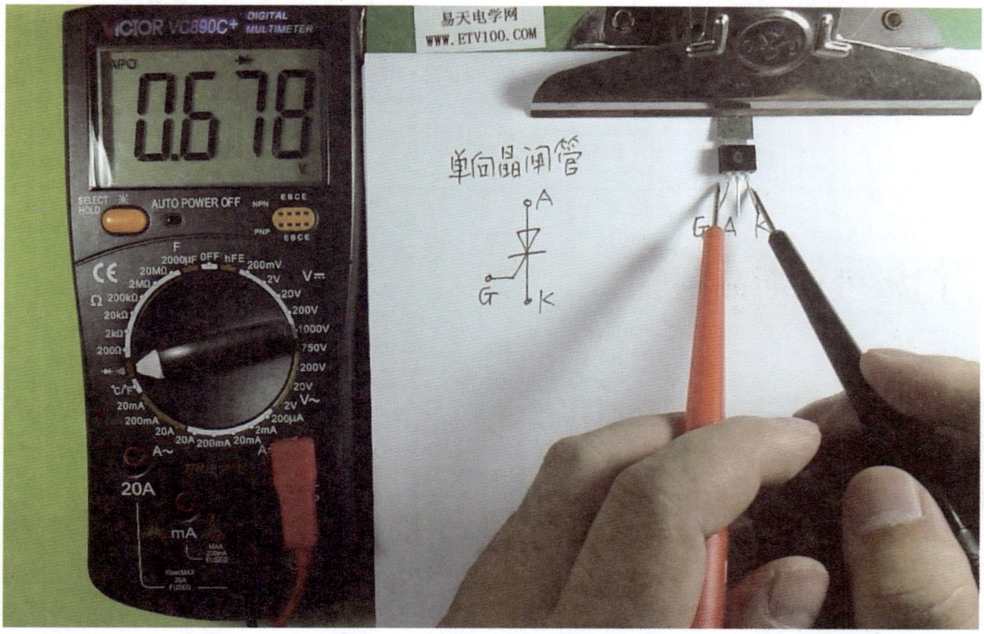

图 9-6　用数字万用表检测单向晶闸管

9.1.6 种类

晶闸管种类很多，前面介绍为单向晶闸管，此外还有双向晶闸管、门极可关断晶闸管、逆导晶闸管和光控晶闸管等。常见的晶闸管的电路符号及特点见表 9-2。

表 9-2 常见晶闸管的电路符号及特点

种　类	电路符号	特　点
双向晶闸管	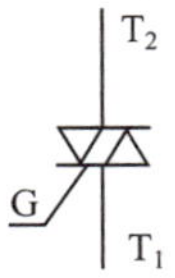	双向晶闸管三个电极分别称为主电极 T1、主电极 T2 和门极 G。 当门极加适当的电压，双向晶闸管可以双向导通，即电流可以由 T2 → T1，也可以 T1 → T2
门极可关断晶闸管	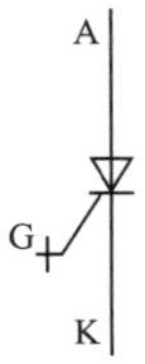	门极可关断晶闸管在导通的情况下，可通过在门极加负电压使 A、K 之间关断
逆导晶闸管	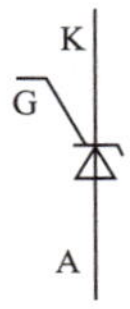 符号 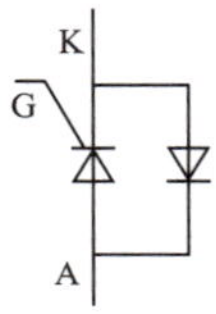 等效图	逆导晶闸管是在单向晶闸管的 A、K 极之间反向并联一只二极管构成的。 在加正向电压时，若门极加适当的电压，A、K 极之间导通，在加反向电压时，A、K 极直接导通
光控晶闸管	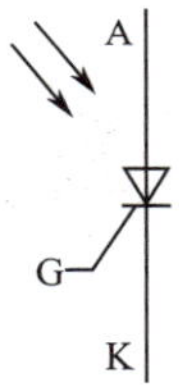	光控晶闸管又称光触发晶闸管，它是利用光线照射来控制通断的。小功率的光控晶闸管只有 A、K 两个电极和一个透明的受光窗口。 在无光线照射透明窗口时，A、K 极之间关断，若用一定的光线照射时，A、K 之间导通

9.2 门极可关断晶闸管

门极可关断晶闸管是晶闸管的一种派生器件，简称 GTO，它除了具有普通晶闸管触发导通功能外，还可以通过在 G、K 极之间加反向电压将晶闸管关断。

9.2.1 外形、结构与电路符号

门极可关断晶闸管（GTO）如图 9-7 所示，从图中可以看出，GTO 与普通的晶闸管（SCR）结构相似，但为了实现关断功能，GTO 的两个等效三极管的放大倍数较 SCR 的小，另外制造工艺上也有所改进。

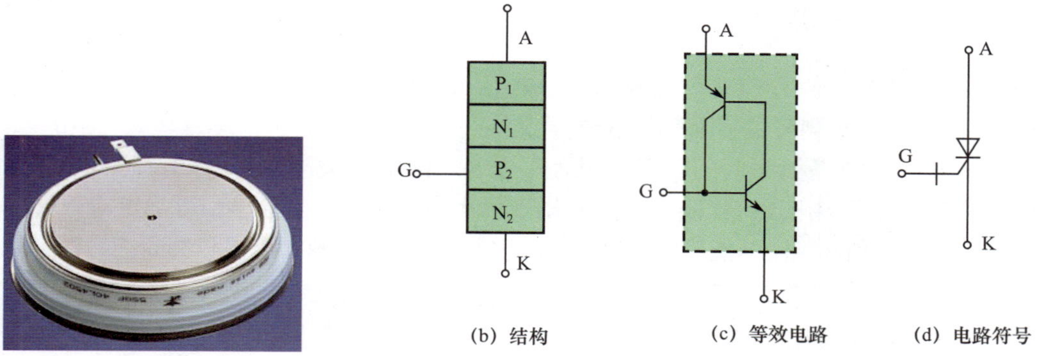

(a) 外形　(b) 结构　(c) 等效电路　(d) 电路符号

图 9-7　门极可关断晶闸管

9.2.2　工作原理

门极可关断晶闸管工作原理说明如图 9-8 所示。

电源 E3 通过 R3 为 GTO 的 A、K 极之间提供正向电压 U_{AK}，电源 E1、E2 通过开关 S 为 GTO 的 G 极提供正压或负压。当开关 S 置于“1”时，电源 E1 为 GTO 的 G 极提供正压（$U_{GK}>0$），GTO 导通，有电流从 A 极流入，从 K 极流出；当开关 S 置于“2”时，电源 E2 为 GTO 的 G 极提供负压 ($U_{GK}<0$)，GTO 马上关断，电流无法从 A 极流入。

普通晶闸管（SCR）和 GTO 的共同点是给 G 极加正压后都会触发导通，撤去 G 极电压会继续处于导通状态；不同点在于 SCR 的 G 极加负压时仍会导通，而 GTO 的 G 极加负压时会关断。

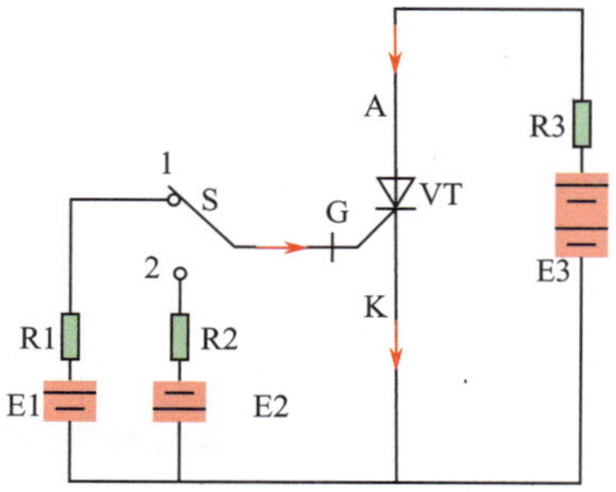

图 9-8　门极可关断晶闸管工作原理说明

9.2.3　检测

1. 极性检测

由于 GTO 的结构与普通晶闸管相似，G、K 极之间都有一个 PN 结，故两者的极性检测与普通晶闸管相同。检测时，万用表选择 R×100Ω 挡，测量 GTO 各引脚之间的正向、反向电阻，当出现一次阻值小时，以这次测量为准，黑表笔接的是门极 G，红表笔接的是阴极 K，剩下的一只引脚为阳极 A。

2. 好坏检测

GTO 的好坏检测可按下面的步骤进行。

第一步：检测各引脚间的阻值。用万用表 R×1kΩ 挡检测 GTO 各引脚的之间的正/反向电阻，正常只会出现一次阻值小。若出现两次或两次以上阻值小，可确定 GTO 损坏；若只出现一次阻值小，还不能确定 GTO 一定正常，需要进行触发能力和关断能力的检测。

第二步：检测触发能力和关断能力。将万用表拨至 R×1Ω 挡，黑表笔接 GTO 的 A 极，红表笔接 K 极，此时表针指示的阻值为无穷大，然后用导线瞬间将 A、G 极短接，让万用表的黑表笔为 G 极提供正向触发电压，如果表针指示的阻值马上由大变小，表明 GTO 被触发导通，GTO 触发能力正常。然后按图 9-9 所示的方法将一节 1.5V 电池与 50Ω 的电阻串联，再反接在 GTO 的 G、K 极之间，给 GTO 的 G 极提供负压，如果表针指示的阻值马上由小变大（无穷大），表明 GTO 被关断，GTO 关断能力正常。

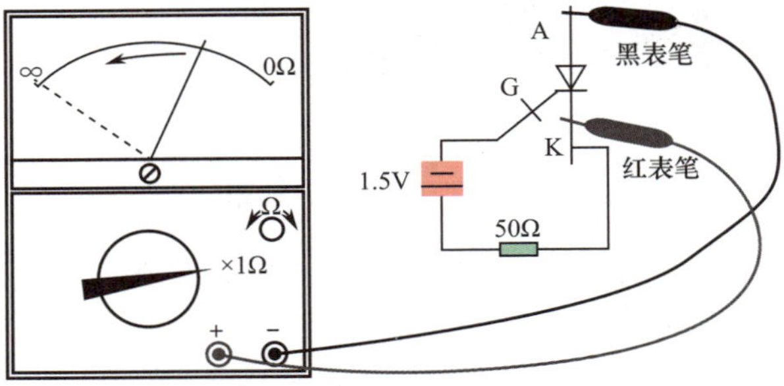

图 9-9　检测 GTO 的关断能力

检测时，如果测量结果与上述不符，则为 GTO 损坏或性能不良。

9.3 双向晶闸管

9.3.1 电路符号与结构

双向晶闸管的电路符号与结构如图 9-10 所示，**双向晶闸管有三个电极：主电极 T1、主电极 T2 和控制极 G。**

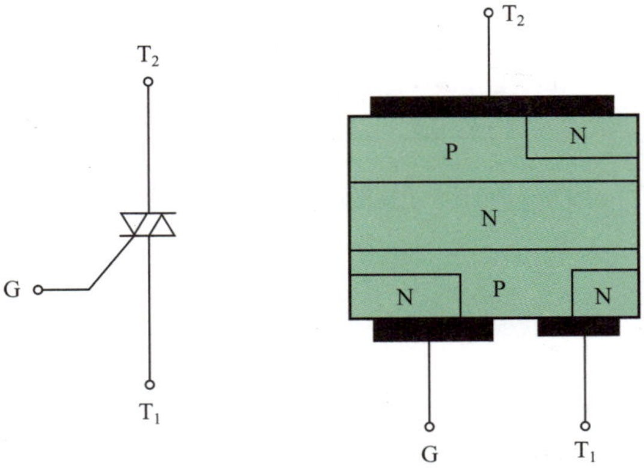

(a) 电路符号　(b) 结构

图 9-10　双向晶闸管

9.3.2 工作原理

单向晶闸管只能单向导通，而双向晶闸管可以双向导通。下面以图 9-11 所示电路来说明说明双向晶闸管的工作原理。

（1）当 T2、T1 极之间加正向电压（即 $U_{T2}>U_{T1}$）时，如图 9-11（a）所示。

在这种情况下，若 G 极无电压，则 T2、T1 极之间不导通；若在 G、T1 极之间加正向电压（即 $U_G>U_{T1}$），T2、T1 极之间马上导通，电流由 T2 极流入，从 T1 极流出，此时撤去 G 极电压，T2、T1 极之间仍处于导通状态。

也就是说，当 $U_{T2}>U_G>U_{T1}$ 时，双向晶闸管导通，电流由 T2 极流向 T1 极，撤去 G 极电压后，晶闸管继续处于导通状态。

（2）T2、T1 极之间加反向电压（即 $U_{T2}<U_{T1}$），如图 9-11（b）所示。

在这种情况下，若 G 极无电压，则 T2、T1 极之间不导通；若在 G、T1 极之间加反向电压（即 $U_G<U_{T1}$），T2、T1 极之间马上导通，电流由 T1 极流入，从 T2 极流出，此时撤去 G 极电压，T2、T1 极之间仍处于导通状态。

也就是说，当 $U_{T1}>U_G>U_{T2}$ 时，双向晶闸管导通，电流由 T1 极流向 T2 极，撤去 G 极电压后，晶闸管继续处于导通状态。

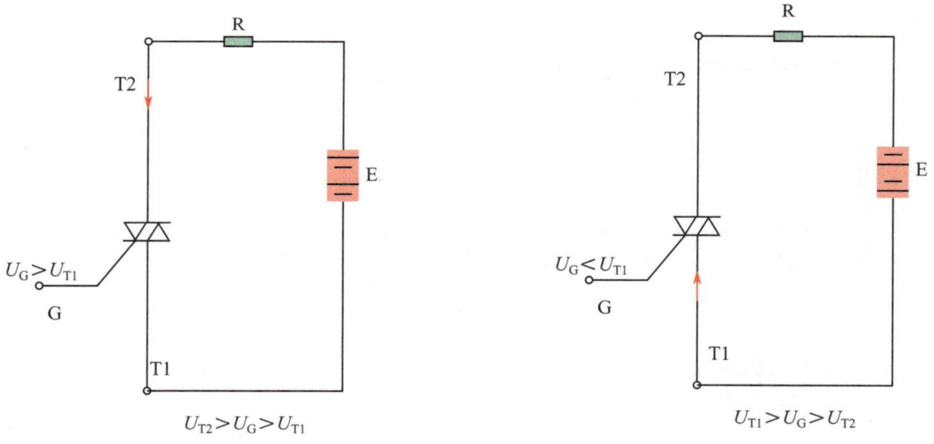

(a) 触发导通方式一　　(b) 触发导通方式二

图 9-11　双向晶闸管的两种触发导通方式

双向晶闸管导通后，撤去 G 极电压，会继续处于导通状态，在这种情况下，要使双向晶闸管由导通状态进入截止状态，可采用以下任意一种方法。

①让流过主电极 T1、T2 的电流减小至维持电流以下。

②让主电极 T1、T2 之间电压为 0 或改变两极间电压的极性。

9.3.3 用指针万用表检测双向晶闸管

双向晶闸管检测包括电极检测、好坏检测和触发能力检测。

1. 电极检测

双向晶闸管电极检测分为如下两步。

第一步：找出 T2 极。从图 9-10 所示的双向晶闸管内部结构可以看出，T1、G 极之间为 P 型半导体，而 P 型半导体的电阻很小，约几十欧姆，而 T2 极距离 G 极和 T1 极都较远，故它们之间的正 / 反向阻值都接近无穷大。在检测时，万用表拨至 R×1Ω 挡，测量任意两个电极之间的正 / 反向电阻，当测得某两个极之间的正 / 反向电阻均很小（约几十欧姆），则这两个极为 T1 和 G 极，另一个电极为 T2 极。

第二步：判断 T1 极和 G 极。找出双向晶闸管的 T2 极后，才能判断 T1 极和 G 极。在测量时，万用表拨至 R×10Ω 挡，先假定一个电极为 T1 极，另一个电极为 G 极，将黑表笔接假定的 T1 极，红表笔接 T2 极，测量的阻值应为无穷大。接着用红表笔尖把 T2 与 G 短路，如图 9-12 所示，给 G 极加上负触发信号，阻值应为几十欧左右，说明管子已经导通，再将红表笔尖与 G 极脱开（但仍接 T2），如果阻值变化不大，仍很小，表明管子在触发之后仍能维持导通状态，先前的假设正确，即黑表笔接的电极为 T1 极，红表笔接的为 T2 极（先前已判明），另一个电极为 G 极。如果红表笔尖与 G 极脱开后，阻值马上由小变为无穷大，则说明先前假设错误，即先前假定的 T1 极实为 G 极，假定的 G 极实为 T1 极。

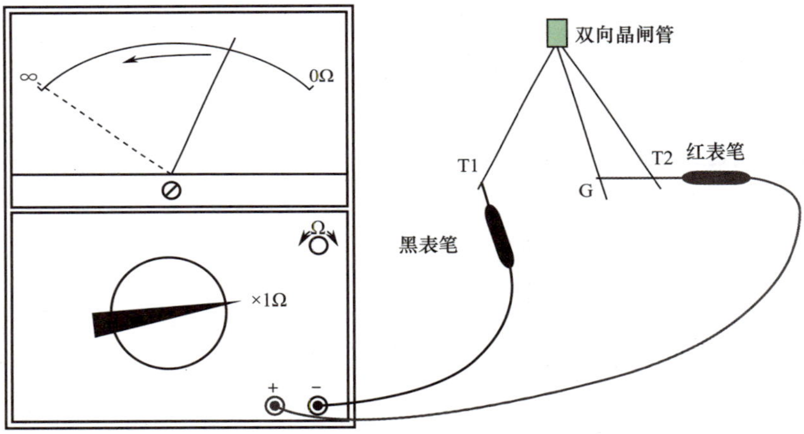

图 9-12　检测双向晶闸管的 T1 极和 G 极

2. 好坏检测

正常的双向晶闸管除了 T1、G 极之间的正 / 反向电阻较小外，T1、T2 极和 T2、G 极之间的正 / 反向电阻均接近无穷大。双向晶闸管好坏检测分两步。

第一步：测量双向晶闸管 T1、G 极之间的电阻。将万用表拨至 R×10Ω 挡，测量晶闸管 T1、G 极之间的正 / 反向电阻，正常时正 / 反向电阻都很小，约几十欧姆；若正 / 反向电阻均为 0，则 T1、G 极之间短路；若正 / 反向电阻均为无穷大，则 T1、G 极之间开路。

第二步：测量 T2、G 极和 T2、T1 极之间的正 / 反向电阻。将万用表拨至 R×1kΩ 挡，测量晶闸管 T2、G 极和 T2、T1 极之间的正 / 反向电阻，正常它们之间的电阻均接近无穷大，若某两极之间出现阻值小，表明它们之间有短路。

如果检测时发现 T1、G 极之间的正 / 反向电阻小，T1、T2 极和 T2、G 极之间的正 / 反向电阻均接近无穷大，不能说明双向晶闸管一定正常，还应检测它的触发能力。

3. 触发能力检测

双向晶闸管触发能力检测分两步。

第一步：万用表拨 R×10Ω 挡，红表笔接 T1 极，黑表笔接 T2 极，测量的阻值应为无穷大，再用导线将 T1 极与 G 极短路，如图 9-13（a）所示，给 G 极加上触发信号，若晶闸管触发能力正常，晶闸管马上导通，T1、T2 极之间的阻值应为几十欧左右，移开导线后，晶闸管仍维持导通状态。

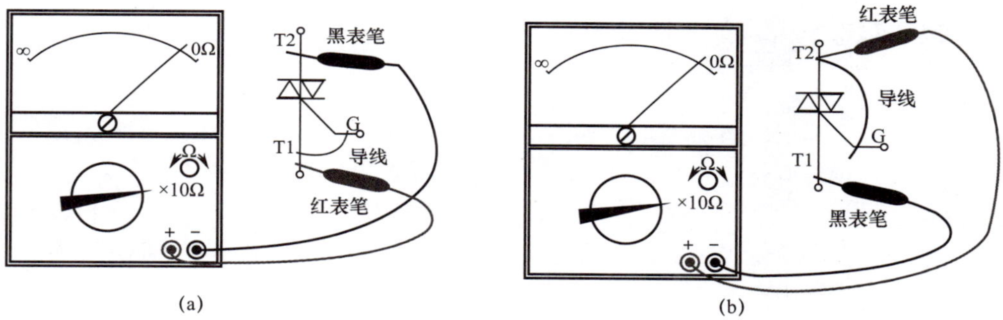

图 9-13　检测双向晶闸管的触发能力

第二步：万用表拨 R×10Ω 挡，黑表笔接 T1 极，红表笔接 T2 极，测量的阻值应为无穷大，再用导线将 T2 极与 G 极短路，如图 9-13（b）所示，给 G 极加上触发信号，若晶闸管触发能力正常，晶闸管马上导通，T1、T2 极之间的阻值应为几十欧左右，移开导线后，晶闸管维持导通状态。

对双向晶闸管进行两步测量后，若测量结果都表现正常，则说明晶闸管触发能力正常，否则晶闸管损坏或性能不良。

9.3.4　用数字万用表检测双向晶闸管（附视频操作演示）

用数字万用表检测双向晶闸管如图 9-14 所示，详细操作过程请打开本书配套光盘中的“双向晶闸管的检测”视频文件观看。

图 9-14　用数字万用表检测双向晶闸管

9.4 结型场效应管（JFET）

场效应管与三极管一样具有放大能力，三极管是电流控制型元器件，而场效应管是电压控制型器件。场效应管主要有结型场效应管和绝缘栅型场应管，它们除了可参与构成放大电路外，还可当作电子开关使用。IGBT 又称绝缘栅型双极型场效应管，它可以看成由三极管与绝缘栅型场应管组合而成，它综合了这两种元器件的优点，广泛应用在各种中小功率的电力电子设备中。

9.4.1 外形与电路符号

结型场效应管外形与电路符号如图 9-15 所示。

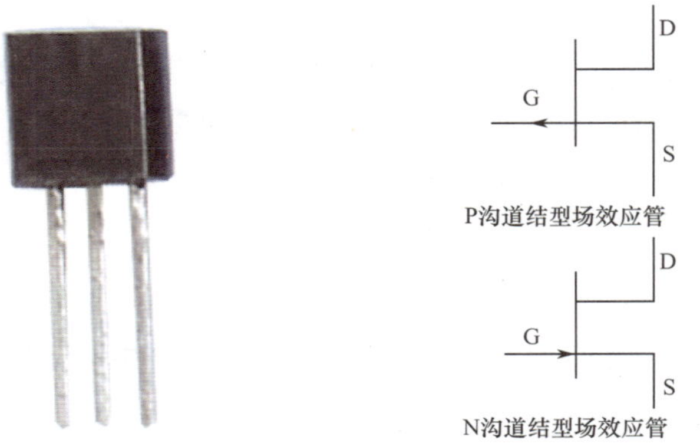

（a）实物外形　　（b）电路符号

图 9-15　结型场效应管

9.4.2　结构工作原理

1. 结构

与三极管一样，结型场效应管也是由 P 型半导体和 N 型半导体组成的，三极管有 PNP 型和 NPN 型两种，场效应管则分 P 沟道和 N 沟道两种。两种沟道的结型场效应管的结构如图 9-16 所示。

图 9-16（a）所示为 N 沟道结型场效应管的结构图，从图中可以看出，场效应管内部有两块 P 型半导体，它们通过导线内部相连，再引出一个电极，该电极称栅极 G，两块 P 型半导体以外的部分均为 N 型半导体，在 P 型半导体与 N 型半导体交界处形成两个耗尽层（即 PN 结），耗尽层中间区域为沟道，由于沟道由 N 型半导体构成，所以称为 N 沟道，漏极 D 与源极 S 分别接在沟道两端。

图 9-16（b）所示为 P 沟道结型场效应管的结构图，P 沟道场效应管内部有两块 N 型半导体，栅极 G 与它们连接，两块 N 型半导体与邻近的 P 型半导体在交界处形成两个耗尽层，耗尽层中间区域为 P 沟道。

如果在 N 沟道场效应管 D、S 极之间加电压，如图 9-15（c）所示，电源正极输出的电流就会由场效应管 D 极流入，在内部通过沟道从 S 极流出，回到电源的负极。场效应管流过电流的大小与沟道的宽窄有关，沟道越宽，能通过的电流越大。

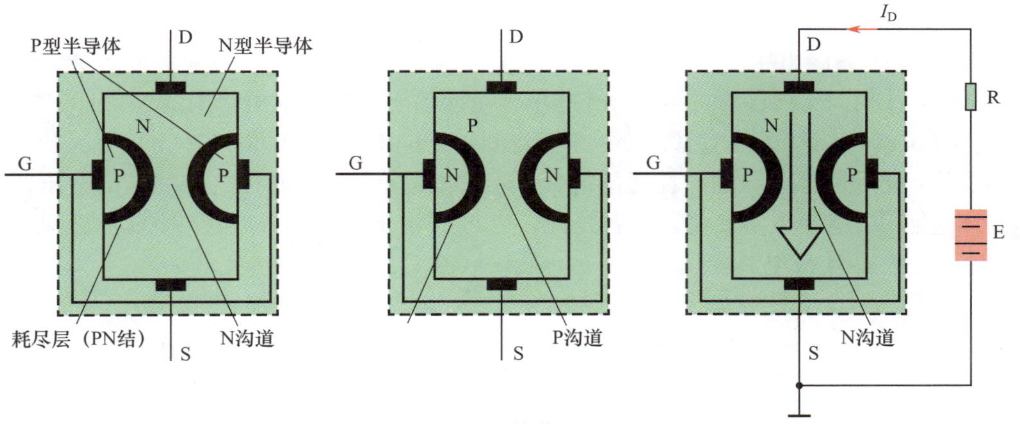

（a）N沟道　（b）P沟道　（c）D、S 极之间加有电压

图 9-16　结型场效应管结构说明图

2. 工作原理

结型场效应管在电路中主要用于放大信号电压。下面通过图 9-17 所示电路来说明结型场效管的工作原理。

在图 9-17 虚线框内为 N 沟道结型场效应管结构图。当在 D、S 极之间加上正向电压 U_{DS}，会有电流从 D 极流向 S 极，若再在 G、S 极之间加上反向电压 U_{GS}（P 型半导体接低电位，N 型半导体接高电位），场效应管内部的两个耗尽层变厚，沟道变窄，由 D 极流向 S 极的电流 I_D 就会变小，反向电压越高，沟道越窄，I_D 电流越小。

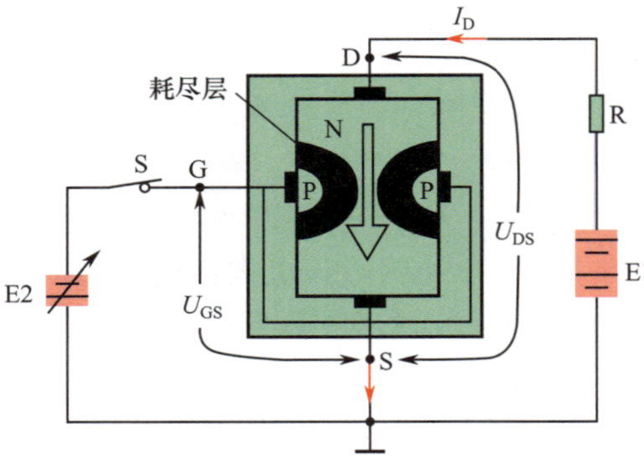

(a) G、S极之间加反向电压

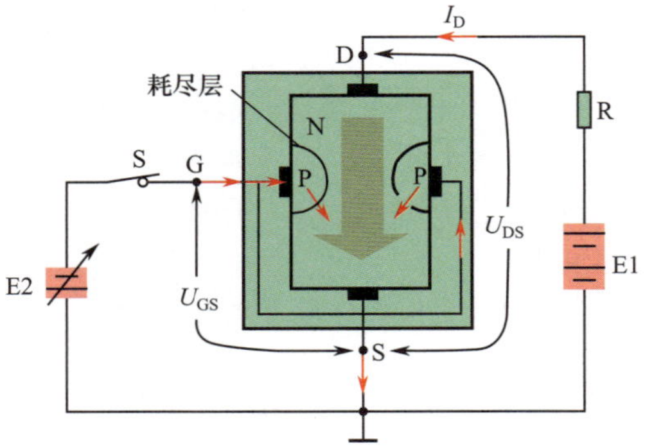

(a) G、S极之间加正向电压

图 9-17　结型场效应管的工作原理

由此可见，改变 G、S 极之间的电压 U_{GS}，就能改变从 D 极流向 S 极的电流 I_D 的大小，并且 I_D 电流变化较 U_{GS} 电压变化大得多，这就是场效应管的放大原理。场效应管的放大能力大小用跨导 gm 表示，即

$$gm=\frac{\Delta I_D}{\Delta U}$$

gm 反映了栅源电压 U_{GS} 对漏极电流 I_D 的控制能力，是表征场效应管放大能力的一个重要的参数（相当于三极管的 β），gm 的单位是西门子（S），也可以用 A/V 表示。

若给 N 沟道结型场效应管的 G、S 极之间加正向电压，如图 9-17（b）所示，场效应管内部两个耗尽层都会导通，耗尽层消失，不管如何增大 G、S 极之间的正向电压，沟道宽度都不变，I_D 电流也不变化。也就是说，当给 N 沟道结型场效应管 G、S 极之间加正向电压时，无法控制 I_D 电流变化。

在正常工作时，N 沟道结型场效应管 G、S 极之间应加反向电压，即 $U_G<U_S$，$U_{GS}=U_G-U_S$ 为负压；P 沟道结型场效应管 G、S 极之间应加正向电压，即 $U_G>U_S$，$U_{GS}=U_G-U_S$ 为正压。

9.4.3　主要参数

场效应管的主要参数如下。

1. 跨导 gm

跨导是指当 U_{DS} 为某一定值时，I_D 电流的变化量与 U_{GS} 电压变化量的比值，即

$$gm=\frac{\Delta I_D}{\Delta U}$$

跨导反映了栅 - 源电压对漏极电流的控制能力。

2. 夹断电压 U_P

夹断电压是指当 U_{DS} 为某一定值，让 I_D 电流减小到近似为 0 时的 U_{GS} 电压值。

3. 饱和漏极电流 I_{DSS}

饱和漏极电流是指当 $U_{GS}=0$ 且 $U_{DS}>U_P$ 时的漏极电流。

4. 最大漏－源电压 U_{DS}

最大漏－源电压是指漏极与源极之间的最大反向击穿电压，即当 I_D 急剧增大时的 U_{DS} 值。

9.4.4 检测

结型场效应管的检测包括类型与电极检测、放大能力检测和好坏检测。

1. 类型与电极检测

结型场效应管的源极和漏极在制造工艺上是对称的，故两极可互换使用，并不影响正常工作，所以一般不判别漏极和源极（漏源之间的正 / 反向电阻相等，均为几十欧姆至几千欧姆），只判断栅极和沟道的类型。

在判断栅极和沟道的类型前，首先要了解几点。

①与 D、S 极连接的半导体类型总是相同的（要么都是 P，或者都是 N），如图 9-16 所示，D、S 极之间的正 / 反向电阻相等并且比较小。

② G 极连接的半导体类型与 D、S 极连接的半导体类型总是不同的，如 G 极连接的为 P 型时，D、S 极连接的肯定是 N 型。

③ G 极与 D、S 极之间有 PN 结，PN 结的正向电阻小、反向电阻大。

结型场效应管栅极与沟道的类型判别方法是：万用表拨至 R×100Ω 挡，测量场效应管任意两极之间的电阻，正、反各测一次，两次测量阻值有以下情况。

若两次测得阻值相同或相近，则这两极是 D、S 极，剩下的为栅极，然后红表笔不动，黑表笔接已判断出的 G 极。如果阻值很大，此测得为 PN 结的反向电阻，黑表笔接的应为 N，红表笔接的为 P，由于前面测量已确定黑表笔接的是 G 极，而现测量又确定 G 极为 N，故沟道应为 P，所以该管子为 P 沟道场效应管；如果测得阻值小，则为 N 沟道场效应管。

若两次阻值一大一小，以阻值小的那次为准，红表笔不动，黑表笔接另一个极，如果阻值小，并且与黑表笔换极前测得的阻值相等或相近，则红表笔接的为栅极，该管子为 P 沟道场效应管；如果测得的阻值与黑表笔换极前测得的阻值有较大差距，则黑表笔换极前接的极为栅极，该管子为 N 沟道场效应管。

2. 放大能力检测

万用表没有专门测量场效应管跨导的挡位，所以无法准确检测场效应管放大能力，但可用万用表大致估计放大能力大小。结型场效应管放大能力估测方法如图 9-18 所示。

万用表拨至 R×100Ω 挡，红表笔接源极 S，黑表笔接漏极 D，由于测量阻值时万用表内接 1.5V 电池，这样相当于给场效应管 D、S 极加上一个正向电压，然后用手接触栅极 G，将人体的感应电压作为输入信号加到栅极上。由于场效应管放大作用，表针会摆动（I_D 电流变化引起），表针摆动幅度越大（不论向左或向右摆动均正常），表明场效应管放大能力越大，若表针不动，说明场效应管已经损坏。

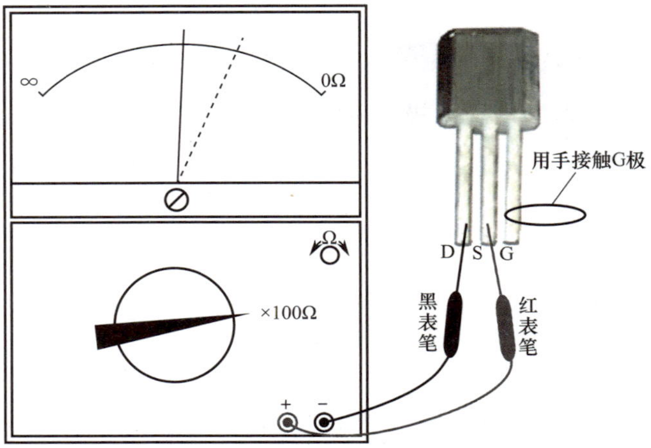

图 9-18　结型场效应管放大能力的估测方法

3. 好坏检测

结型场效应管的好坏检测包括漏、源极之间的正 / 反向电阻，栅、漏极之间的正 / 反电阻，以及栅源之间的正 / 反向电阻。这些检测共有六步，只有每步检测都通过才能确定场效应管是正常的。

在检测漏源之间的正 / 反向电阻时，万用表置于 R×10Ω 或 R×100Ω 挡，测量漏源之间的正 / 反向电阻，正常阻值应在几十欧姆至几千欧姆（不同型号有所不同）。若超出这个阻值范围，则可能是漏源之间短路、开路或性能不良。

在检测栅、漏极或栅、源极之间的正 / 反向电阻时，万用表置于 R×1kΩ 挡，测量栅、漏极或栅、源极之间的正 / 反向电阻，正常时正向电阻小，反向电阻无穷大或接近无穷大。若不符合，则可能是栅、漏极或栅、源之间短路、开路或性能不良。

9.4.5　场效应管型号命名方法

场效应管型号命名目前有两种方法。

第一种方法与三极管相同。第一位“3”表示电极数；第二位字母代表材料，“D”是 P 型硅 N 沟道，“C”是 N 型硅 P 沟道；第三位字母“J”代表结型场效应管，“O”代表绝缘栅场效应管。例如，3DJ6D 是结型 N 沟道场效应三极管，3DO6C 是绝缘栅型 N 沟道场效应三极管。

第二种命名方法是 CS××#，CS 代表场效应管，×× 以数字代表型号的序号，# 用字母代表同一型号中的不同规格，如 CS14A、CS45G 等。

9.5 绝缘栅型场效应管（MOS 管）

绝缘栅型场效应管（MOSFET）简称 MOS 管，绝缘栅型场效应管分为耗尽型和增强型，每种类型又分为 P 沟道和 N 沟道。

9.5.1　增强型 MOS 管

1. 外形与电路符号

增强型 MOS 管分为 N 沟道 MOS 管和 P 沟道 MOS 管，增强型 MOS 管外形与电路符号如图 9-19 所示。

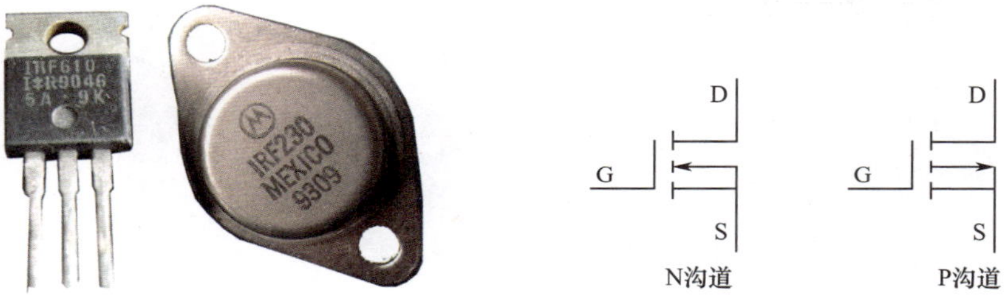

(a)外形　　(b)电路符号

图 9-19　增强型 MOS 管

2. 结构与原理

增强型 MOS 管有 N 沟道和 P 沟道之分，分别称为增强型 NMOS 管和增强型 PMOS 管，其结构和工作原理基本相似，在实际应用中，增强型 NMOS 管更为常用。下面以增强型 NMOS 管为例来说明增强型 MOS 管的结构与工作原理，

1）结构

增强型 NMOS 管的结构与电路符号如图 9-20 所示。

增强型 NMOS 管以 P 型硅片作为基片（又称衬底），在基片上制作两个含很多杂质的 N 型材料，再在上面制作一层很薄的二氧化硅（SiO2）绝缘层，在两个 N 型材料上引出两个铝电极，分别称为漏极（D）和源极（S），在两极中间的二氧化硅绝缘层上制作一层铝制导电层，从该导电层上引出电极称为 G 极。P 型衬底与 D 极连接的 N 型半导体会形成二极管结构（称为寄生二极管），由于 P 型衬底通常与 S 极连接在一起，所以增强型 NMOS 管又可用图 9-20（b）所示的符号表示。

2）工作原理

增强型 NMOS 场效应管需要加合适的电压才能工作。加有电压的增强型 NMOS 场效应管结构图形式和电路图形式如图 9-21 所示。

如图 9-21（a）所示，电源 E1 通过 R1 接场效应管 D、S 极，电源 E2 通过开关 S 接场效应管的 G、S 极。在开关 S 断开时，场效应管的 G 极无电压，D、S 极所接的两个 N 区之间没有导电沟道，所以两个 N 区之间不能导通，I_D 电流为 0；如果将开关 S 闭合，场效应管的 G 极获得正电压，与 G 极连接的铝电极有正电荷，它产生的电场穿过 SiO_2 层，将 P 衬底很多电子吸引靠近 SiO_2 层，从而在两个 N 区之间出现导电沟道，由于此时 D、S 极之间加上正向电压，就有 I_D 电流从 D 极流入，再经导电沟道从 S 极流出。

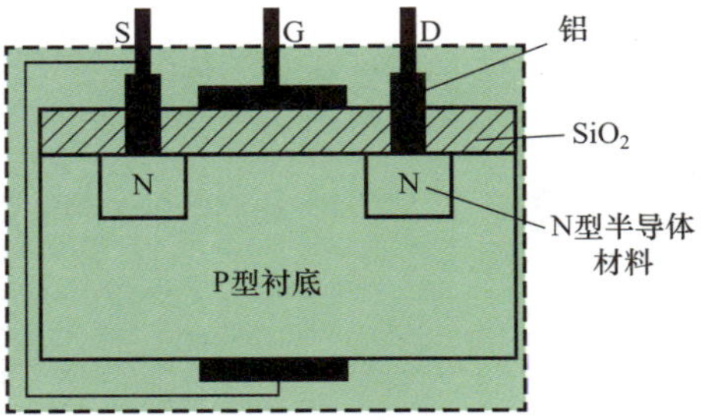

(a) 结构

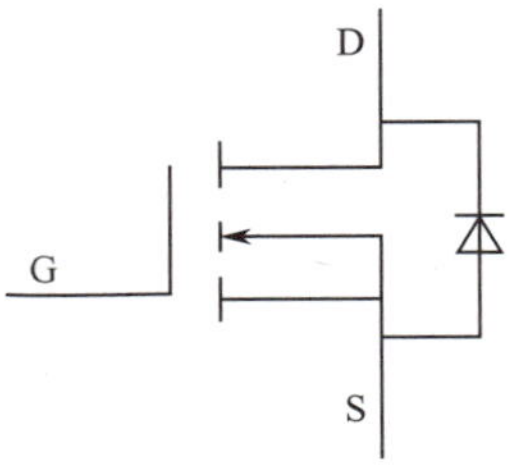

(b) 电路符号

图 9-20　增强型 NMOS 管

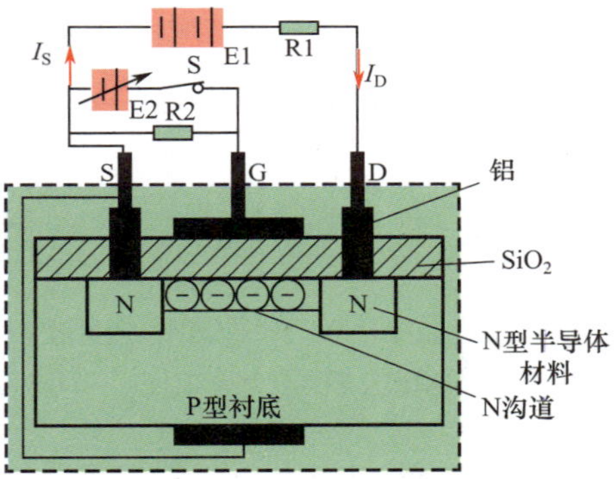

(a) 结构图形式

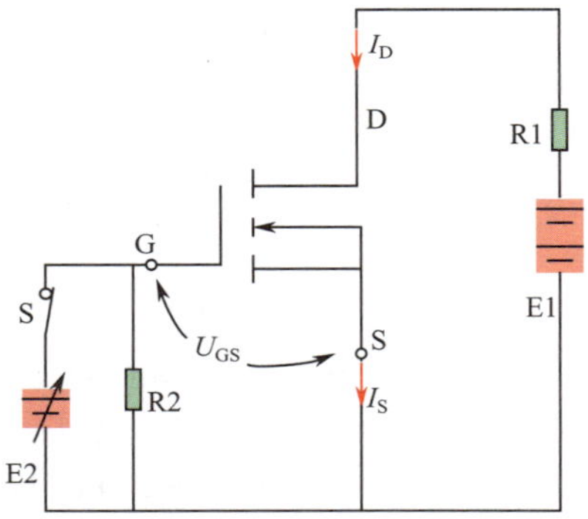

(b) 电路图形式

图 9-21　加有电压的增强型 NMOS 场效应管

如果改变 E2 电压的大小，也即是改变 G、S 极之间的电压 U_{GS}，与 G 极相通的铝层产生的电场大小就会变化，SiO_2 下面的电子数量就会变化，两个 N 区之间沟道宽度就会变化，流过的 I_D 电流大小就会变化。U_{GS} 电压越高，沟道就会越宽，I_D 电流就会越大。

由此可见，改变 G、S 极之间的电压 U_{GS}，D、S 极之间的内部沟道宽窄就会发生变化，从 D 极流向 S 极的 I_D 电流大小也就发生变化，并且 I_D 电流变化较 U_{GS} 电压变化大得多，这就是场效应管的放大原理（即电压控制电流变化原理）。为了表示场效应管的放大能力，引入一个参数，即跨导 gm，gm 用下面公式计算。

$$gm=\frac{\Delta I_D}{\Delta U_{GS}}$$

gm 反映了栅源电压 U_{GS} 对漏极电流 I_D 的控制能力，是表述场效应管放大能力的一个重要的参数（相当于三极管的 β），gm 的单位是西门子（S），也可以用 A/V 表示。

增强型绝缘栅场效应管的特点：在 G、S 极之间未加电压（即 U_{GS}=0）时，D、S 极之间没有沟道，I_D=0；当 G、S 极之间加上合适的电压（大于开启电压 U_T）时，D、S 极之间有沟道形成，U_{GS} 电压变化时，沟道宽窄会发生变化，I_D 电流也会变化。

对于 N 沟道增强型绝缘栅场效应管，G、S 极之间应加正电压（即 $U_G>U_S$，$U_{GS}=U_G-U_S$ 为正压），D、S 极之间才会形成沟道；对于 P 沟道增强型绝缘栅场效应管，G、S 极之间必须加负电压（即 $U_G<U_S$，$U_{GS}=U_G-U_S$ 为负压），D、S 极之间才有沟道形成。

3. 用指针万用表检测增强型 NMOS 管

1）电极检测

正常的增强型 NMOS 管的 G 极与 D、S 极之间均无法导通，它们之间的正 / 反向电阻均为无穷大。在 G 极无电压时，增强型 NMOS 管 D、S 极之间无沟道形成，故 D、S 极之间也无法导通，但由于 D、S 极之间存在一个反向寄生二极管，如图 9-20 所示，所以 D、S 极反向电阻较小。

在检测增强型 NMOS 管的电极时，万用表选择 R×1kΩ 挡，测量 MOS 管各引脚之间的正 / 反向电阻，当出现一次阻值小时（测得为寄生二极管正向电阻），红表笔接的引脚为 D 极，黑表笔接的引脚为 S 极，余下的引脚为 G 极，如图 9-22 所示。

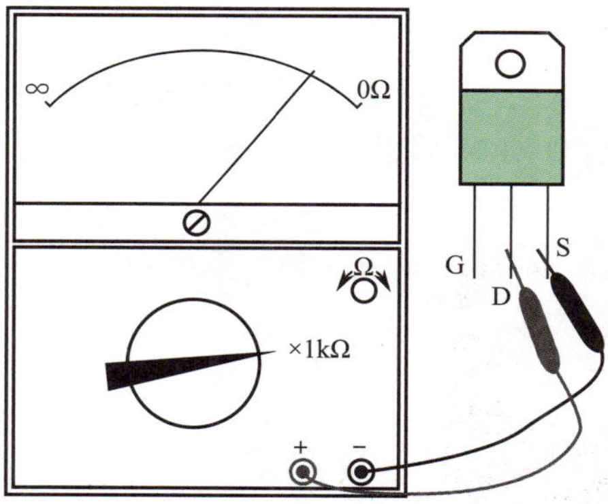

图 9-22　检测增强型 NMOS 管的电极

2）好坏检测

增强型 NMOS 管的好坏检测可按下面的步骤进行。

第一步：用万用表 R×1kΩ 挡检测 NMOS 管各引脚之间的正 / 反向电阻，正常只会出现一次阻值小。若出现两次或两次以上阻值小，可确定 NMOS 管损坏；若只出现一次阻值小，还不能确定 NMOS 管一定正常，需要进行第二步测量。

第二步：先用导线将 NMOS 管的 G、S 极短接，释放 G 极上的电荷（G 极与其他两极间的绝缘电阻很大，感应或测量充得的电荷很难释放，故 G 极易积累较多的电荷而带有很高的电压），再将万用表拨至 R×10kΩ 挡（该挡内接 9V 电源），红表笔接 NMOS 管的 S 极，黑表笔接 D 极，此时表针指示的阻值为无穷大或接近无穷大，然后用导线瞬间将 D、G 极短接，这样万用表内电池的正电压经黑表笔和导线加给 G 极，如果 NMOS 管正常，在 G 极有正电压时会形成沟道，表针指示的阻值马上由大变小，如图 9-23（a）所示，再用导线将 G、S 极短路，释放 G 极上的电荷来消除 G 极电压，如果 NMOS 管正常，内部沟道会消失，表针指示的阻值马上由小变为无穷大，如图 9-23（b）所示。

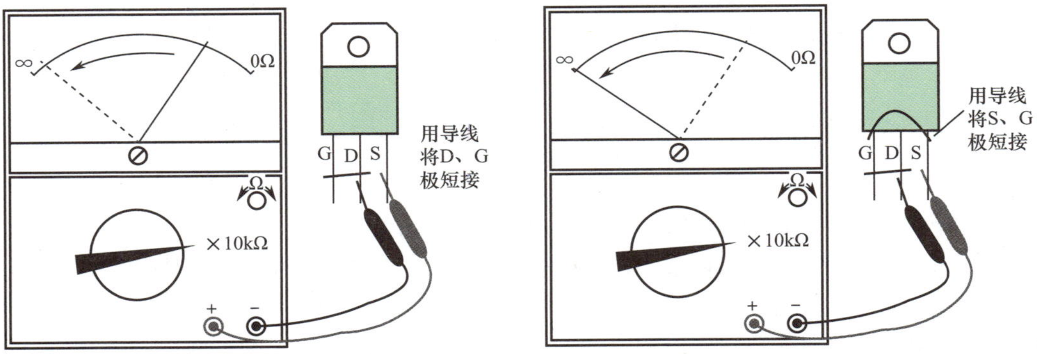

图 9-23　检测增强型 NMOS 管的好坏

以上两步检测时，如果有一次测量不正常，则 NMOS 管损坏或性能不良。

4. 用数字万用表检测增强型 N 沟道增强型 MOS 管（附视频操作演示）

用数字万用表检测 N 沟道增强型 MOS 管如图 9-24 所示，详细操作过程请打开本书配套光盘中的“N 沟道增强型 MOS 管的检测”视频文件观看。

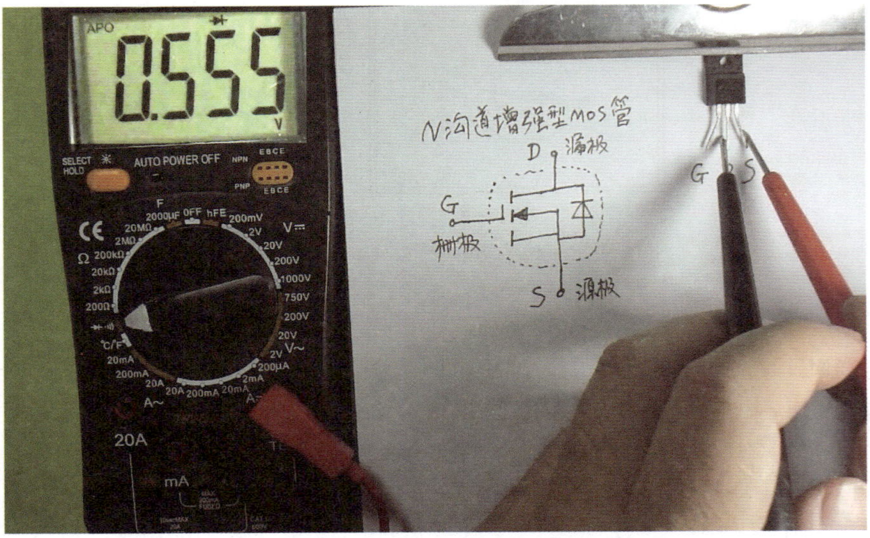

图 9-24　用数字万用表检测 N 沟道增强型 MOS 管

9.5.2　耗尽型 MOS 管

1. 外形与电路符号

耗尽型 MOS 管也有 N 沟道和 P 沟道之分。耗尽型 MOS 管的外形与电路符号如图 9-25 所示。

(a) 外形

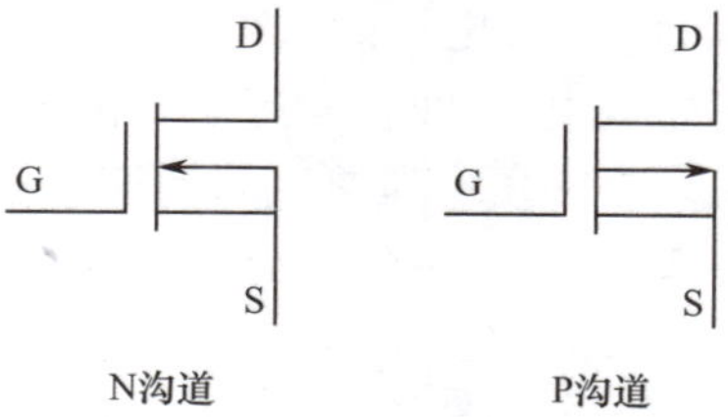

(b) 电路符号

图 9-25　耗尽型 MOS 管

2. 结构与原理

P 沟道和 N 沟道的耗尽型场效应管工作原理基本相同，下面以 N 沟道耗尽型 MOS 管（简称耗尽型 NMOS 管）为例来说明耗尽型 NMOS 管的结构与原理。耗尽型 NMOS 管的结构与电路符号如图 9-26 所示。

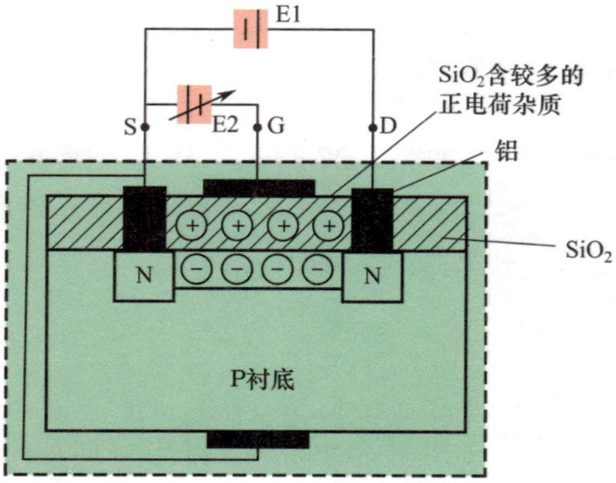

(a) 结构

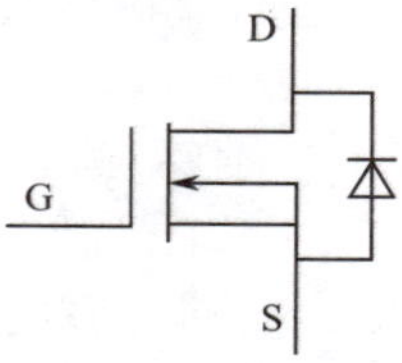

(b) 电路符号

图 9-26　N 沟道耗尽型绝缘栅场效应管

N 沟道耗尽型绝缘栅场效应管是以 P 型硅片作为基片（又称衬底）的，在基片上制作两个含很多杂质的 N 型材料，再在上面制作一层很薄的二氧化硅（SiO_2）绝缘层，在两个 N 型材料上引出两个铝电极，分别称为漏极（D）和源极（S），在两极中间的二氧化硅绝缘层上制作一层铝制导电层，从该导电层上引出的电极称为 G 极。

与增强型绝缘栅场效应管不同的是，在耗尽型绝缘栅场效应管内的二氧化硅中掺入大量的杂质，其中含有大量的正电荷，它将衬底中大量的电子吸引靠近 SiO_2 层，从而在两个 N 区之间出现导电沟道。

当场效应管 D、S 极之间加上电源 E1 时，由于 D、S 极所接的两个 N 区之间有导电沟道存在，所以有 I_D 电流流过沟道；如果再在 G、S 极之间加上电源 E2，E2 的正极除了接 S 极外，还与下面的 P 衬底相连，E2 的负极则与 G 极的铝层相通，铝层负电荷电场穿过 SiO_2 层，排斥 SiO_2 层下方的电子，从而使导电沟道变窄，流过导电沟道的 I_D 电流减小。

如果改变 E2 电压的大小，与 G 极相通的铝层产生的电场大小就会变化，SiO_2 下面的电子数量会变化，两个 N 区之间沟道宽度会变化，流过的 I_D 电流大小会变化。例如，E2 电压增大，G 极负电压更低，沟道就会变窄，I_D 电流就会减小。

耗尽型绝缘栅场效应管的特点：在 G、S 极之间未加电压（即 $U_{GS}=0$）时，D、S 极之间就有沟道存在，I_D 不为 0；当 G、S 极之间加上负电压 U_{GS} 时，如果 U_{GS} 电压变化，沟道宽窄会发生变化，I_D 电流就会变化。

在工作时，N 沟道耗尽型绝缘栅场效应管 G、S 极之间应加负电压，即 $U_G<U_S$，$U_{GS}=U_G-U_S$ 为负压；P 沟道耗尽型绝缘栅场效应管 G、S 极之间应加正电压，即 $U_G>U_S$，$U_{GS}=U_G-U_S$ 为正压。

9.6 绝缘栅双极型晶体管（IGBT）

绝缘栅双极型晶体管是一种由场效应管和三极管组合成的复合元件，简称 IGBT 或 IGT，它综合了三极管和 MOS 管的优点，故有很好的特性，因此广泛应用在各种中小功率的电力、电子设备中。

9.6.1 外形、结构、等效图与电路符号

IGBT 的外形、结构、等效图与电路符号如图 9-27 所示，从等效图可以看出，IGBT 相当于一个 PNP 型三极管和增强型 NMOS 管以图 9-27（c）所示的方式组合而成。IGBT 有三个极：C 极（集电极）、G 极（栅极）和 E 极（发射极）。

9.6.2 工作原理

图 9-27 所示的 IGBT 是由 PNP 型三极管和 N 沟道 MOS 管组合而成的，这种 IGBT 称 N-IGBT，用图 9-27（d）符号表示，相应的还有 P 沟道 IGBT，称 P-IGBT，将图 9-27（d）符号中的箭头改为由 E 极指向 G 极即为 P-IGBT 的电路符号。

由于电力、电子设备中主要采用 N-IGBT，下面以图 9-28 所示电路来说明 N-IGBT 的工作原理。

电源 E2 通过开关 S 为 IGBT 提供 U_{GE} 电压，电源 E1 经 R1 为 IGBT 提供 U_{CE} 电压。当开关 S 闭合时，IGBT 的 G、E 极之间获得电压 U_{GE}，只要 U_{GE} 电压大于开启电压（2 ～ 6V），IGBT 内部的 NMOS 管就有导电沟道形成，NMOS 管 D、S 极之间导通，为三极管 I_b 电流

提供通路，三极管导通，有电流 I_C 从 IGBT 的 C 极流入，经三极管发射极后分成 I_1 和 I_2 两路电流，I_1 电流流经 NMOS 管的 D、S 极，I_2 电流从三极管的集电极流出，I_1、I_2 电流汇合成 I_E 电流从 IGBT 的 E 极流出，即 IGBT 处于导通状态。当开关 S 断开后，U_{GE} 电压为 0，NMOS 管导电沟道夹断（消失），I_1、I_2 都为 0，I_C、I_E 电流也为 0，即 IGBT 处于截止状态。

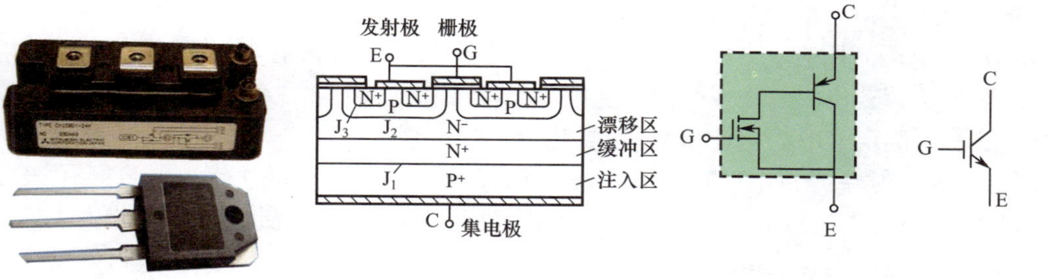

(a) 外形　(b) 结构　(c) 等效图　(d) 电路符号

图 9-27　绝缘栅双极型晶体管 IGBT

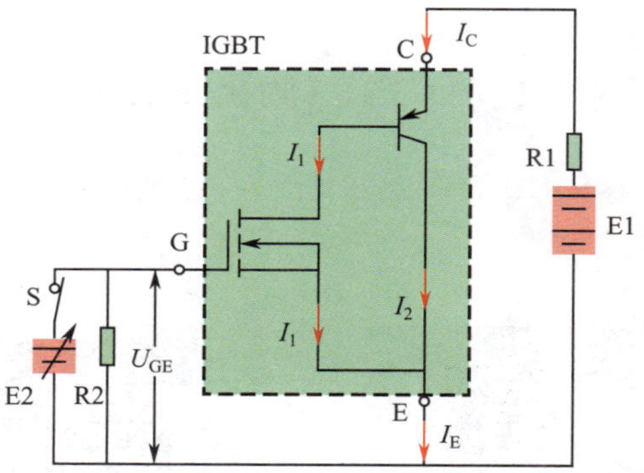

图 9-28　N-IGBT 工作原理说明

调节电源 E2 可以改变 U_{GE} 电压的大小，IGBT 内部的 NMOS 管的导电沟道宽度会随之变化，I_1 电流大小会发生变化，由于 I_1 电流实际上是三极管的 I_b 电流，I_1 细小的变化会引起 I_2 电流（I_2 为三极管的 I_c 电流）的急剧变化。例如，当 U_{GE} 增大时，NMOS 管的导通沟道变宽，I_1 电流增大，I_2 电流也增大，即 IGBT 的 C 极流入、E 极流出的电流增大。

9.6.3　用指针万用表检测 IGBT

IGBT 检测包括极性检测和好坏检测，检测方法与增强型 NMOS 管相似。

1. 极性检测

正常的 IGBT 的 G 极与 C、E 极之间不能导通，正 / 反向电阻均为无穷大。在 G 极无电压时，IGBT 的 C、E 极之间不能正向导通，但由于 C、E 极之间存在一个反向寄生二极管，所以 C、E 极正向电阻无穷大，反向电阻较小。

在检测 IGBT 时，万用表选择 R×1kΩ 挡，测量 IGBT 各引脚之间的正 / 反向电阻，当出现一次阻值小时，红表笔接的引脚为C极，黑表笔接的引脚为E极，余下的引脚为G极。

2. 好坏检测

IGBT 的好坏检测可按下面的步骤进行。

第一步：用万用表 R×1kΩ 挡检测 IGBT 各引脚的之间的正 / 反向电阻，正常只会出现一次阻值小。若出现两次或两次以上阻值小，可确定 IGBT 一定损坏；若只出现一次阻值小，还不能确定 IGBT 一定正常，需要进行第二步测量。

第二步：用导线将 IGBT 的 G、S 极短接，释放 G 极上的电荷，再将万用表拨至 R×10kΩ 挡，红表笔接 IGBT 的 E 极，黑表笔接 C 极，此时表针指示的阻值为无穷大或接近无穷大，然后用导线瞬间将 C、G 极短接，让万用表内部电池经黑表笔和导线给 G 极充电，让 G 极获得电压，如果 IGBT 正常，内部会形成沟道，表针指示的阻值马上由大变小，再用导线将 G、E 极短路，释放 G 极上的电荷来消除 G 极电压，如果 IGBT 正常，内部沟道会消失，表针指示的阻值马上由小变为无穷大。

以上两步检测时，如果有一次测量不正常，则 IGBT 损坏或性能不良。

9.6.4 用数字万用表检测 IGBT（附视频操作演示）

用数字万用表检测 IGBT 如图 9-29 所示，详细操作过程请打开本书配套光盘中的“IGBT 的检测”视频文件观看。

图 9-29　用数字万用表检测 IGBT

第10章 继电器与干簧管

继电器可分为电磁继电器和固态继电器，电磁继电器是一种利用线圈通电产生磁场来吸合衔铁而带动触点开关通、断的器件。固态继电器简称 SSR，它由半导体晶体管为主要器件的电子电路组成，通过给控制端施加电压来控制内部电子开关通断，从而接通或关断输出端的外接电路。

干簧管是一种利用磁场直接磁化触点而让触点开关产生接通或断开动作的器件。干簧继电器由干簧管和线圈组成，当线圈通电时会产生磁场来磁化触点开关，使之接通或断开。

10.1 电磁继电器

电磁继电器是一种利用线圈通电产生磁场来吸合衔铁而驱动带动触点开关通、断的元器件。

10.1.1 外形与电路符号

电磁继电器实物外形和电路符号如图 10-1 所示。

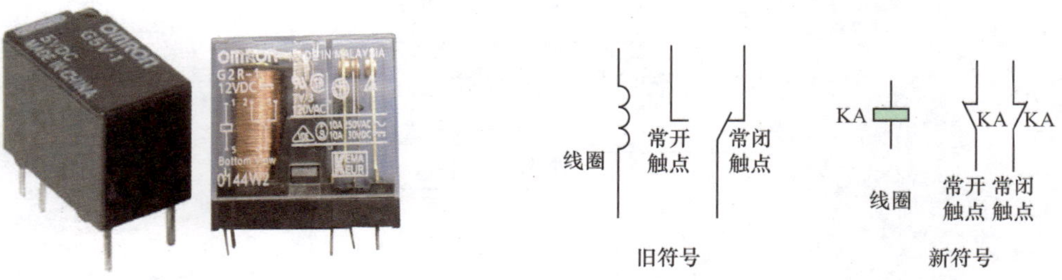

(a) 外形　　(b) 电路符号

图 10-1　电磁继电器

10.1.2 结构与应用

1. 结构

电磁继电器是利用线圈通过电流产生磁场，来吸合衔铁而使触点断开或接通的。电磁继电器内部结构如图 10-2 所示。从图中可以看出，电磁继电器主要由线圈、铁芯、衔铁、弹簧、动触点、常闭触点（动断触点）、常开触点（动合触点）和一些接线端等组成。

当线圈接线端 1、2 脚未通电时，依靠弹簧的拉力将动触点与常闭触点接触，4、5 脚接通。当线圈接线端 1、2 脚通电时，有电流流过线圈，线圈产生磁场吸合衔铁，衔铁移动，将动触点与常开触点接触，3、4 脚接通。

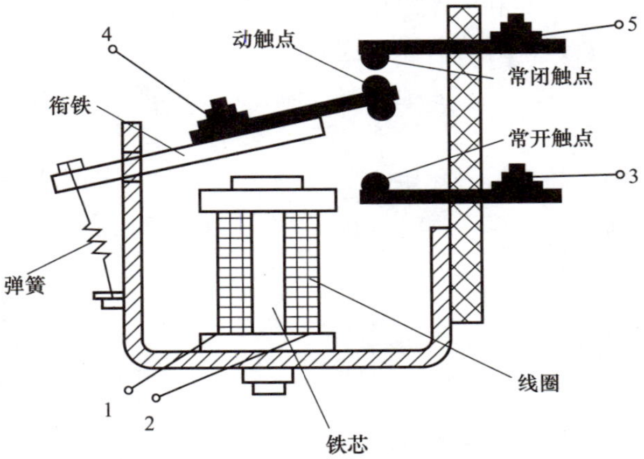

图 10-2 继电器的内部结构

2. 应用

电磁继电器典型应用电路如图 10-3 所示。

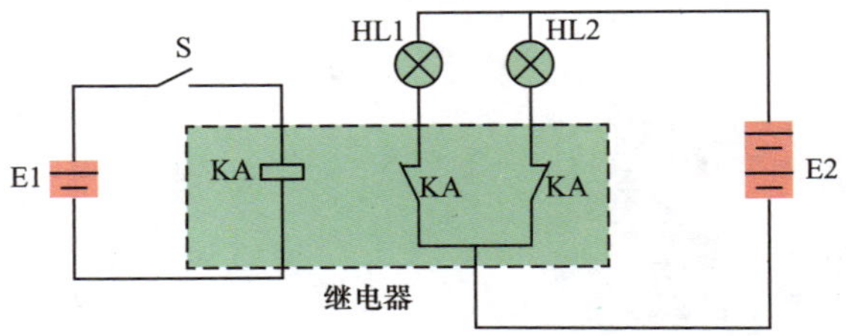

图 10-3 电磁继电器典型应用电路

当开关 S 断开时，继电器线圈无电流流过，线圈没有磁场产生，继电器的常开触点断开，常闭触点闭合，灯泡 HL1 不亮，灯泡 HL2 亮。

当开关 S 闭合时，继电器的线圈有电流流过，线圈产生磁场吸合内部衔铁，使常开触点闭合、常闭触点断开，结果灯泡 HL1 亮，灯泡 HL2 熄灭。

10.1.3 主要参数

电磁继电器的主要参数有以下几个。

1. 额定工作电压

额定工作电压是指继电器正常工作时线圈所需要的电压。根据继电器的型号不同，可以是交流电压，也可以是直流电压。继电器线圈所加的工作电压，一般不要超过额定工作电压的 1.5 倍。

2. 吸合电流

吸合电流是指继电器能够产生吸合动作的最小电流。在正常使用时，通过线圈的电流必须略大于吸合电流，这样继电器才能稳定地工作。

3. 直流电阻

直流电阻是指继电器中线圈的直流电阻。直流电阻的大小可以用万用表来测量。

4. 释放电流

释放电流是指继电器产生释放动作的最大电流。当继电器线圈的电流减小到释放电流值时，继电器就会恢复到释放状态。释放电流远小于吸合电流。

5. 触点电压和电流

触点电压和电流又称触点负荷，是指继电器触点允许承受的电压和电流。在使用时，不能超过此值，否则继电器的触点容易损坏。

10.1.4 用指针万用表检测电磁继电器

电磁继电器的检测包括触点、线圈检测和吸合能力检测。

1. 触点、线圈检测

电磁继电器内部主要有触点和线圈，在判断电磁继电器好坏时需要检测这两部分。

在检测电磁继电器的触点时，万用表选择 R×1Ω 挡，测量常闭触点的电阻，正常应为 0Ω，如图 10-4（a）所示；若常闭触点阻值大于 0Ω 或为∞，则说明常闭触点已氧化或开路。再测量常开触点间的电阻，正常应为∞，如图 10-4（b）所示；若常开触点阻值为 0Ω，则说明常开触点短路。

在检测电磁继电器的线圈时，万用表选择 R×10Ω 或 R×100Ω 挡，测量线圈两引脚之间的电阻，正常阻值应为 25Ω ～ 2kΩ，如图 10-4（c）所示。一般电磁继电器线圈额定电压越高，线圈电阻越大。若线圈电阻为∞，则线圈开路；若线圈电阻小于正常值或为 0Ω，则线圈存在短路故障。

2. 吸合能力检测

在检测电磁继电器时，如果测量触点和线圈的电阻基本正常，还不能完全确定电磁继电器就能正常工作，还需要通电检测线圈控制触点的吸合能力。

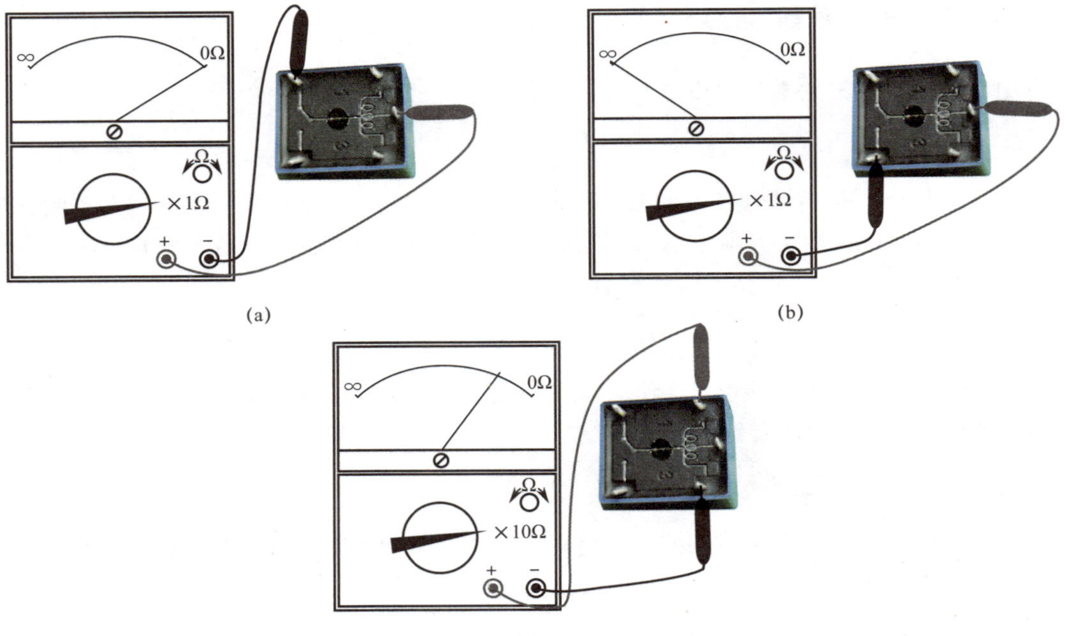

图 10-4　触点、线圈检测

在检测电磁继电器吸合能力时，给电磁继电器线圈端加额定工作电压，如图 10-5 所示，将万用表置于 R×1 Ω 挡，测量常闭触点的阻值，正常应为∞（线圈通电后常闭触点应断开），再测量常开触点的阻值，正常应为 0 Ω（线圈通电后常开触点应闭合）。

若测得常闭触点阻值为 0 Ω，常开触点阻值为∞，则可能是线圈因局部短路而导致产生的吸合力不够，或者电磁继电器内部触点切换部件损坏。

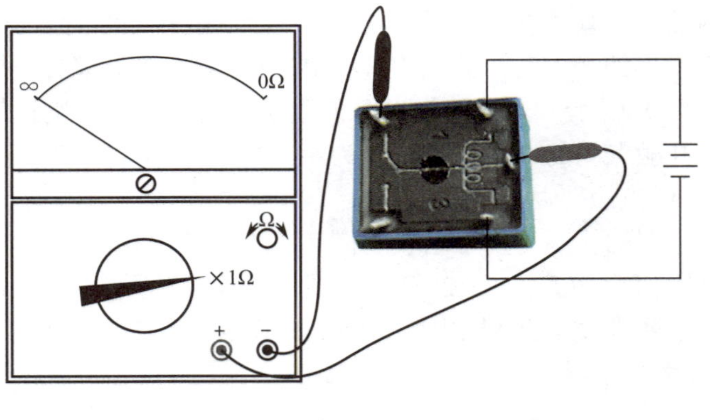

图 10-5　电磁继电器吸合能力检测

10.1.5　用数字万用表检测电磁继电器（附视频操作演示）

用数字万用表检测电磁继电器如图 10-6 所示，详细操作过程请打开本书配套光盘中的“电磁继电器的检测”视频文件观看。

图 10-6　用数字万用表检测电磁继电器

10.2　固态继电器

10.2.1　特点

固态继电器简称 SSR，它由半导体晶体管为主要器件的电子电路组成。固态继电器与一般的电磁继电器相比，主要有以下特点。

（1）寿命长。电磁继电器的触点存在机械磨损，它的寿命一般为 105 ～ 106 次，而固态继电器的寿命可高达 108 ～ 1012 次。

（2）工作频率高。电磁继电器开合频率很低，一般不超过 20 次 / 秒，而固态继电器不用机械触点，故可达很高的开合频率。

（3）可靠性高。电磁继电器的触点由于受火花和表面氧化膜层的影响，容易出现接触不良，固态继电器没有机械触点，不易出现接触不良。

（4）使用安全。电磁继电器在工作时会产生火花，如果应用在一些特殊的环境下（如矿山、化工行业），可能会点燃一些易燃气体而导致事故的发生，固态继电器由于没有触点，不会产生火花，使用比较安全。

由于固态继电器有很多优点，所以在国外已经得到广泛应用，我国也逐渐开始应用。固态继电器种类很多，一般可分为直流固态继电器和交流继电器。

10.2.2 直流固态继电器

1. 外形与电路符号

直流固态继电器（DC-SSR）的输入端 INPUT（相当于线圈端）接直流控制电压，输出端 OUTPUT 或 LOAD（相当于触点开关端）接直流负载。直流固态继电器外形与电路符号如图 10-7 所示。

(a) 外形　　(b) 电路符号

图 10-7　直流固态继电器

2. 结构与工作原理

图 10-8 所示是一种典型的五引脚直流固态继电器的内部电路结构及等效图。

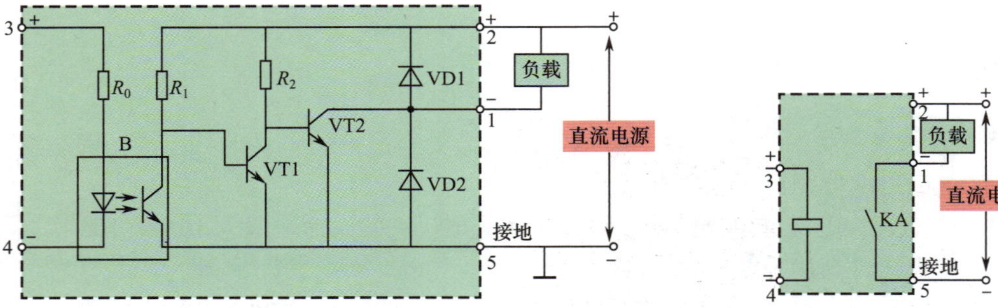

(a) 电路结构　　(b) 等效图

图 10-8　典型的五引脚直流固态继电器的电路结构及等效图

如图 10-8（a）所示，当 3、4 端未加控制电压时，光电耦合器中的光敏管截止，VT1 基极电压很高而饱和导通，VT1 集电极电压被旁路，VT2 因基极电压低而截止，1、5 端处于开路状态，相当于触点开关断开。当 3、4 端加控制电压时，光电耦合器中的光敏管导通，VT1 基极电压被旁路而截止，VT1 集电极电压很高，该电压加到 VT2 基极，使 VT2 饱和导通，1、5 端处于短路状态，相当于触点开关闭合。

VD1、VD2 为保护二极管，若负载是感性负载，在 VT2 由导通转为截止时，负载会产生很高的反峰电压，该电压极性是下正上负，VD1 导通，迅速降低负载上的反峰电压，防止其击穿 VT2，如果 VD1 出现开路损坏，不能降低反峰电压，该电压会先击穿 VD2（VD2 耐压较 VT2 低），也可避免 VT2 被击穿。

图 10-9 所示是一种典型的四引脚直流固态继电器的内部电路结构及等效图。

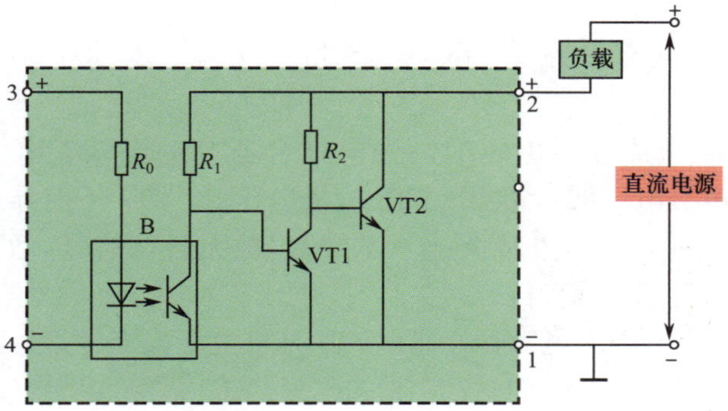

(a) 电路结构

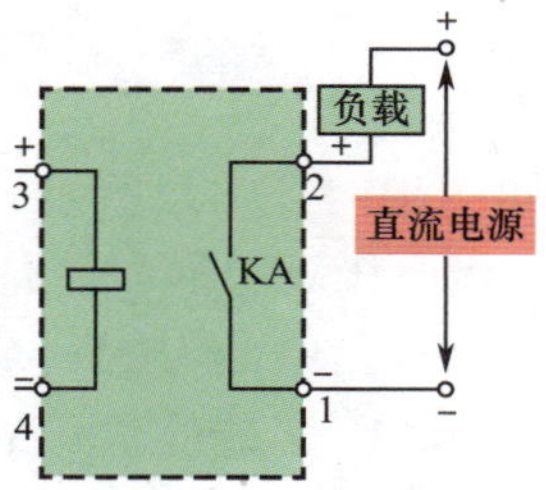

(b) 等效图

图 10-9 典型的四引脚直流固态继电器的电路结构及等效图

10.2.3 交流固态继电器

1. 外形与电路符号

交流固态继电器（AC-SSR）的输入端接直流控制电压，输出端接交流负载。交流固态继电器外形与电路符号如图 10-10 所示。

(a) 外形

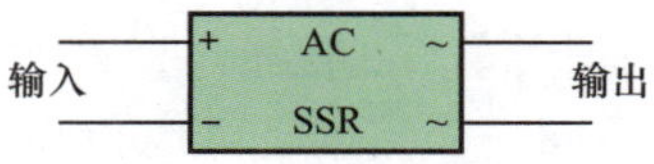

(b) 电路符号

图 10-10 交流固态继电器

2. 结构与工作原理

图 10-11 所示是一种典型的交流固态继电器的内部电路结构。

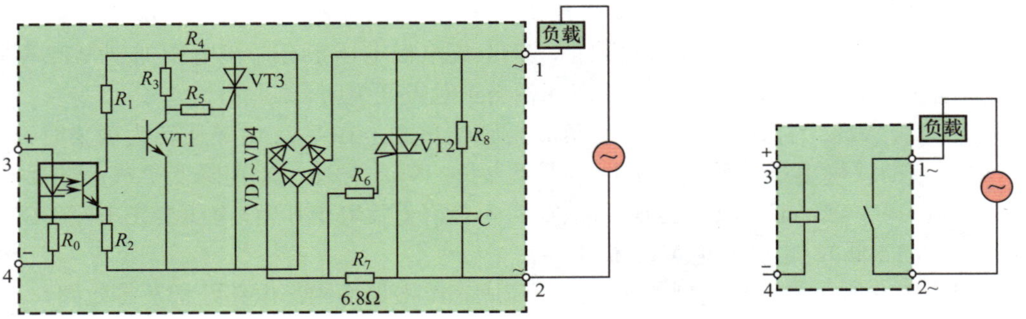

(a) 电路结构　　(b) 等效图

图 10-11　典型的交流固态继电器的内部电路结构

如图 10-11（a）所示，当 3、4 端未加控制电压时，光电耦合器内的光敏管截止，VT1 基极电压高而饱和导通，VT1 集电极电压低，晶闸管 VT3 门极电压低，VT3 不能导通，桥式整流电路中的 VD1 ～ VD4 都无法导通，双向晶闸管 VT2 的门极无触发信号，处于截止状态，1、2 端处于开路状态，相当于开关断开。

当 3、4 端加控制电压后，光电耦合器内的光敏管导通，VT1 基极电压被光敏管旁路，进入截止状态，VT1 集电极电压很高，该电压送到晶闸管 VT3 的门极，VT3 被触发而导通。在交流电压正半周时，1 端为正，2 端为负，VD1、VD3 导通，有电流流过 VD1、VT3、VD3 和 R7，电流在流经 R7 时会在两端产生压降，R7 左端电压较右端电压高，该电压使 VT2 的门极电压较主电极电压高，VT2 被正向触发而导通；在交流电压负半周时，1 端为负，2 端为正，VD2、VD4 导通，有电流流过 R7、VD2、VT3 和 VD4，电流在流经 R7 时会在两端产生压降，R7 左端电压较右端电压低，该电压使 VT2 的门极电压较主电极电压低，VT2 被反向触发而导通。也就是说，当 3、4 端加控制电压时，不管交流电压是正半周还是负半周，1、2 端都处于通路状态，相当于继电器加控制电压时，常开开关闭合。

若 1、2 端处于通路状态，如果撤去 3、4 端控制电压，晶闸管 VT3 的门极电压会被 VT1 旁路，在 1、2 端交流电压过零时，流过 VT3 的电流为 0，VT3 被关断，R7 上的压降为 0，双向晶闸管 VT2 会因门、主极电压相等而关断。

3. 固态继电器的检测

1）类型及引脚识别

固态继电器的类型及引脚可通过外表标注的字符来识别。交流、直流固态继电器输入端标注基本相同，一般都含有“INPUT（或 IN）、DC、+、-”字样，两者的区别在于输出端标注不同，交流固态继电器输出端通常标有“AC、～、～”字样，直流固态继电器输出端通常标有“DC、+、-”字样。

2）好坏检测

交流、直流固态继电器的常态（未通电时的状态）好坏检测方法相同。在检测输入端时，万用表拨至 R×10kΩ 挡，测量输入端两引脚之间的阻值，若固态继电器正常，黑表笔接 + 端、红表笔接 - 端时测得阻值较小，反之阻值无穷大或接近无穷大，这是因为固态继电器输入端通常为电阻与发光二极管的串联电路；在检测输出端时，万用表仍拨至 R×10kΩ 挡，测量输出端两引脚之间的阻值，正、反各测一次，正常时正、反向电阻均为无穷大，有的 DC-SSR 输出端的晶体管反接有一只二极管，反向测量（红表笔接 +、黑表笔接 -）时阻值小。

固态继电器的常态检测正常，还无法确定它一定是好的，比如输出端开路时正、反向阻值也会无穷大，这时需要通电检查。下面以图 10-12 所示的交流固态继电器 GTJ3-3DA 为例说明通电检查的方法。先给交流固态继电器输入端接 5V 直流电源，然后在输出端接上 220V 交流电源和一只 60W 的灯泡，如果继电器正常，输出端两引脚之间内部应该相通，灯泡发光，否则继电器损坏。在连接输入、输出端电源时，电源电压应在规定的范围之间，否则会损坏固态继电器。

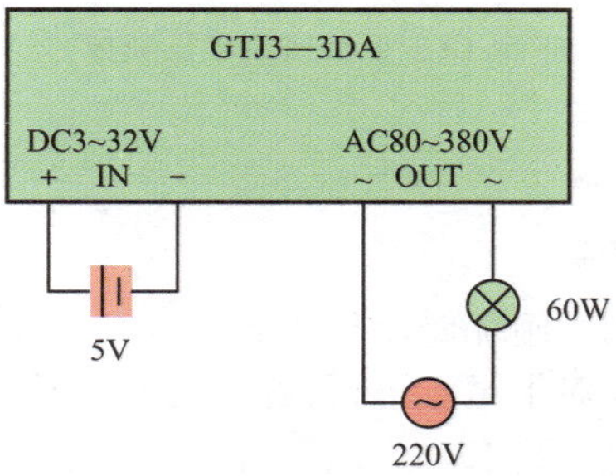

图 10-12　交流固态继电器的通电检测

10.3 干簧管与干簧继电器

10.3.1 干簧管

1. 外形与电路符号

干簧管是一种利用磁场直接磁化触点而让触点开关产生接通或断开动作的器件。图 10-13（a）所示是一些常见干簧管的实物外形，图 10-13（b）所示为干簧管的电路符号。

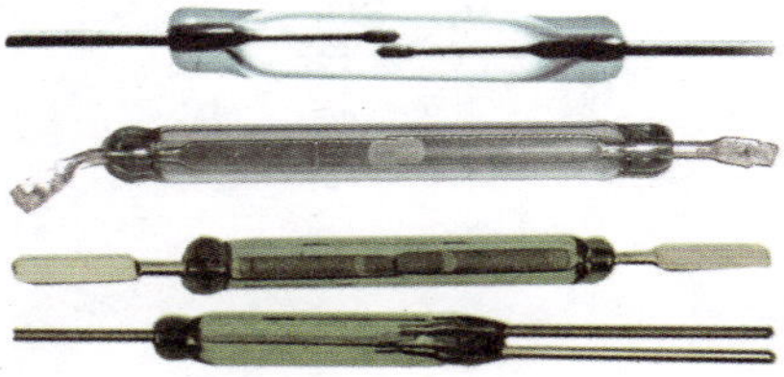

(a) 外形

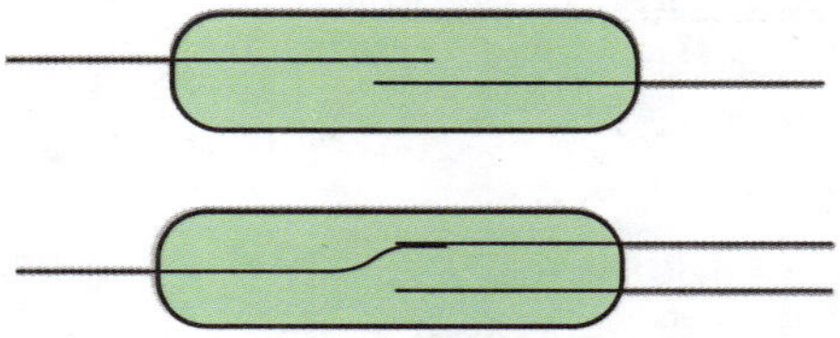

(b) 电路符号

图 10-13　干簧管

2. 工作原理

干簧管的工作原理如图 10-14 所示。

当干簧管未加磁场时，内部两个簧片不带磁性，处于断开状态。若将磁铁靠近干簧管，内部两个簧片被磁化而带磁性，一个簧片磁性为 N，另一个簧片磁性为 S，两个簧片磁性相异产生吸引，从而使两簧片的触点接触。

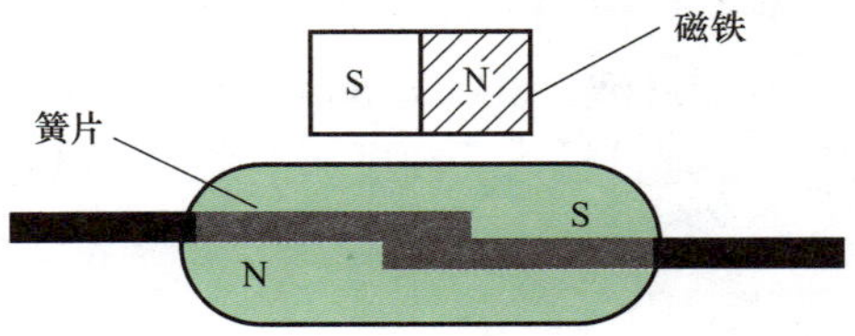

图 10-14　干簧管的工作原理

3. 检测

干簧管的检测如图 10-15 所示。

干簧管的检测包括常态检测和施加磁场检测。

常态检测是指未施加磁场时对干簧管进行检测。在常态检测时，万用表选择 R×1Ω 挡，测量干簧管两引脚之间的电阻，如图 10-15（a）所示，对于常开触点正常阻值应为∞，若阻值为 0Ω，说明干簧管簧片触点短路。

在施加磁场检测时，万用表选择 R×1Ω 挡，测量干簧管两引脚之间的电阻，同时用一块磁铁靠近干簧管，如图 10-15（b）所示，正常阻值应由∞变为 0Ω，若阻值始终为∞，说明干簧管触点无法闭合。

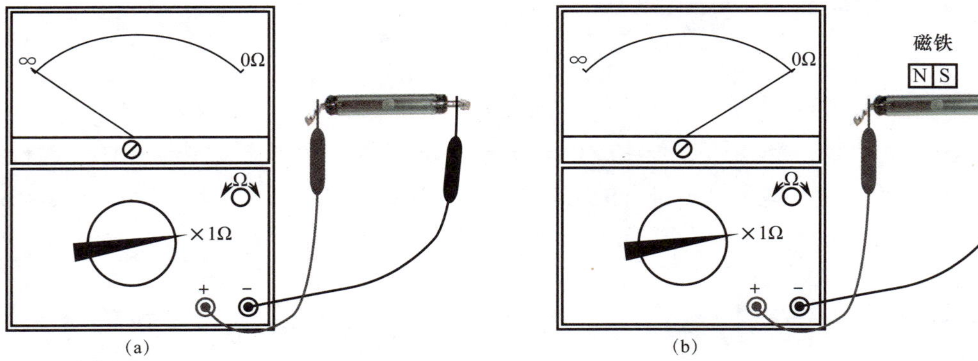

图 10-15　干簧管的检测

4. 用数字万用表检测干簧管（附视频操作演示）

用数字万用表检测干簧管如图 10-16 所示，详细操作过程请打开本书配套光盘中的“干簧管的检测”视频文件观看。

图 10-16　用数字万用表检测干簧管

10.3.2　干簧继电器

1. 外形与电路符号

干簧继电器由干簧管和线圈组成。图 10-17（a）所示列出一些常见的干簧继电器，图 10-17（b）所示为干簧继电器的电路符号。

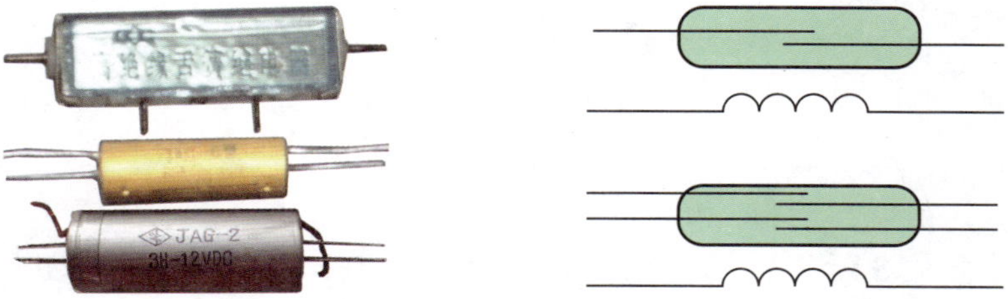

（a）实物外形　　（b）电路符号

图 10-17　干簧继电器

2. 工作原理

干簧继电器的工作原理如图 10-18 所示。

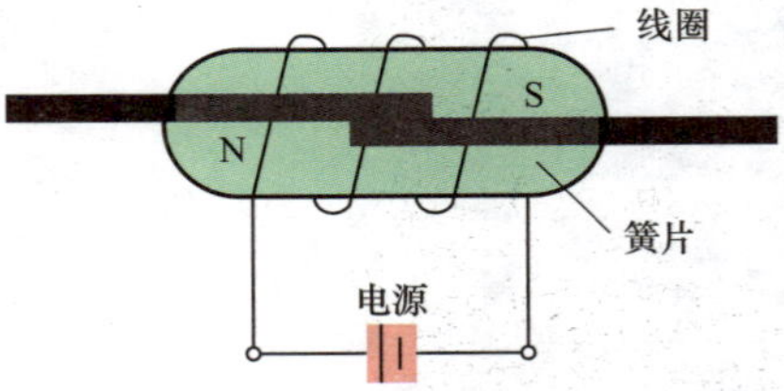

图 10-18　干簧继电器的工作原理

当干簧继电器线圈未加电压时，内部两个簧片不带磁性，处于断开状态，给线圈加电压后，线圈产生磁场，线圈的磁场将内部两个簧片磁化而带磁性，一个簧片磁性为 N，另一个簧片磁性为 S，两个簧片磁性相异产生吸引，从而使两簧片的触点接触。

3. 应用

图 10-19 所示是一个光控开门控制电路，它可根据有无光线来启动电动机工作，让电动机驱动大门打开。图中的光控开门控制电路主要是由干簧继电器 GHG、继电器 K1 及安装在大门口的光敏电阻 RG 和电动机组成的。

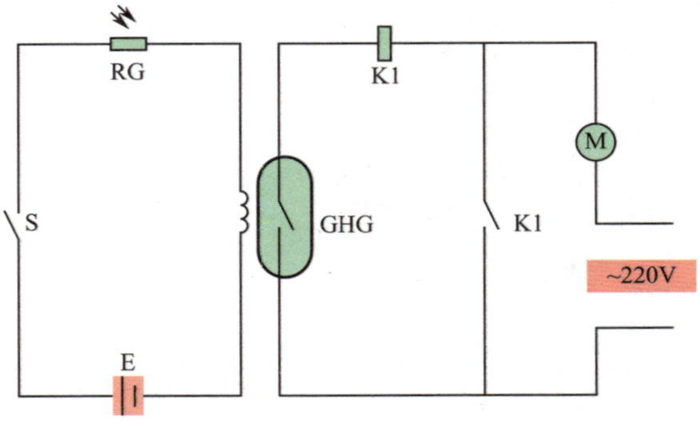

图 10-19　光控开门控制电路

在白天，将开关 S 断开，自动光控开门电路不工作。在晚上，将 S 闭合，在没有光线照射大门时，光敏电阻 RG 阻值很大，流过干簧继电器线圈的电流很小，干簧继电器不工作，若有光线照射大门（如汽车灯），光敏电阻阻值变小，流过干簧继电器线圈的电流很大，线圈产生磁场将管内的两块簧片磁化，两块簧片吸引而使触点接触，有电流流过继电器 K1 线圈，线圈产生磁场吸合，常开触点 K1，K1 闭合，有电流流过电动机，电动机运转，通过传动机构将大门打开。

4. 检测

对于干簧继电器，在常态检测时，除了要检测触点引脚间的电阻外，还要检测线圈引脚间的电阻，正常触点间的电阻为∞，线圈引脚间的电阻应为十几欧至几十千欧。

干簧继电器常态检测正常后，还需要给线圈通电进行检测。干簧继电器通电检测如图 10-20 所示，将万用表拨至 R×1Ω 挡，测量干簧继电器触点引脚之间的电阻，然后给线圈引脚通额定工作电压，正常触点引脚间的阻值应由∞变为 0Ω，若阻值始终为∞，则说明干簧管触点无法闭合。

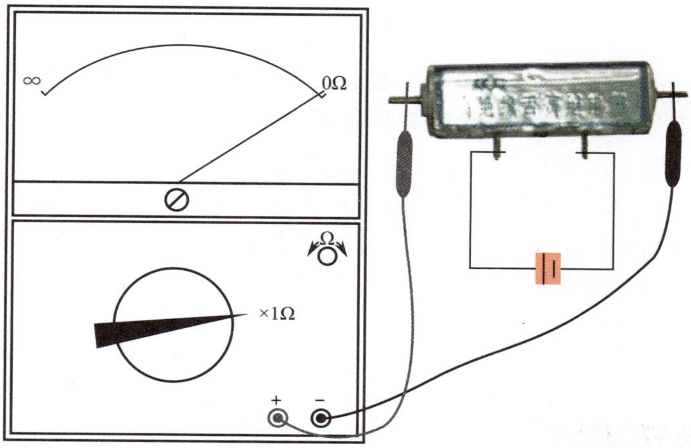

图 10-20　干簧继电器通电检测

第11章 常用传感器

传感器是一种将非电量（如温度、湿度、光线、磁场和声音）等转换成电信号的器件。

传感器种类很多，主要可分为物理传感器和化学传感器。物理传感器可将物理变化（如压力，温度、速度、温度和磁场的变化）转换成变化的电信号，化学传感器主要以化学吸附、电化学反应等原理，将被测量的微小变化转换成变化的电信号，气敏传感器就是一种常见的化学传感器，如果将人的眼睛、耳朵和皮肤看作物理传感器，那么舌头、鼻子就是化学传感器。本章主要介绍一些较常见的传感器：气敏传感器、热释电人体红外线传感器、霍尔传感器和热电偶。

11.1 气敏传感器

气敏传感器是一种对某种或某些气体敏感的电阻器，当空气中某种或某些气体含量发生变化时，置于其中的气敏传感器阻值就会发生变化。

气敏传感器种类很多，其中采用半导体材料制成的气敏传感器应用最广泛。半导体气敏传感器有 N 型和 P 型之分，N 型气敏传感器在检测到甲烷、一氧化碳、天燃气、煤气、液化石油气、乙炔、氢气等气体时，其阻值会减小；P 型气敏传感器在检测到可燃气体时，其电阻值将增大，而在检测到氧气、氯气及二氧化氮等气体时，其阻值会减小。

11.1.1 外形与电路符号

气敏传感器的外形与电路符号如图 11-1 所示。

11.1.2 结构

气敏传感器的典型结构及特性曲线如图 11-2 所示。

气敏传感器的气敏特性主要由内部的气敏元件来决定的。气敏元件引出四个电极，分别与①、②、③、④引脚相连。当在清洁的大气中给气敏传感器的①、②引脚通电流（对气敏元件加热）时，③、④引脚之间的阻值先减小再升高（4 ～ 5 分钟），阻值变化规律如图 11-2（b）所示曲线，升高到一定值时阻值保持稳定，若此时气敏传感器接触某种气

(a) 实物外形

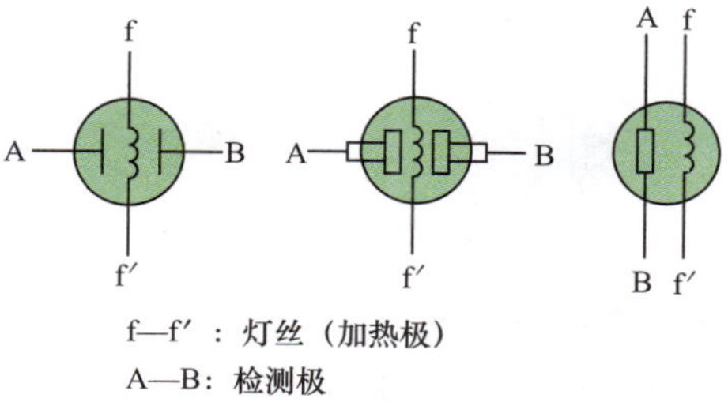

(b) 电路符号

图 11-1　气敏传感器

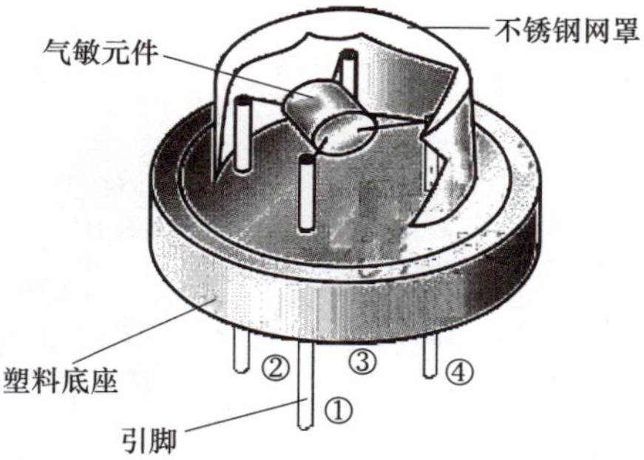

(a) 典型结构

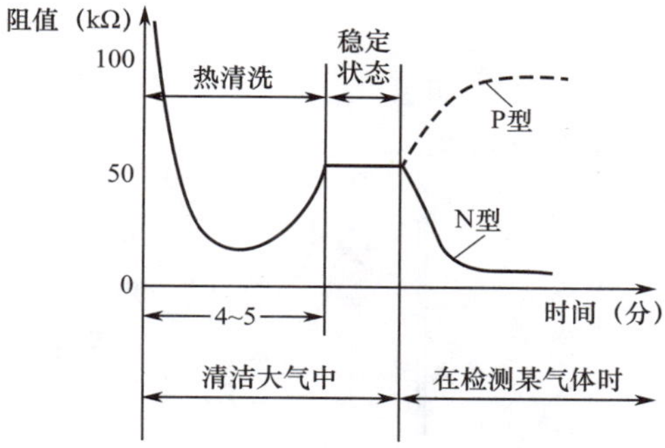

(b) 特性曲线

图 11-2　气体电阻器的典型结构及特性曲线

体时，气敏元件吸附该气体后，③、④引脚之间阻值又会发生变化（若是 P 型气敏传感器，其阻值会增大，而 N 型气敏传感器阻值会变小）。

11.1.3　应用

气敏传感器具有对某种或某些气体敏感的特点，利用该特点可以用气敏传感器来检测空气中特殊气体的含量。图 11-3 所示为采用气敏传感器制作的简易煤气报警器，可将它安装在厨房来监视有无煤气泄漏。

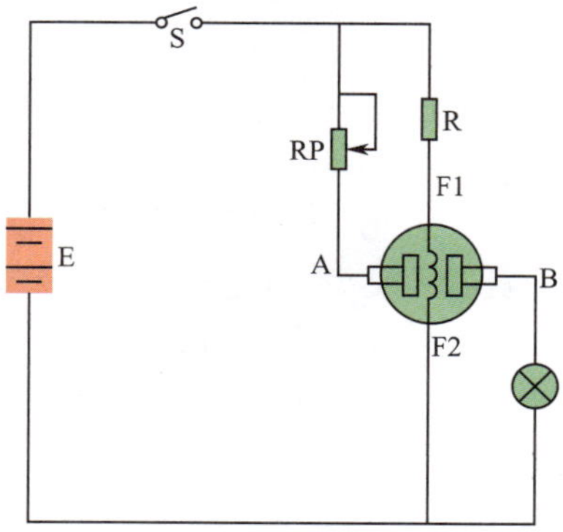

图 11-3　采用气敏传感器制作的简易煤气报警器

在制作报警器时，先按图 11-3 所示将气敏传感器连接好，然后闭合开关 S，让电流通过 R 流入气敏传感器加热线圈，几分钟过后，待气敏传感器 AB 间的阻值稳定后，再调节电位器 RP，让灯泡处于将亮未亮状态。若发生煤气泄漏，气敏传感器检测到后，AB 间的阻值变小，流过灯泡的电流增大，灯泡亮起来，警示煤气发生泄漏。

11.1.4 检测

气敏传感器检测通常分两步，在这两步测量时还可以判断其特性（P 型或 N 型）。气敏电阻器的检测如图 11-4 所示。

气敏传感器的检测步骤如下。

第一步：测量静态阻值。将气敏传感器的加热极 F1、F2 串接在电路中，如图 11-4（a）所示，再将万用表置于 R×1kΩ 挡，红、黑表笔接气敏传感器的 A、B 极，然后闭合开关，让电流对气敏电阻加热，同时在刻度盘上查看阻值大小。

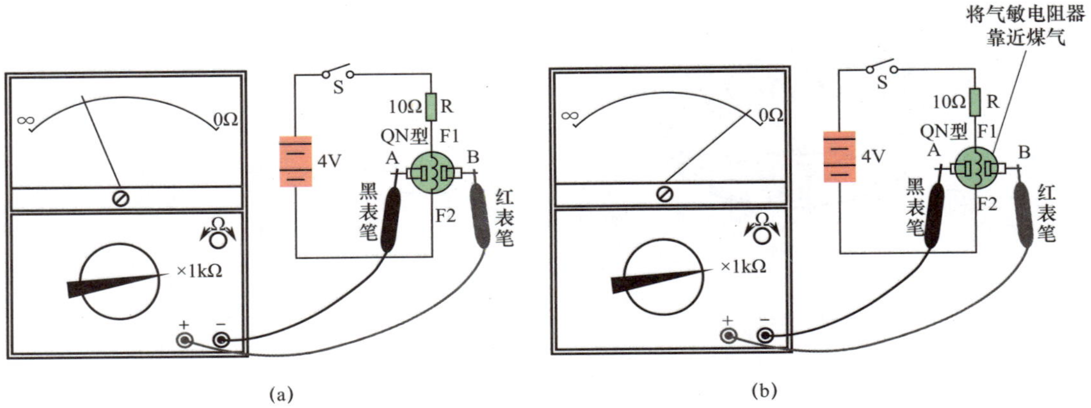

图 11-4　气敏传感器的检测

若气敏传感器正常，阻值应先变小，然后慢慢增大，在约几分钟后阻值稳定，此时的阻值称为静态电阻。

若阻值为 0，说明气敏传感器短路。

若阻值为无穷大，说明气敏传感器开路。

若在测量过程中阻值始终不变，说明气敏传感器已失效。

第二步：测量接触敏感气体时的阻值。在按第一步测量时，待气敏传感器阻值稳定，再将气敏传感器放靠近煤气灶（打开煤气灶，将火吹灭），然后在刻度盘上查看阻值大小。

若阻值变小，气敏传感器为 N 型；若阻值变大，气敏电阻为 P 型。

若阻值始终不变，说明气敏传感器已失效。

11.1.5 常用气敏传感器的主要参数

表 11-1 列出了两种常用气敏传感器的主要参数。

表 11-1 两种常用气敏传感器的主要参数

型号	加热电流（A）	回路电压（V）	静态电阻（kΩ）	灵敏度（R_0/R）	响应时间（s）	恢复时间（s）
QN32	0.32	≥6	10~400	＞3	＜30	＜30
QN69	0.60	≥6	10~400	＞3	＜30	＜30

11.1.6 应用举例

图 11-5 所示是一种有害气体自动排放控制电路。在纯净的空气中，气敏传感器 A、B 之间的电阻 R_{AB} 较大，经 R_{AB}、R2 送到三极管 VT1 基极的电压低，VT1、VT2 无法导通，如果室内空气中混有有害气体，气敏传感器 A、B 之间的电阻 R_{AB} 变小，电源经 R_{AB} 和 R2 送到 VT1 基极的电压达到 1.4V 时，VT1、VT2 导通，有电流流过继电器 K1 线圈，K1 常开触点闭合，风扇电机运转，强制室内空气与室外空气交换，减少室内空气有害气体浓度。

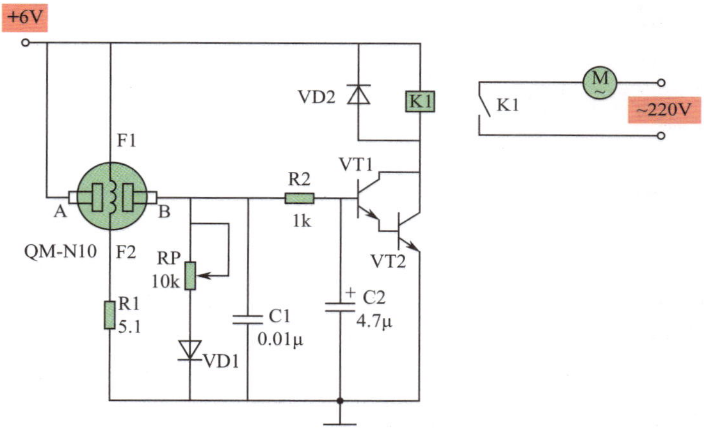

图 11-5 有害气体自动排放控制电路

11.2 热释电人体红外线传感器

热释电人体红外线传感器是一种将人或动物发出的红外线转换成电信号的器件。热释电人体红外线传感器的外形如图 11-6 所示，利用它可以探测人体的存在，因此广泛用在保险装置、防盗报警器、感应门、自动灯具和智慧玩具等电子产品中。

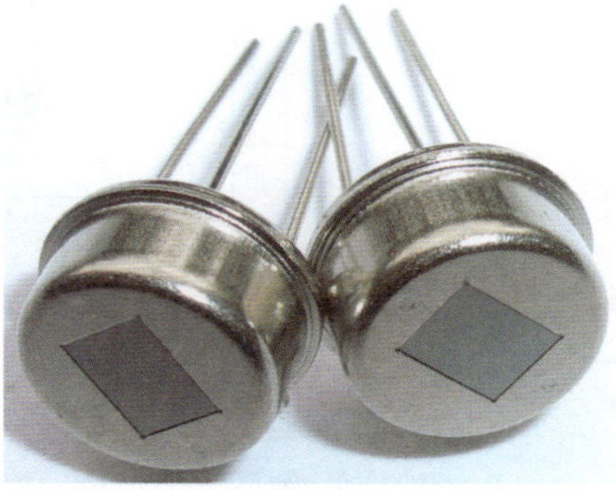

图 11-6 热释电人体红外线传感器的外形

11.2.1 结构与工作原理

热释电人体红外线传感器的结构如图 11-7 所示，从图中可以看出，它主要由敏感元件、场效应管、高阻值电阻和滤光片组成。

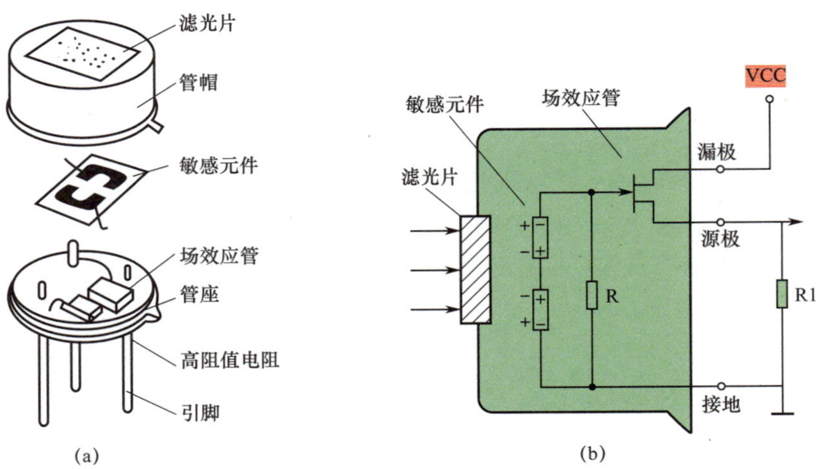

图 11-7　热释电人体红外线传感器的结构

1. 各组成部分说明

1）敏感元件

敏感元件由一种热电材料（如锆钛酸铅系陶瓷、钽酸锂、硫酸三甘钛等）制成，热释电传感器内一般装有两个敏感元件，并将两个敏感元件以反极性串联，当环境温度使敏感元件自身温度升高而产生电压时。由于两敏感元件产生的电压大小相等、方向相反，串联叠加后送给场效应管的电压为 0V，从而抑制环境温度干扰。

两个敏感元件串联就象两节电池反向串联一样，如图 11-8（a）所示，E1、E2 电压均为 1.5V，当它们反极性串联后，两电压相互抵消，输出电压 $U=0$，如果某原因使 E1 电压变为 1.8V，如图 11-8（b）所示，两电压不能完全抵消，输出电压为 $U=0.3$V。

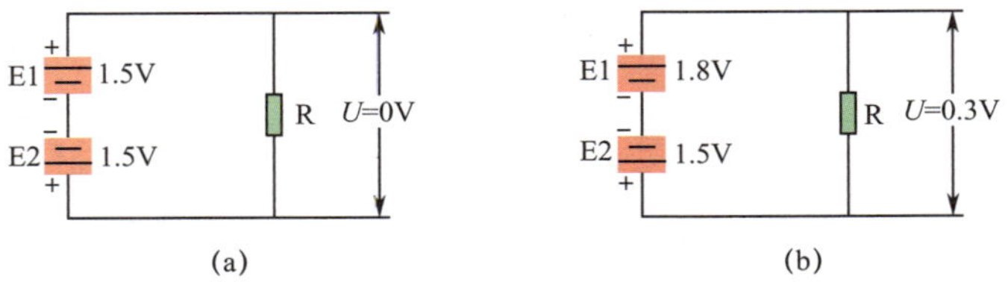

图 11-8　两节电池的反向串联

2）场效应管和高阻值电阻

敏感元件产生的电压信号很弱，其输出电流也极小，故采用输入阻抗很高的场效应管（电压放大型元件）对敏感元件产生的电压信号进行放大，在采用源极输出放大方式时，源极输出信号可达 0.4 ～ 1.0V。高阻值电阻的作用是释放场效应管栅极电荷（由敏感元件产生的电压充得），让场效应管始终能正常工作。

3）滤光片

敏感元件是一种广谱热电材料制成的元件，对各种波长光线比较敏感。为了让传感器仅对人体发出红外线敏感，而对太阳光、电灯光具有抗干扰性，传感器采用特定的滤光片作为受光窗口，该滤光片的通光波长约为 7.5 ～ 14μm。人体温度为 36 ～ 37℃，该温度的人体会发出波长在 9.64 ～ 9.67μm 范围内的红外线（红外线人眼无法看见），由此可见，人体辐射的红外线波长正好处于滤光片的通光波长范围内，而太阳、电灯发出的红外线的波长在滤光片的通光范围之外，无法通过滤光片照射到传感器的敏感元件上。

2. 工作原理

当人体（或与人体温相似的动物）靠近热释电人体红外线传感器时，人体发出的红外线通过滤光片照射到传感器的一个敏感元件上，该敏感元件两端电压发生变化，另一个敏感元件无光线照射，其两端电压不变，两敏感元件反极性串联得到的电压不再为 0，而是输出一个变化的电压（与受光照射敏感元件两端电压变化相同），该电压送到场效应管的栅极，放大后从源极输出，再到后级电路进一步处理。

3. 菲涅尔透镜

热释电人体红外线传感器可以探测人体发出的红外线，但探测距离近，一般在 2m 以内，为了提高其探测距离，通常在传感器受光面前面加装一个菲涅尔透镜，该透镜可使探测距离达到 10m 以上。

图 11-9　菲涅尔透镜

菲涅尔透镜如图 11-9 所示，该透镜通常用透明塑料制成，透镜按一定的制作方法被分成若干等份。菲涅尔透镜作用有两点：一是对光线具有聚焦作用；二是将探测区域分为若干个明区和暗区。当人进入探测区域的某个明区时，人体发出的红外光经该明区对应的透镜部分聚焦后，通过传感器的滤光片照射到敏感元件上，敏感元件产生电压，当人走到暗区时，人体红外光无法到达敏感元件，敏感元件两端的电压会发生变化，即敏感元件两端电压随光线的有无而发生变化，该变化的电压经场效应管放大后输出，传感器输出信号的频率与人在探测范围内明、暗区之间移动的速度有关，移动速度越快，输出的信号频率越高，如果人在探测范围内不动，传感器则输出固定不变的电压。

11.2.2　引脚识别

热释电人体红外线传感器有 3 个引脚，分别为 D（漏极）、S（源极）、G（接地极），3 引脚极性识别如图 11-10 所示。

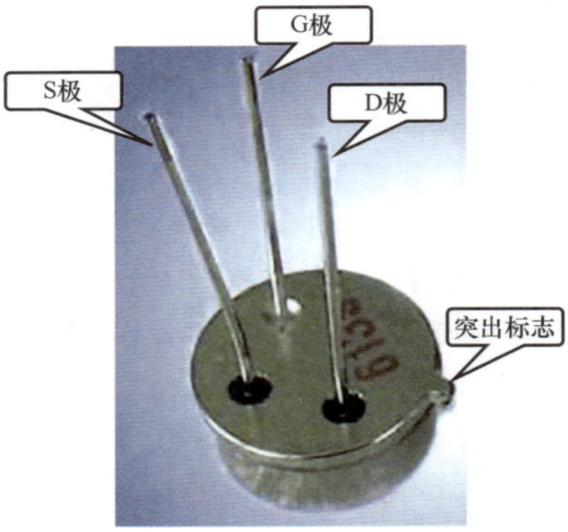

图 11-10　3 引脚热释电人体红外线传感器的极性识别

11.3 霍尔传感器

霍尔传感器是一种检测磁场的传感器，可以检测磁场的存在和变化，广泛用在测量、自动化控制、交通运输和日常生活等领域。

11.3.1 外形与电路符号

霍尔传感器外形与电路符号如图 11-11 所示。

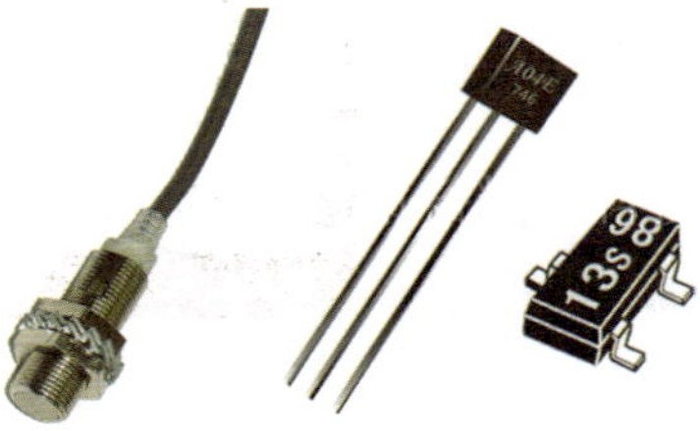

(a) 外形

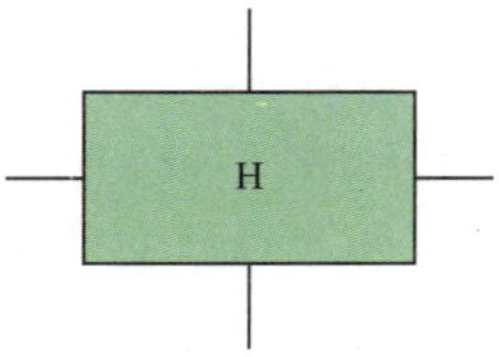

(b) 电路符号

图 11-11　霍尔传感器外形与符号

11.3.2 结构与工作原理

1. 霍尔效应

当一个通电导体置于磁场中时，在该导体两侧面会产生电压，该现象称为霍尔效应。下面以图 11-12 所示来说明霍尔传感器工作原理。

先给导体通图示方向（Z 轴方向）的电流 I，然后在与电流垂的方向（Y 轴方向）施加磁场 B，那么会在导体两侧（X 轴方向）产生电压 U_H，U_H 称为霍尔电压。霍尔电压 U_H 可用以下表达式来求得。

$$U_H = KIB\cos\theta$$

式中：U_H 为霍尔电压，单位 mV；K 为灵敏度，单位为 mV/（mA · T）；I 为电流，单位 mA；B 为磁感应强度，单位 T（特斯拉）；θ 为磁场与磁敏面垂直方向的夹角，磁场与磁敏面垂直方向一致时，$\theta=0°$，$\cos\theta = 1$。

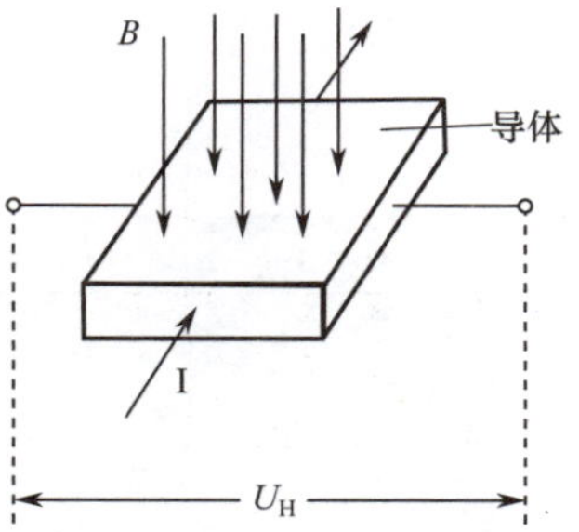

图 11-12　霍尔传感器的工作原理

2. 霍尔元件与霍尔传感器

金属导体具有霍尔效应，但其灵敏度低，产生的霍尔电压很低，不适合用作霍尔元件。霍尔元件一般由半导体材料（锑化铟最为常见）制成，其结构如图 11-13 所示，它由衬底、十字形半导体材料、电极引线和磁性体顶端等构成。十字形锑化铟材料的四个端部的引线中，1、2 端为电流引脚，3、4 端为电压引脚，磁性体顶端的作用是磁场磁感线来提高元件灵敏度。

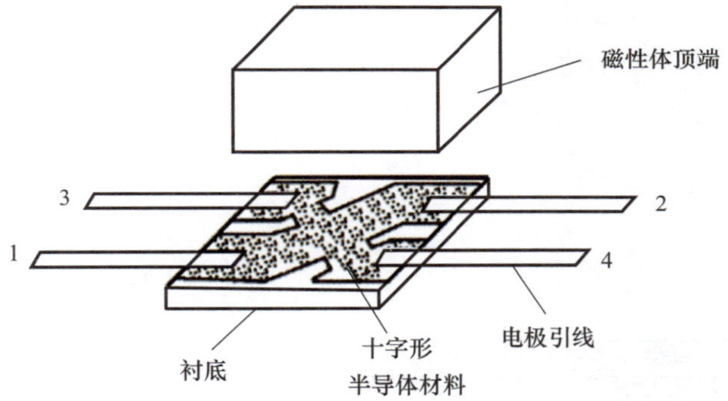

图 11-13　霍尔元件的结构

由于霍尔元件产生的电压很小，故通常将霍尔元件与放大器电路、温度补偿电路及稳压电源等集成在一个芯片上，称之为霍尔传感器。

11.3.3　种类

霍尔传感器可分为线性型霍尔传感器和开关型霍尔传感器两种。

1. 线性型霍尔传感器

线性型霍尔传感器主要由霍尔元件、线性放大器和射极跟随器组成，其组成如图 11-14（a）所示，当施加给线性型霍尔传感器的磁场逐渐增强时，其输出的电压会逐渐增大，即输出信号为模拟量。线性型霍尔传感器的特性曲线如图 11-14（b）所示。

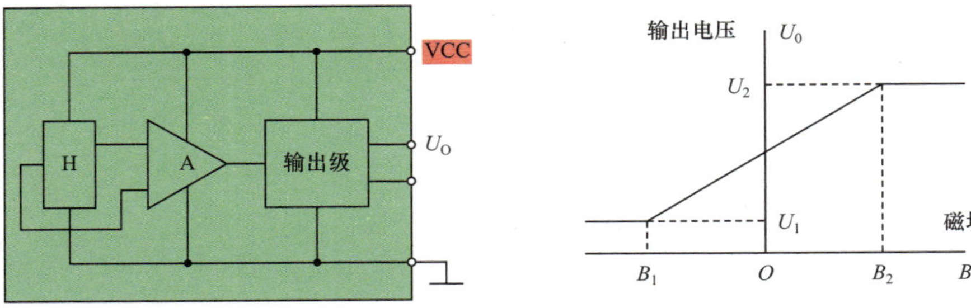

(a) 组成　　(b) 特性曲线

图 11-14　线性型霍尔传感器

2. 开关型霍尔传感器

开关型霍尔传感器主要由霍尔元件、放大器，施密特触发器（整形电路）和输出极组成，其组成和特性曲线如图 11-15 所示，当施加给开关型霍尔传感器的磁场增强时，只要小于 B_{OP} 时，其输出电压 U_o 为高电平，大于 B_{OP} 输出由高电平变为低电平，当磁场减弱时，磁场需要减小到 B_{RP} 时，输出电压 U_o 才能由低电平转为高电平，也就是说，开关型霍尔传感器由高电平转为低电平和由低电平转为高电平所要求的磁场感应强度是不同的，高电平转为低电平要求的磁感应强度更强。

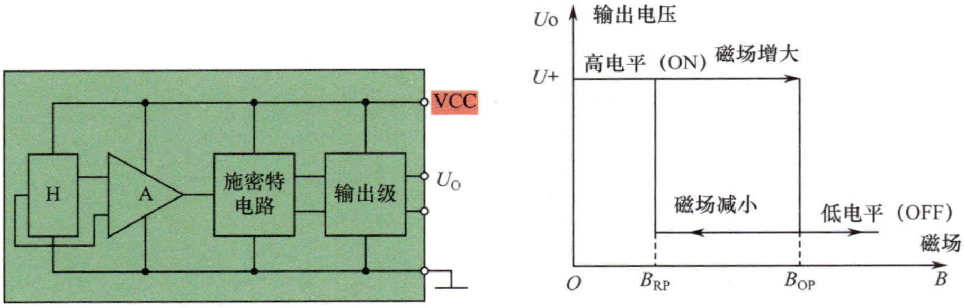

(a) 组成　　(b) 特性曲线

图 11-15　开关型霍尔传感器

11.3.4　型号命名与参数

型号命名

霍尔传感器型号命名方法如下：

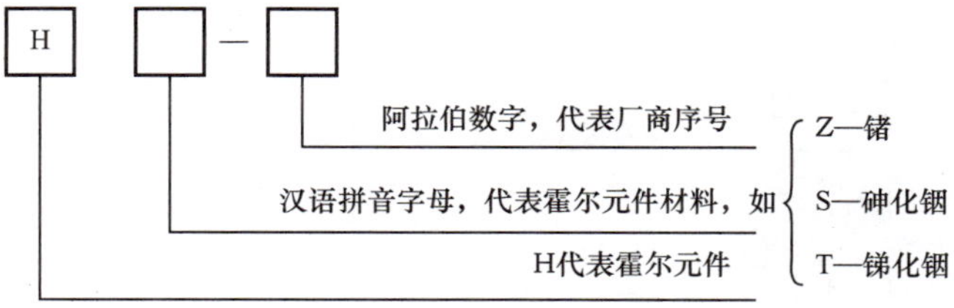

11.3.5　引脚识别与检测

1. 引脚识别

霍尔传感器内部由霍尔元件和有关电路组成，它对外引出 3 个或 4 个引脚，对于 3 个引脚的传感器，分别为电源端、接地端和信号输出端，对于 4 个引脚，分别为电源端、接地端和 2 个信号输出端。3 个引脚的霍尔传感器更为常用，霍尔传感器的引脚可根据外形来识别，具体如图 11-16 所示。霍尔传感器带文字标记的面通常为磁敏面，正对 N 或 S 磁极时灵敏度最高。

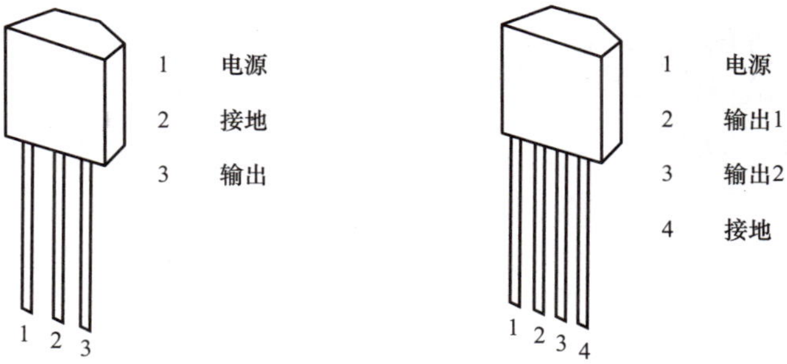

图 11-16　霍尔传感器的引脚识别

2. 好坏检测

霍尔传感器好坏检测方法如图 11-17 所示。在传感器的电源、接地脚之间接 5V 电源，然后用万用表拨直流电压 2.5V 挡，红、黑表笔分别接输出脚和接地脚，再用一块磁铁靠近霍尔传感器敏感面，如果霍尔传感器正常，应有电压输出，万用表表针会摆动，表针摆动幅度越大，说明传感器灵敏度越高，如果表针不动，则为霍尔元件损坏。

利用该方法不但可以判别霍尔元件的好坏，还可以判别霍尔元件的类型，如果在磁铁靠近或远离传感器的过程中，输出电压慢慢连续变化，则为线性型传感器，如果输出电压在某点突然发生高、低电平转换，则为开关型传感器。

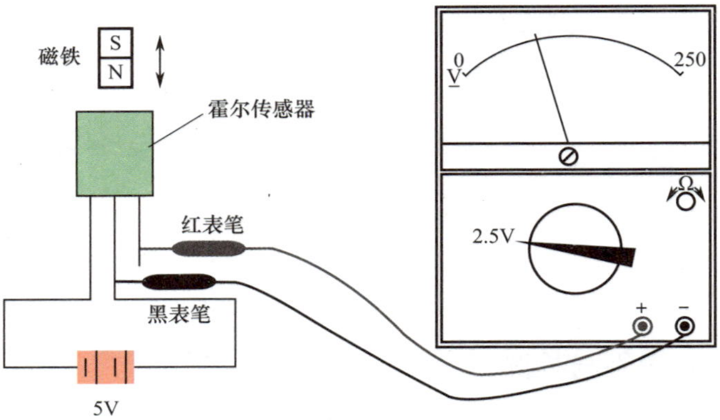

图 11-17　霍尔传感器的好坏检测

11.3.6　应用

1. 线性型霍尔传感器的应用

线性型霍尔传感器具有磁感应强度连续变化时输出电压也连续变化的特点，主要用于一些物理量的测量。

图 11-18 所示是一种采用线性型霍尔传感器构成的电子型的电流互感器，用来检测电路的电流大小。当线圈有电流 I 流过时，线圈会产生磁场，该磁场磁感线沿铁芯构成磁回路，由于铁芯上开有一个缺口，缺口中放置一个霍尔传感器，磁感线在穿过霍尔传感器时，传感器会输出电压，电流 I 越大，线圈产生的磁场越强，霍尔传感器输出电压越高。

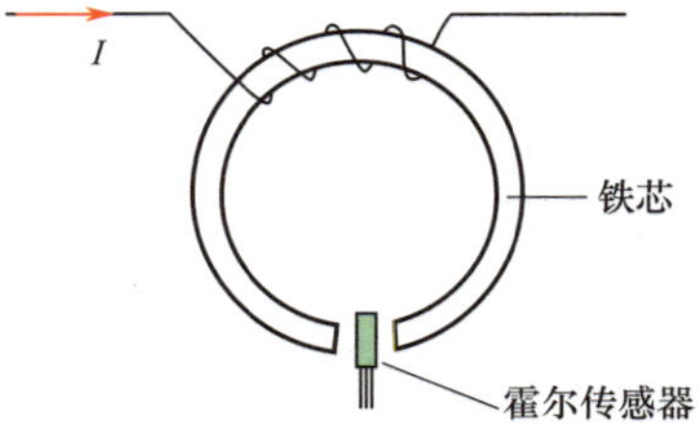

图 11-18　采用线性型霍尔传感器构成的电子型的电流互感器

2. 开关型霍尔传感器的应用

开关型霍尔传感器具有磁感应强度达到一定强度时输出电压才会发生电平转换的特点，主要用于测转数、转速、风速、流速、接近开关、关门告知器、报警器和自动控制电路等。

图 11-19 所示是一种采用开关型霍尔传感器构成的转数测量装置的结构示意图，转盘每旋转一周，磁铁靠近传感器一次，传感器就会输出一个脉冲，只要计算输出脉冲的个数，就可以知道转盘的转数。

图 11-20 所示是一种采用开关型霍尔元件构成的磁铁极性识别电路。当磁铁 S 极靠近霍尔元件时，d、c 间的电压极性为 d+、c−，三极管 VT1 导通，发光二极管 VD1 有电流流过而发光，当磁铁 N 极靠近霍尔元件时，d、c 间的电压极性为 d−、c+，三极管 VT2 导通，发光二极管 VD2 有电流流过而发光，当霍尔元件无磁铁靠近时，d、c 间的电压为 0，VD1、VD2 均不亮。

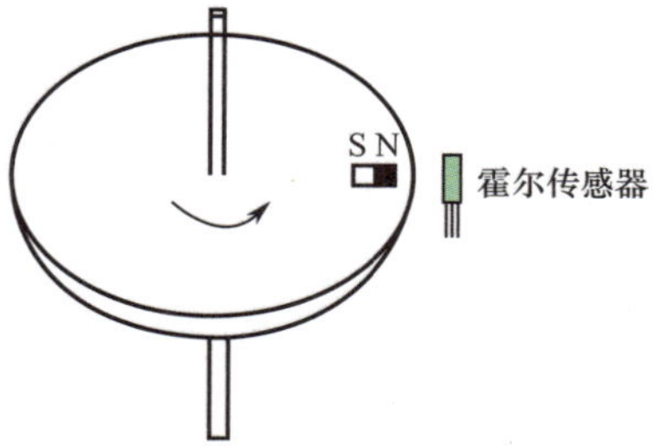

图 11-19　采用开关型霍尔传感器构成的转数测量装置的结构示意图

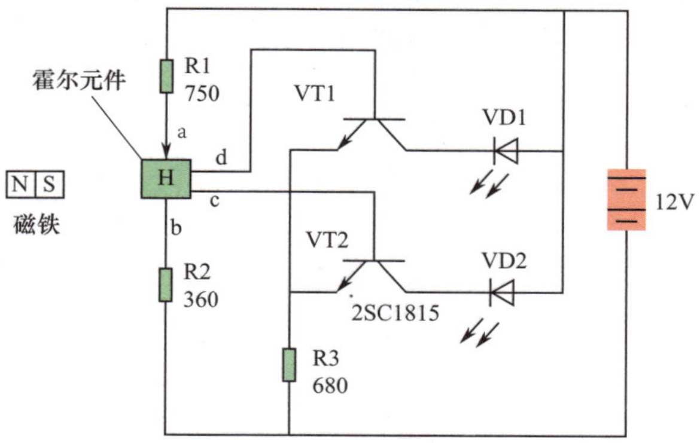

图 11-20　采用开关型霍尔元件构成的磁铁极性识别电路

11.4　热电偶

热电偶是一种测温元件，可以将不同的温度转换成大小不同的电信号，广泛用在一些测温领域，如测温仪器仪表和冶金、石油化工、热电站、纺织及造纸等行业的测温系统中。常见的热电偶外形如图 11-21 所示。

图 11-21　常见的热电偶外形

11.4.1　热电效应与热电偶测量原理

1. 热电效应

当将两个不同的导体（或半导体）两端连接起来时，如图 11-22 所示，如果节点 1 的温度 T_1 大于节点 2 的温度 T_2，那么该回路会有电动势（常称为热电势）产生，由于两导体连接构成了闭合回路，因此回路中有电流流过，这种现象称为塞贝克效应，也即热电效应。两节点温差越大，回路产生的电动势越高，回路中的电流就越大。

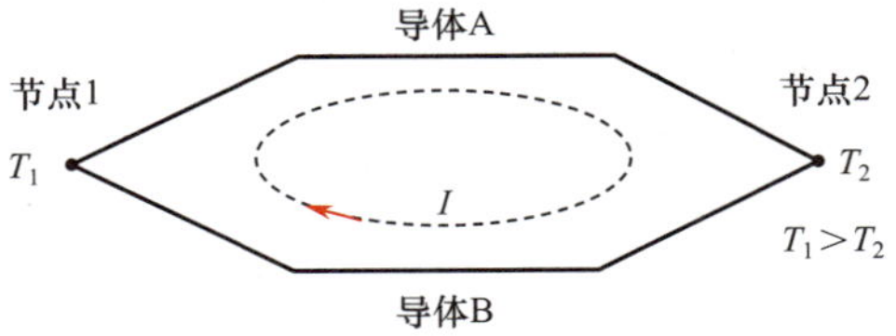

图 11-22　热电效应说明图

2. 利用热电偶测量温度

在图 11-22 中，如果将节点 2 的温度 T_2 固定下来（如固定为 0℃），那么回路产生的电动势就随节点 1 的温度 T_1 变化而变化，只要测得回路电动势或电流值，就能确定节点 1 的 T_1 温度值。利用热电偶测量温度的接线如图 11-23 所示。

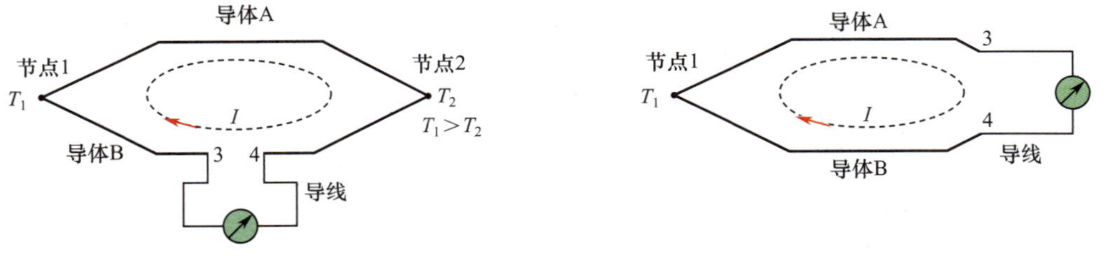

图 11-23　热电偶测量温度的两种连接方式

在图 11-23（a）所示接线中，导体 B 被分为两部分，中间接入导体 C（导线和电流表），只要 3、4 点的温度相同，回路的电动势大小与 3、4 点直接连接起来是一样的。在图 11-23（b）所示接线中，取消了节点 2，但只要 3、4 点的温度相同，回路中的电动势大小与有节点 2

是一样的。在利用热电偶测量温度时，一般使用图 11-23（b）所示的接线方式，在该方式中，3、4 端称为冷端（或自由端），节点 1 称为热端，在测量温度时，将节点 1 接触被测对象。

在图 11-23（b）所示接线中，如果希望测量尽量精度高，应不用导线直接将仪表接 3、4 端，但由于测量对象与测量仪表往往有较远的距离，故一般测量时常使用补偿导线来连接热电偶与测量仪表。补偿导线有两种：一种采用伸长型的与热电偶材料相同的导线；另一种采用与热电偶具有类似热电势特性的合金导线。

3. 冷端温度补偿

在使用热电偶测温度时，仪表根据热电偶产生的电动势大小来确定被测温度值，而电动势的大小与热、冷端的温度差有关，温差越大，热电偶产生的电动势越大，为了让电动势值与温度值一一对应，通常让冷端为 0℃。

在实际测量中，冷端温度通常与环境温度一致，如 25℃左右，如果将冷端为 0℃、热端为 40℃时热电偶产生的电动势设为 E_{40}，这时仪表显示温度值应为 40℃，那么在冷端为 25℃、热端为 40℃时热电偶产生的电动势肯定小于 E_{40}，仪表显示温度值会小于 40℃，测量出现很大的偏差。为了使测量准确，需要对热电偶进行冷端温度补偿。

1）冰浴补偿法

冰浴补偿法是指将热电偶的冷端放在冰水混合物中，让冷端温度恒定为 0℃的补偿方法。冰浴补偿法如图 11-24 所示，补偿导线一端通过接线盒与热电偶的热端连接，另一端与铜线连接形成接点，该接点为冷端，它被放在 0℃的冰水混合物中，铜线的另一端接毫伏表，用于测量热电偶产生的电动势，如果将毫伏表刻度按一定的规律标记成温度值，该装置就是温度测量装置。

在用冰浴补偿法测温时，由于冰融化很快，不能长时间让冷端保持在 0℃，故该方法通常用在实验室中。

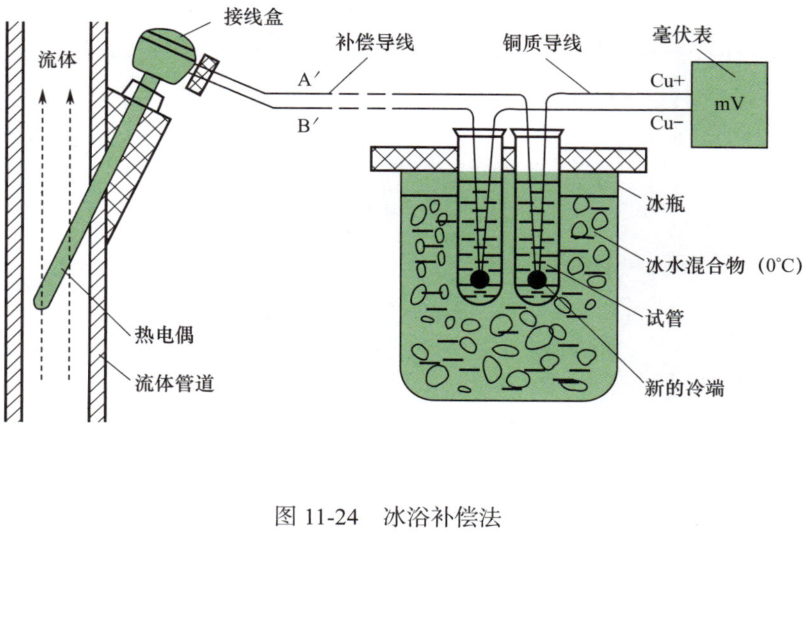

图 11-24　冰浴补偿法

2）偏差修正法

在测量时，若热电偶的冷端温度不为0℃，可采用偏差修正法来补偿。如果测量时热电偶热端温度为 T，冷端温度为 T_1，仪表测量值为 E_1，E_T-T_1 为（$T-T_1$）温差产生的电动势值，而（T_1-0）温差产生的电动势值为 $E_{T_1}-0$（该值可通过查相应材料热电偶的分度表来获得），那么将仪表测量值 E_T-T_1 加上修正值 $E_{T_1}-0$，所得电动势 E_T-0 值在仪表上所对应的值即为实际温度值。

偏差修正法有两种方式：一种是手动修正；另一种是自动修正。手动修正法的使用方法如图 11-25 所示，如果环境温度（气温）为 40℃，可调节机械校零旋钮，将表针调到 40℃位置，进行冷端温度修正。一些数字温度测量仪表通常采用自动修正方式，即自动给实测值加上冷端温度值并显示出来。

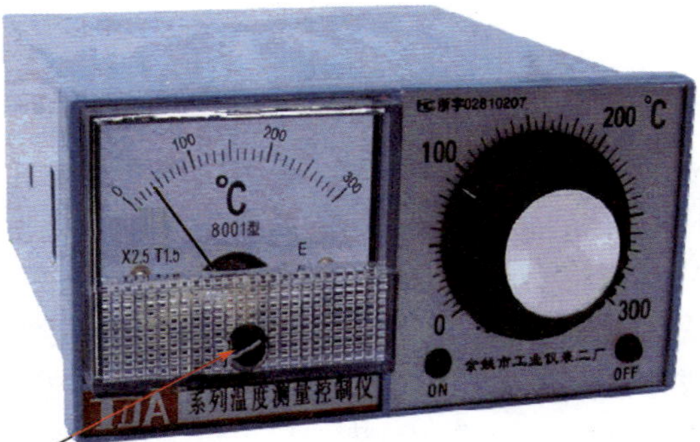

图 11-25　手动修正法

11.4.2　结构说明

热电偶有各种各样的外形，但其基本结构是一致的，图 11-26 所示是一种典型的热电偶组成结构。

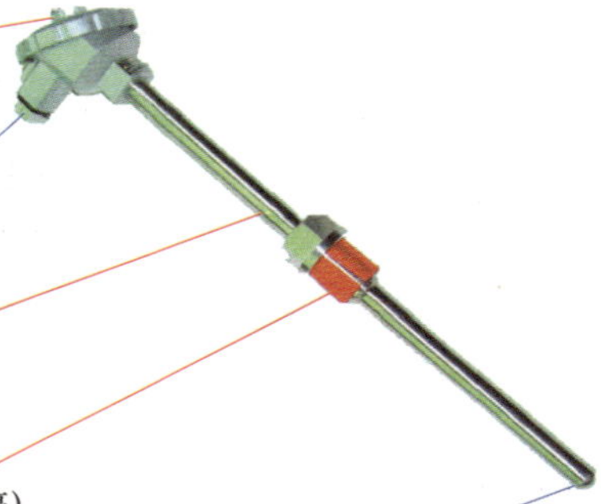

图 11-26　典型的热电偶组成结构

11.4.3　利用热电偶配合数字万用表测量电烙铁的温度

有的数字万用表具有温度测量功能，VC9208 数字万用表就具有该功能，它采用 K 型热电偶和温度测量挡配合可测量 -40 ～ +1000℃的温度。VC9208 数字万用表配套的 K 型热电偶（镍铬 - 镍硅）如图 11-27 所示，它由热端（测温端）、补偿导线和冷端组成。

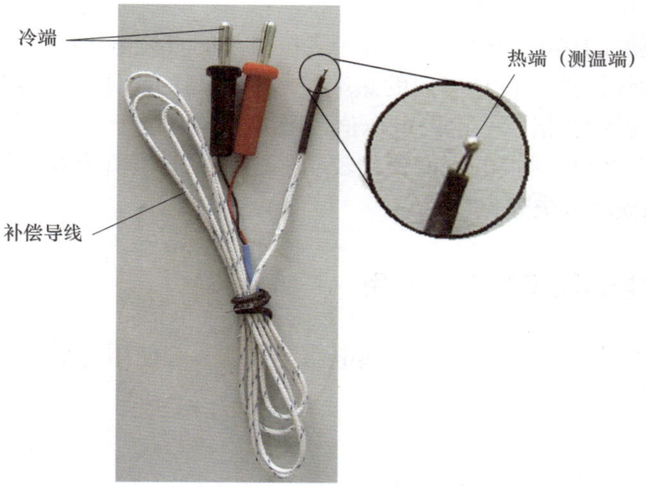
冷端
热端（测温端）
补偿导线

图 11-27　数字万用表使用的热电偶

利用热电偶测量电烙铁的温度操作过程如图 11-28 所示，将热电偶的黑插头（冷端）插入“TEMP(mA)”孔、红插头（冷端）插入“COM”孔，再将挡位选择开关置于“℃”端，将热电偶的热端（测温端）接触电烙铁，然后观察显示屏显示的数值为“244”，这说明电烙铁的温度为 244℃。

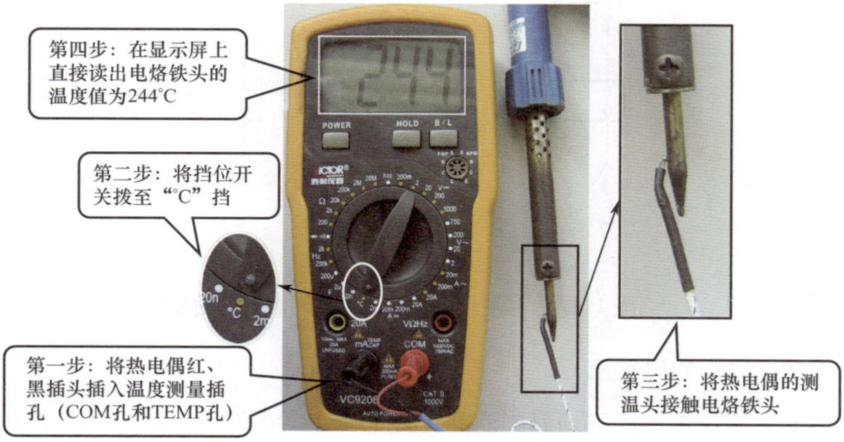
第四步：在显示屏上直接读出电烙铁头的温度值为244°C
第二步：将挡位开关拨至“°C”挡
第一步：将热电偶红、黑插头插入温度测量插孔（COM孔和TEMP孔）
第三步：将热电偶的测温头接触电烙铁头
244
POWER
HOLD
B/L
VC9208
COM

图 11-28　利用热电偶测量电烙铁温度的操作图

11.4.4 好坏检测

热电偶是由两种不同导体焊接起来构成，其一端焊接起来，另一端通过补偿导线连接测量仪表。检测热电偶好坏可按以下两步进行。

第一步：测量热电偶的电阻。万用表拨 R×1Ω 挡，红、黑表笔分别接热电偶的两根补偿导线，如果热电偶及补偿导线正常，测得的阻值较小（几欧至几十欧），若阻值无穷大，则为热电偶或补偿导线开路。

第二步：测量热电偶的热电转换效果。万用表拨最小的直流电压挡，红、黑表笔分别接热电偶的两根补偿导线，然后将热电偶的热端接触温度高的物体（如烧热的铁锅），如果热电偶正常，万用表表针会指示一定的电压值，随着热端温度上升，表针指示电压值会慢慢增大，用数字万用表测量时，电压值变化较明显，如果电压值为 0，说明热电偶无法进行热电转换，热电偶损坏或失效。

11.4.5 多个热电偶连接的灵活使用

热电偶不但能单独使用，还可以将多个热电偶连接在一起使用，从而实现各种灵活的温度测量功能。

1. 测量两点间的温度差

利用热电偶测量两点间温度差的接线如图 11-29 所示，将两个热电偶同性质的 B 极连接在一起，两个 A 极分别接仪表两个输入端，如果一个热电偶接触 T_1 温度产生的电压为 U_{T_1}，另一个热电偶接触 T_2 温度产生的电压为 U_{T_2}，那么（$U_{T_1}-U_{T_2}$）就是（T_1-T_2）温差产生的电压，它驱动仪表显示出温差值。

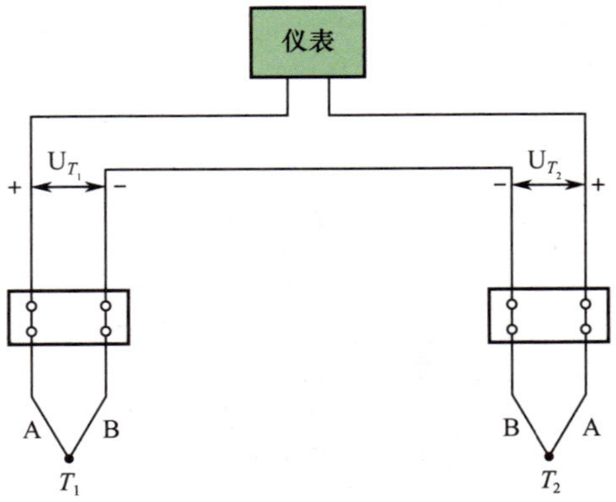

图 11-29　利用热电偶测量两点间温度差的接线

2. 测量多点的平均温度值

利用热电偶测量多点的平均温度值的接线如图 11-30 所示，将热电偶的 B 极全部连接到一起，再接到仪表一个输入端，各 A 极分别通过一个阻值为 R 的电阻接到仪表的另一个输入端，即将各热电偶并联起来再接仪表，仪表显示出来的为各点温度的平均值。

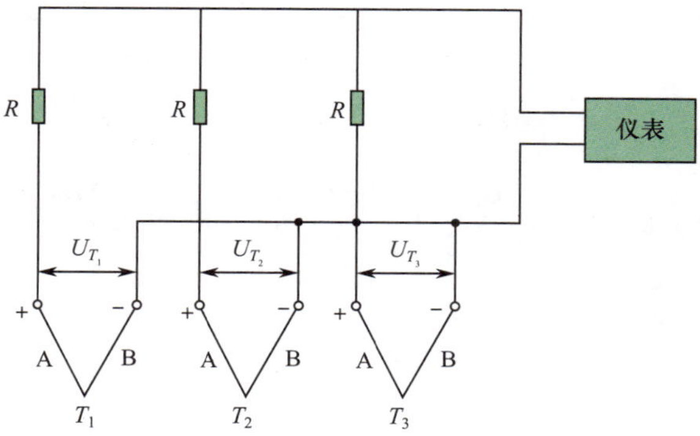

图 11-30　利用热电偶测量多点的平均温度值的接线

3. 测量多点温度之和

利用热电偶测量多点温度之和的接线如图 11-31 所示，它实际上是把各个热电偶串联起来，将各热电偶产生的电压叠加后送给仪表。

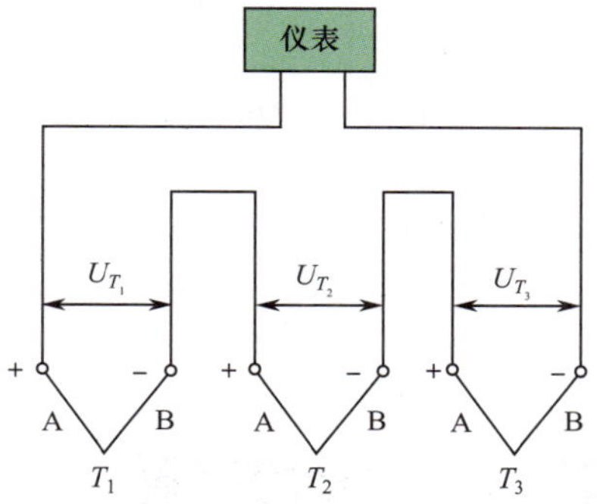

图 11-31　利用热电偶测量多点温度之和的接线

4. 多个热电偶共用一台仪表

多个热电偶共用一台仪表的接线如图 11-32 所示，当切换开关切换到不同位置时，相应的热电偶就与仪表连接起来。

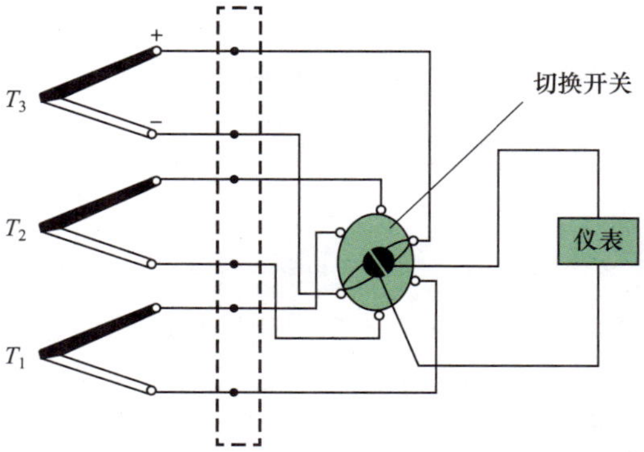

图 11-32　多个热电偶共用一台仪表的接线

第12章 贴片元器件与集成电路

12.1 贴片元器件

12.1.1 贴片电阻器

1. 外形

贴片电阻器有矩形式和圆柱式，矩形式贴片电阻器的功率一般为 0.0315 ～ 0.125W，工作电压为 7.5 ～ 200V，圆柱式贴片电阻器的功率一般为 0.125 ～ 0. 25W，工作电压为 75 ～ 100V。常见贴片电阻器如图 12-1 所示。

图 12-1 贴片电阻器

2. 阻值标注方法

贴片电阻器阻值表示有色环标注法，也有数字标注法。色环标注的贴片电阻，其阻值识读方法同普通的电阻器。数字标注的贴片电阻器有三位和四位之分，对于三位数字标注的贴片电阻器，前两位表示有效数字，第三位表示 0 的个数；对于四位数字标注的贴片电阻器，前三位表示有效数字，第四位表示 0 的个数。

贴片电阻器的常见标注形式如图 12-2 所示。

在生产电子产品时，贴片元件一般采用贴片机安装，为了便于机器高效安装，贴片元件通常装在连续条带的凹坑内，凹坑由塑料带盖住并卷成盘状，图 12-3 所示就是一盘贴片元件（约几千个）。卷成盘状的贴片电阻器通常会在盘体标签上标明元件型号和有关参数。

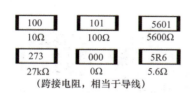

100	101	5601
10Ω	100Ω	5600Ω
273	000	5R6
27kΩ	0Ω （跨接电阻，相当于导线）	5.6Ω

图 12-2　贴片电阻器的常见标注形式

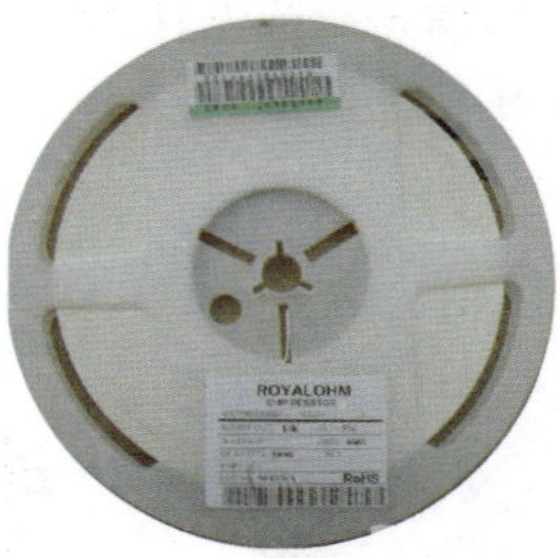

图 12-3　盘状包装的贴片电阻器

贴片电阻器各项标注的含义见表 12-1 。

表 12-1　贴片电阻器各项标注的含义

产品代号		型　号		电阻温度系数		阻　值		电阻值误差		包装方式	
RC	片状电阻器	代号	型号	代号	T.C.R	表示方式	阻　值	代号	误差值	代号	包装方式
		02	0402	K	≤ ±100PPM/℃	E-24	前两位表示有效数字 第三位表示零的个数	F	±1%	T	编带包装
		03	0603	L	≤ ±250PPM/℃			G	±2%		
		05	0805	U	≤ ±400PPM/℃	E-96	前三位表示有效数字 第四位表示零的个数	J	±5%	B	塑料盒散包装
		06	1206	M	≤ ±500PPM/℃			0	跨接电阻		
示例	RC	05		K		103		J			
备注	小数点用 R 表示，例如，E-24: 1R0=1.0Ω 103=10kΩ，E-96: 1003=100kΩ ；跨接电阻采用“000”表示										

3. 贴片电位器

贴片电位器是一种阻值可以调节的元件，体积小巧不带手柄，贴片电位器的功率一般为 0.1 ～ 0.25W，其阻值标注方法与贴片电阻器相同。常见的贴片电位器如图 12-4 所示。

图 12-4　常见的贴片电位器

12.1.2 贴片电容器

1. 外形

贴片电容器可分为无极性电容器和有极性电容器（电解电容器）。图 12-5 所示是一些常见的贴片电容器。

图 12-5 贴片电容器

2. 容量标注方法

贴片电容器的体积较小，故有很多电容器不标注容量，对于这类电容器，可用电容表测量，或者查看包装上的标签来识别容量。也有些贴片电容器对容量进行标注，贴片电容器常见的标注方法有数字标注法、字母与数字标注法、颜色与数字标注法。

1）数字标注法

数字标注法的贴片电容器容量识别方法与贴片电阻器相同，无极性贴片电器的单位为 pF，有极性贴片电容器的单位为 μF。

2）字母与数字标注法

字母与数字标注法是采用英文字母与数字组合的方式来表示容量的大小。这种标注法中的第一位字母表示容量的有效数，第二位数字表示有效数后面 0 的个数。字母与数字标注法的字母和数字的含义见表 12-2。

表 12-2 字母与数字标注法字母和数字的含义

第一位：字母				第二位：数字	
A	1	N	3.3	0	100
B	1.1	P	3.6	1	101
C	1.2	Q	3.9	2	102
D	1.3	R	4.3	3	103
E	1.5	S	4.7	4	104
F	1.6	T	5.1	5	105
G	1.8	U	5.6	6	106
H	2.0	V	6.2	7	107
I	2.2	W	6.8	8	108
K	2.4	X	7.5	9	109
L	2.7	Y	9.0		
M	3.0	Z	9.1		

图 12-6 所示的贴片电容器就采用了字母与数字混合标注法，标注“B2”表示容量为 110pF，标注“S3”表示容量为 4700pF。

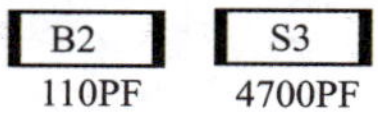

图 12-6　采用字母与数字混合标注的贴片电容器

3）颜色与字母标注法

颜色与字母标注法是采用颜色和一位字母来标注容量的大小，采用这种方法标注的容量单位为 pF。例如，蓝色与 J，表示容量为 220pF，红色与 S，表示容量为 9pF。该标注法的颜色与字母组合的含义见表 12-3。

表 12-3　颜色与字母标注法的颜色与字母组合的含义

	A	C	E	G	J	L	N	Q	S	U	W	Y
黄色	0.1											
绿色	0.01		0.015		0.022		0.033		0.047	0.056	0.068	0.082
白色	0.001		0.0015		0.0022		0.0033		0.0047	0.0056	0.0068	
红色	1	2	3	4	5	6	7	8	9			
黑色	10	12	15	18	22	27	33	39	47	56	68	82
蓝色	100	120	150	180	220	270	330	390	470	560	680	820

12.1.3　贴片电感器

1. 外形

贴片电感器的功能与普通电感器相同，图 12-7 所示是一些常见的贴片电感器。

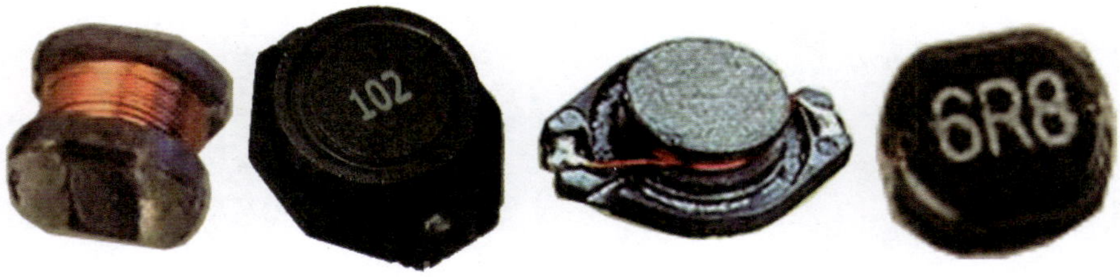

图 12-7　贴片电感器

2. 电感量的标注方法

贴片电感器的电感量一般会标注出来，其标注方法与贴片电阻器基本相同，单位为 μH。常见贴片电感器标注形式如图 12-8 所示。

图 12-8　常见贴片电感器标注形式

12.1.4 贴片二极管

1. 外形

贴片二极管有矩形和圆柱形，矩形贴片二极管一般为黑色，其使用更为广泛，图 12-9 所示是一些常见的贴片二极管。

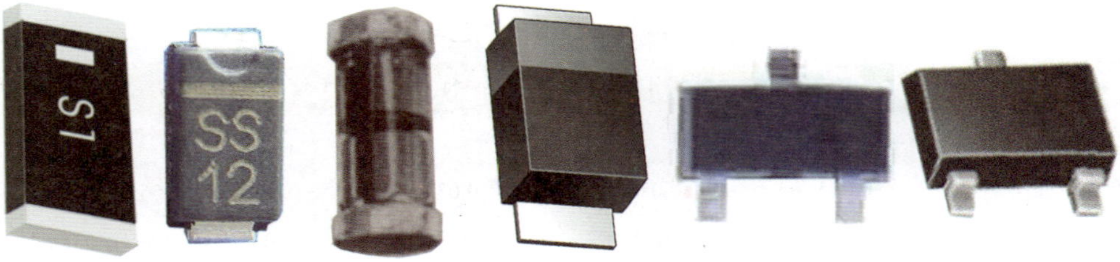

图 12-9　贴片二极管

2. 结构

贴片二极管有单管和对管之分，单管式贴片二极管内部只有一个二极管，而对管式贴片二极管内部有两个二极管。

单管式贴片二极管一般有两个端极，标有白色横条的为负极，另一端为正极，也有些单管式贴片二极管有三个端极，其中一个端极为空，其内部结构如图 12-10 所示。

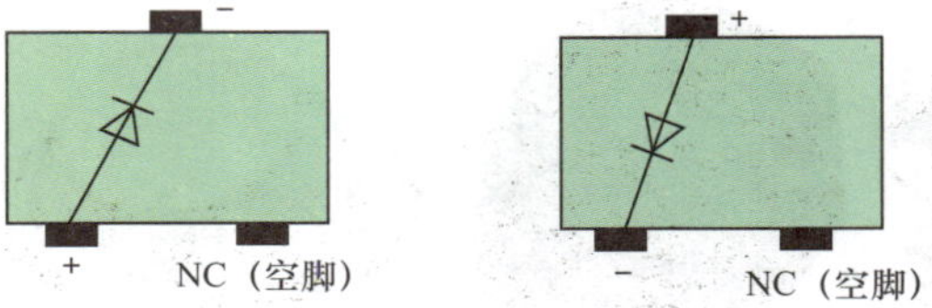

图 12-10　贴片二极管的内部结构

对管式贴片二极管根据内部两个二极管的连接方式不同，可分为共阳极对管（两个二极管正极共用）、共阴极对管（两个二极管负极共用）和串联对管，如图 12-11 所示。

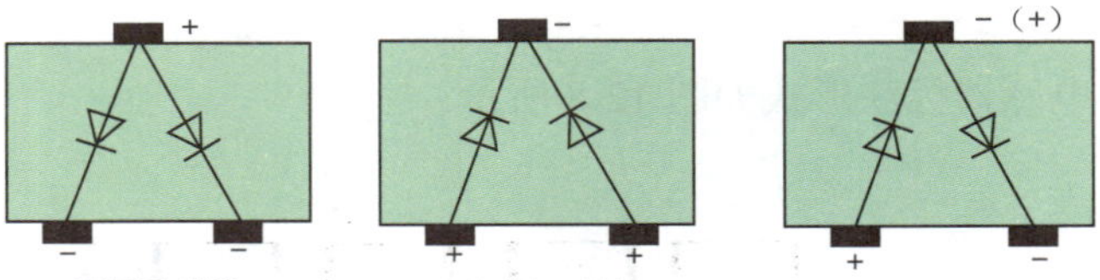

图 12-11　对管式贴片二极管的内部结构

12.1.5　贴片三极管

1. 外形

图 12-12 所示是一些常见的贴片三极管实物外形。

图 12-12　贴片三极管

2. 结构

贴片三极管有 C、B、E 三个端极，对于图 12-13（a）所示单列贴片三极管，正面朝上，粘贴面朝下，从左到右依次为 B、C、E 极。对于图 12-13（b）所示双列贴片三极管，正面朝上，粘贴面朝下，单端极为 C 极，双端极左为 B 极，右为 E 极。

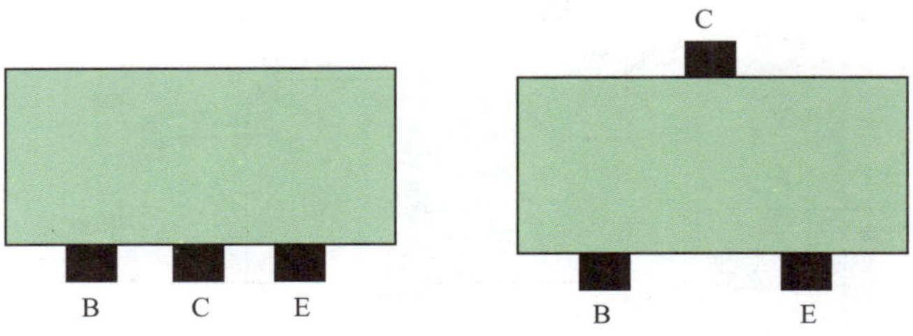

（a）单列贴片三极管　　（b）双列贴片三极管

图 12-13　贴片三极管引脚排列规律

与普通三极管一样，贴片三极管也有 NPN 型和 PNP 型之分，这两种类型的贴片三极管内部结构如图 12-14 所示。

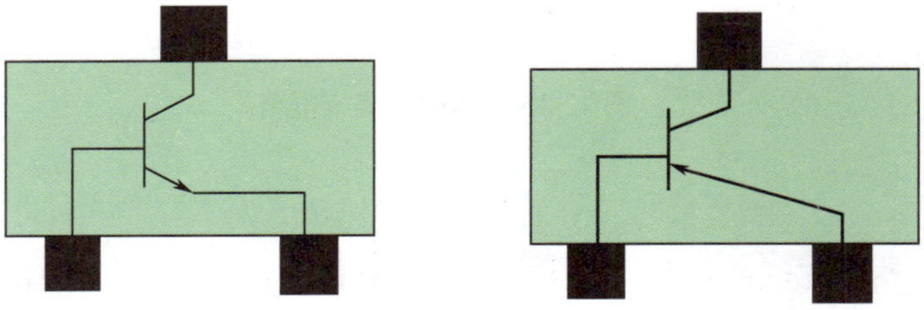

图 12-14　贴片三极管内部结构

12.2 集成电路

12.2.1 简介

将许多电阻、二极管和三极管等元器件以电路的形式制作在半导体硅片上，然后接出引脚并封装起来，就构成了集成电路。集成电路简称为集成块，又称芯片 IC。图 12-15 (a) 所示的 LM380 就是一种常见的音频放大集成电路，其内部电路如图 12-15（b）所示。

(a) LM380实物外形

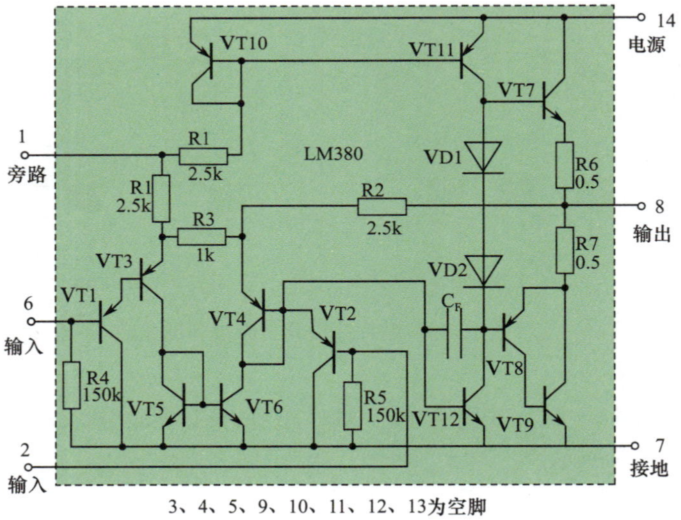

3、4、5、9、10、11、12、13为空脚

(b) 内部结构

图 12-15　LM380 集成电路

由于集成电路内部结构复杂，对于大多数人来说，可不用了解内部电路具体结构，只要知道集成电路的用途和各引脚的功能即可。

集成电路是无法单独工作的，需要给它加接相应的外围元件并提供电源才能工作。

图 12-16 所示的集成电路 LM380 加了电源并加接了外围元件，它就可以对 6 脚输入的音频信号进行放大，然后从 8 脚输出放大的音频信号，再送入扬声器使之发声。

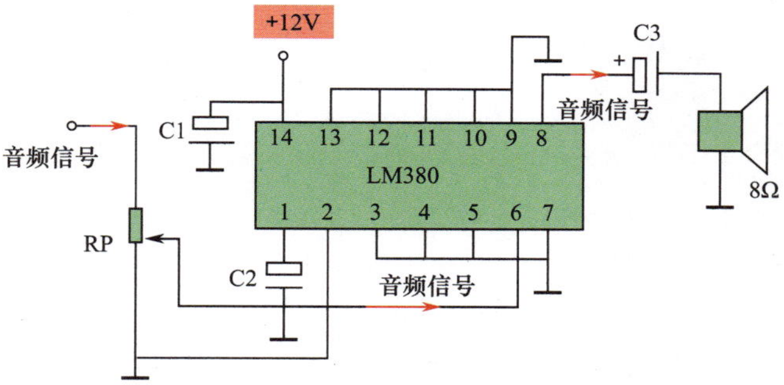

图 12-16　LM380 构成的实用电路

12.2.2　特点

有的集成电路内部只有十几个元器件，而有些集成电路内部则有上千万个元器件（如计算机中的微处理器 CPU）。集成电路内部电路很复杂，对于大多数电子技术人员可不用理会内部电路原理，除非是从事电路设计工作的人员。

集成电路主要有以下特点。

（1）集成电路中多用晶体管，少用电感、电容和电阻，特别是大容量的电容，因为制作这些元器件需要占用大面积硅片，导致成本提高。

（2）集成电路内的各个电路之间多采用直接连接（即用导线直接将两个电路连接起来），少用电容连接，这样可以减少集成电路的面积，又能使它适用各种频率的电路。

（3）集成电路内多采用对称电路（如差动电路），这样可以纠正制造工艺上的偏差。

（4）集成电路一旦生产出来，内部的电路无法更改，不像分立元器件电路可以随时改动，所以当集成电路内的某个元器件损坏时，只能更换整个集成电路。

（5）集成电路一般不能单独使用，需要与分立元器件组合才能构成实用的电路。对于集成电路，大多数电子技术人员只要知道它内部具有什么样功能的电路，即了解内部结构方框图和各引脚功能就行了。

12.2.3　种类

集成电路的种类很多，其分类方式也很多，这里介绍几种主要的分类方式。

（1）按集成电路所体现的功能不同，可分为模拟集成电路、数字集成电路、接口电路和特殊电路四类。

（2）按有源器件类型不同，集成电路又可分为双极型、单极型及双极 - 单极混合型三种。

双极型集成电路内部主要采用二极管和三极管。它又可以分为 DTL（二极管 - 晶体管逻辑)、TTL(晶体管-晶体管逻辑)、ECL(发射极耦合逻辑、电流型逻辑)、HTL(高抗干扰逻辑)和 I2L(集成注入逻辑)电路。双极型集成电路开关速度快、频率高、信号传输延迟时间短，但制造工艺较复杂。

单极型集成电路内部主要采用 MOS 场效应管。它又可分为为 PMOS、NMOS 和 CMOS 电路。单极型集成电路输入阻抗高、功耗小、工艺简单、集成密度高、易于大规模集成。

双极-单极混合型集成电路内部采用 MOS 和双极兼容工艺制成，因此兼有两者的优点。

(3)按集成电路的集成度不同，可分为小规模集成电路(SSI)、中规模集成电路(MSI)、大规模集成电路(LSI)和超大规模集成电路(VLSI)。

对于数字集成电路来说，小规模集成电路是指集成度为 1 ～ 12 门 / 片或 10 ～ 100 个元件 / 片的集成电路，它主要是逻辑单元电路，如各种逻辑门电路、集成触发器等。

中规模集成电路是指集成度为 13 ～ 99 门 / 片或 100 ～ 1000 个元件 / 片的集成电路，它是逻辑功能部件，如编码器、译码器、数据选择器、数据分配器、计数器、寄存器、算术逻辑运算部件、A/D 和 D/A 转换器等。

大规模集成电路是指集成度为 100 ～ 1000 门 / 片或 1000 ～ 10^5 个元件 / 片的集成电路，它是数字逻辑系统，如微型计算机使用的中央处理器(CPU)、存储器(ROM、RAM)和各种接口电路(PIO、CTC)等。

超大规模集成电路是指集成度大于 1000 门 / 片或 10^5 个元件 / 片的集成电路，它是高集成度的数字逻辑系统，如各种型号的单片机就是在一处硅片上集成了一个完整的微型计算机。

对于模拟集成电路来说，由于工艺要求高，电路又复杂，故通常将集成 50 个以下的元器件的集成电路称为小规模集成电路，集成 50 ～ 100 个元器件的集成电路称为中规模集成电路，集成 100 个以上的就称为大规模集成电路。

12.2.4 封装形式

封装就是指把硅片上的电路引脚用导线接引到外部引脚处，以便与其他器件连接。封装形式是指安装半导体集成电路芯片用的外壳。集成电路的常见封装形式见表 12-4。

表 12-4 集成电路常见的封装形式

名 称	外 形	说 明
SOP		SOP 是英文 Small Out-line Package 的缩写，即小外形封装。SOP 封装技术由 1968—1969 年飞利浦公司开发成功，以后逐渐派生出 SOJ(J 型引脚小外形封装)、TSOP(薄小外形封装)、VSOP(甚小外形封装)、SSOP(缩小型 SOP)、TSSOP(薄的缩小型 SOP)及 SOT(小外形晶体管)和 SOIC(小外形集成电路)等

续表

名　称	外　形	说　明
SIP		SIP 是英文 Single In-line Package 的缩写，即单列直插式封装。引脚从封装一个侧面引出，排列成一条直线。当装配到印制基板上时封装呈侧立状。引脚中心距通常为 2.54mm，引脚数为 2 ～ 23，多数为定制产品
DIP		DIP 是英文 Double In-line Package 的缩写，即双列直插式封装。插装型封装之一，引脚从封装两侧引出，封装材料有塑料和陶瓷两种。DIP 是最普及的插装型封装，应用范围包括标准逻辑 IC、存储器 LSI 和微机电路等
PLCC		PLCC 是英文 Plastic Leaded Chip Carrier 的缩写，即塑封 J 引线芯片封装。PLCC 封装方式外形呈正方形，32 脚封装，四周都有引脚，外形尺寸比 DIP 封装小得多。PLCC 封装适合用 SMT 表面安装技术在 PCB 上安装布线，具有外形尺寸小、可靠性高的优点
TQFP		TQFP 是英文 Thin Quad Flat Package 的缩写，即薄塑封四角扁平封装。四边扁平封装（TQFP）工艺能有效利用空间，从而降低对印制电路板空间大小的要求。由于缩小了高度和体积，这种封装工艺非常适合对空间要求较高的应用，如 PCMCIA 卡和网络器件。几乎所有 ALTERA 的 CPLD/FPGA 都有 TQFP 封装
PQFP		PQFP 是英文 Plastic Quad Flat Package 的缩写，即塑封四角扁平封装。PQFP 封装的芯片引脚之间距离很小，引脚很细，一般大规模或超大规模集成电路采用这种封装形式，其引脚数一般都在 100 以上
TSOP		TSOP 是英文 Thin Small Outline Package 的缩写，即薄型小尺寸封装。TSOP 封装技术的一个典型特征就是在封装芯片的周围做出引脚，TSOP 适合用 SMT 技术（表面安装技术）在 PCB（印制电路板）上安装布线。采用 TSOP 封装时，寄生参数减小，适合高频应用，可靠性比较高
BGA		BGA 是英文 Ball Grid Array Package 的缩写，即球栅阵列封装。20 世纪 90 年代随着技术的进步，芯片集成度不断提高，I/O 引脚数急剧增加，功耗也随之增大，对集成电路封装的要求也更加严格。为了满足发展的需要，BGA 封装开始应用于生产

12.2.5　引脚识别

集成电路的引脚很多，少则几个，多则几百个，各个引脚功能又不一样，所以在使用时一定要对号入座，否则集成电路不工作甚至烧坏。因此一定要知道集成电路引脚的识别方法。

不管什么集成电路，它们都有一个标记指出第 1 引脚，常见的标记有小圆点、小突起、缺口，缺角，找到该引脚后，逆时针依次为 2、3、4……如图 12-17（a）所示。对于单列或双列引脚的集成电路，若表面标有文字，识别引脚时正对标注文字，文字左下角为第 1 引脚，然后逆时针依次为 2、3、4……如图 12-17（b）所示。

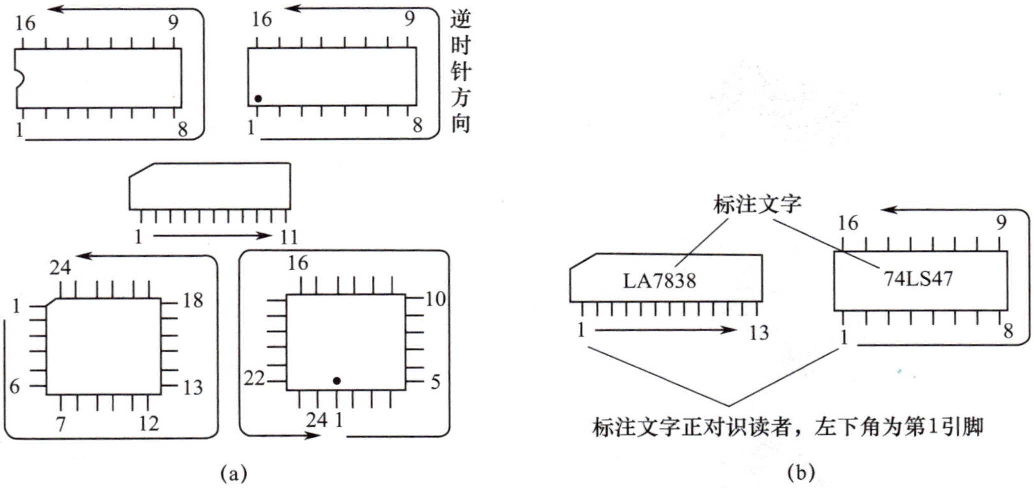

图 12-17　集成电路引脚识别

12.2.6　好坏检测

集成电路型号很多，内部电路千变万化，故检测集成电路好坏较为复杂。下面介绍一些常用的集成电路好坏检测方法。

1. 开路测量电阻法

开路测量电阻法是指在集成电路未与其他电路连接时，通过测量集成电路各引脚与接地引脚之间的电阻来判别好坏的方法。

集成电路都有一个接地引脚（GND），其他各引脚与接地引脚之间都有一定的电阻，由于同型号的集成电路内部电路相同，因此同型号的正常集成电路的各引脚与接地引脚之间的电阻均是相同的。根据这一点，可使用开路测量电阻的方法来判别集成电路的好坏。

在检测时，万用表拨至 R×100Ω 挡，红表笔固定接被测集成电路的接地引脚，黑表笔依次接其他各引脚，如图 12-18 所示，测出并记下各引脚与接地引脚之间的电阻，然后用同样的方法测出同型号的正常集成电路的各引脚对地电阻，再将两个集成电路各引脚对地电阻一一对照，如果两者完全相同，则被测集成电路正常，如果有引脚电阻差距很大，则被测集成电路损坏。测量各引脚电阻最好用同一挡位，如果因某引脚电阻过大或过小难以观察而需要更换挡位时，则测量正常集成电路的该引脚电阻时也要换到该挡位。这是因为集成电路内部大部分是半导体元件，不同的欧姆挡提供的电流不同，对于同一引脚，使用不同欧姆挡测量时，内部元件导通程度有所不同，故不同的欧姆挡测同一引脚得到的阻值可能有一定的差距。

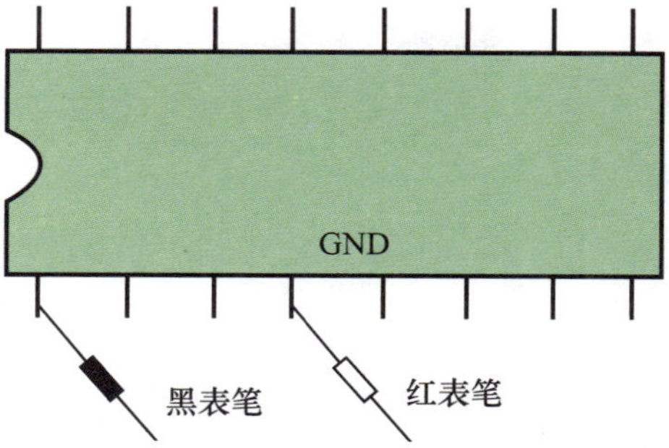

图 12-18 开路测量电阻示意图

采用开路测电阻法判别集成电路好坏比较简单，并且对大多数集成电路都适用，其缺点是检测时需要找一个同型号的正常集成电路作为对照，解决这个问题的方法是平时多测量一些常用集成电路的开路电阻数据，以便以后检测同型号集成电路时作为参考，另外也可查阅一些资料来获得这方面的数据，图 12-19 所示是一种常用的内部有四个运算放大器的集成电路 LM324N，表 12-5 中列出其开路电阻数据，测量使用数字万用表 200kΩ 挡，表中有两组数据，一组为红表笔接 11 引脚（接地脚）、黑表笔接其他各引脚测得的数据，另一组为黑表笔接 11 引脚、红表笔接其他各脚测得的数据，在检测 LM324N 好坏时，也应使用数字万用表的 200kΩ 挡，再将实测的各引脚数据与表中数据进行对照来判别所测集成电路的好坏。

(a) 外形

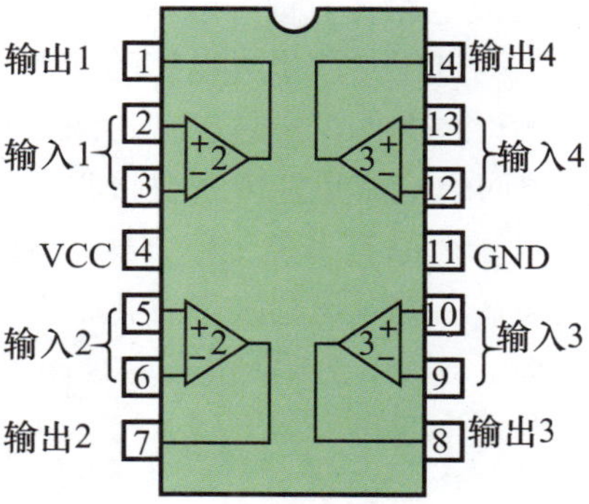

(b) 内部结构

图 12-19 集成电路 LM324N

表 12-5 LM324N 各引脚对地的开路电阻数据

项目＼引脚	1	2	3	4	5	6	7	8	9	10	11	12	13	14
红表笔接 11 引脚（kΩ）	6.7	7.4	7.4	5.5	7.5	7.5	7.4	7.5	7.4	7.4	0	7.4	7.4	6.7
黑表笔接 11 引脚（kΩ）	150	∞	∞	19	∞	∞	150	150	∞	∞	0	∞	∞	150

2. 在路检测法

在路检测法是指在集成电路与其他电路连接时检测集成电路的方法。

1）在路直流电压测量法

在路直流电压测量法是在通电的情况下，用万用表直流电压挡测量集成电路各引脚对地电压，再与参考电压进行比较来判断故障的方法。

在路直流电压测量法使用要点如下。

①为了减小测量时万用表内阻的影响，尽量使用内阻高的万用表。例如，MF47 型万用表直流电压挡的内阻为 20kΩ/V，当选择 10V 挡测量时，万用表的内阻为 200kΩ，在测量时，万用表内阻会对被测电压有一定的分流，从而使被测电压较实际电压略低，内阻越大，对被测电路的电压影响越小，MF50 型万用表直流电压挡的内阻较小，为 10kΩ/V，使用它测量时，对电路电压影响较 MF47 型万用表更大。

②在检测时，首先测量电源引脚电压是否正常，如果电源引脚电压不正常，可检查供电电路，如果供电电路正常，则可能是集成电路内部损坏，或者集成电路某些引脚外围元件损坏，进而通过内部电路使电源引脚电压不正常。

③在确定集成电路的电源引脚电压正常后，才可进一步测量其他引脚电压是否正常。如果个别引脚电压不正常，先检测该引脚外围元件，若外围元件正常，则为集成电路损坏，如果多个引脚电压不正常，可通过集成电路内部大致结构和外围电路工作原理，分析这些引脚电压是否因某个或某些引脚电压变化引起，着重检查这些引脚外围元件，若外围元件正常，则为集成电路损坏。

④有些集成电路在有信号输入（动态）和无信号输入（静态）时，某些引脚电压可能不同，在将实测电压与该集成电路的参考电压对照时，要注意其测量条件，实测电压也应在该条件下测得。例如，彩色电视机图纸上标注出来的参考电压通常是在接收彩条信号时测得的，实测时也应尽量让电视机接收彩条信号。

⑤有些电子产品有多种工作方式，在不同的工作方式下和工作方式切换过程中，有关集成电路的某些引脚电压会发生变化，对于这种集成电路，需要了解电路工作原理才能准确测量与判断。例如，DVD 机在光盘出、光盘入、光盘搜索和读盘时，有关集成电路某些引脚电压会发生变化。

集成电路各引脚的直流电压参考值可以参看有关图纸或查阅有关资料来获得。表 12-6 列出了彩电常用的场扫描输出集成电路 LA7837 各引脚功能、直流电压和在路电阻参考值。

表 12-6　LA7837 各引脚功能、直流电压和在路电阻参考值

引　脚	功　能	直流电压（V）	$R_{正}$（kΩ）	$R_{反}$（kΩ）
①	电源 1	11.4	0.8	0.7
②	场频定时元件	4.3	18	0.9
③	外接定时元件	5.6	1.7	3.2
④	外接场幅调整元件	5.8	4.5	1.4
⑤	50Hz/60Hz 场频控制	0.2/3.0	2.7	0.9

续表

引　脚	功　能	直流电压（V）	$R_{正}$（kΩ）	$R_{反}$（kΩ）
⑥	锯齿波发生器电容	5.7	1.0	0.95
⑦	负反馈输入	5.4	1.4	2.6
⑧	电源 2	24	1.7	0.7
⑨	泵电源提升端	1.9	4.5	1.0
⑩	泵反馈消振电容	1.3	1.7	0.9
⑪	接地	0	0	0
⑫	场偏转功率输出	12.4	0.75	0.6
⑬	场功放电源	24.3	∞	0.75

2）在路电阻测量法

在路电阻测量法是在切断电源的情况下，用万用表欧姆挡测量集成电路各引脚及外围元件的正 / 反向电阻值，再与参考数据相比较来判断故障的方法。

在路电阻测量法使用要点如下。

①测量前一定要断开被测电路的电源，以免损坏元件和仪表，并避免测得的电阻值不准确。

②万用表 R×10kΩ 挡内部使用 9V 电池，有些集成电路工作电压较低，如 3.3V、5V，为了防止高电压损坏被测集成电路，测量时万用表最好选择 R×100Ω 挡或 R×1kΩ 挡。

③在测量集成电路各引脚电阻时，一根表笔接地，另一根表笔接集成电路各引脚，如图 12-20 所示，测得的阻值是该引脚外围元件（R1、C）与集成电路内部电路及有关外围元件的并联值，如果发现个别引脚电阻与参考电阻差距较大，先检测该引脚外围元件，如果外围元件正常，通常为集成电路内部损坏，如果多数引脚电阻不正常，集成电路损坏的可能性很大，但也不能完全排除这些引脚外围元件损坏。

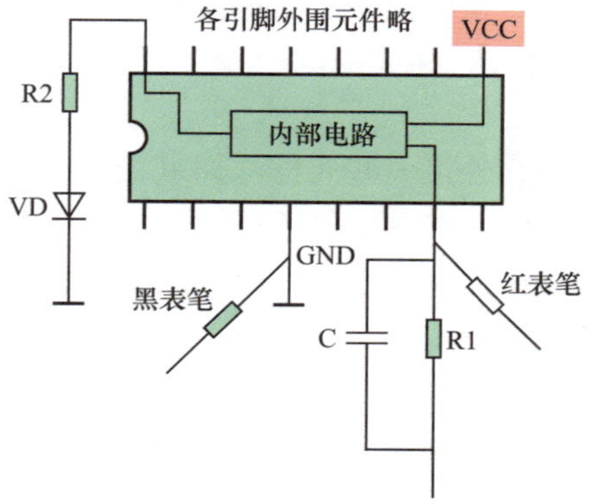

图 12-20　测量集成电路的在路电阻

集成电路各引脚的电阻参考值可以参看有关图纸或查阅有关资料获得。彩电常用的场扫描输出集成电路 LA7837 各引脚在路电阻参考值见表 12-6。

3）在路总电流测量法

在路总电流测量法是指测量集成电路的总电流来判断故障的方法。

集成电路内部元件大多采用直接连接方式组成电路，当某个元件被击穿或开路时，通常对后级电路有一定的影响，从而使得整个集成电路的总工作电流减小或增大，测得集成电路的总电流后再与参考电流比较，过大、过小均说明集成电路或外围元件存在故障。电子产品的图纸和有关资料一般不提供集成电路总电流参考数据，该数据可在正常电子产品的电路中实测获得。

在路测量集成电路的总电流，如图 12-21 所示，在测量时，既可以断开集成电路的电源引脚直接测量电流，也可以测量电源引脚的供电电阻两端电压，然后利用 $I = U/R$ 来计算出电流值。

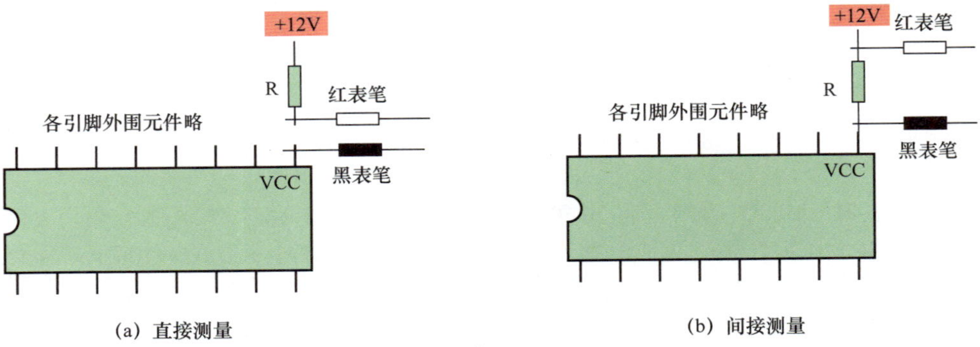

图 12-21　在路测量集成电路的总电流

3. 排除法和代换法

不管是开路测量电阻法，还是在路检测法，都需要知道相应的参考数据。如果无法获得参考数据，可使用排除法和代换法。

1）排除法

在使用集成电路时，需要给它外接一些元件，如果集成电路不工作，可能是集成电路本身损坏，也可能是外围元件损坏。**排除法是指先检查集成电路各引脚外围元件，当外围元件均正常时，外围元件损坏导致集成电路工作不正常的原因则可排除，故障应为集成电路本身损坏。**

排除法使用要点如下。

①在检测时，最好在测得集成电路供电正常后再使用排除法，如果电源引脚电压不正常，先检查修复供电电路。

②有些集成电路只要本身和外围元件正常就能正常工作，也有些集成电路（数字集成电路较多）还要求其他电路送有关控制信号（或反馈信号）才能正常工作，对于这样的集成电路，除了要检查外围元件是否正常外，还要检查集成电路是否接收到相关的控制信号。

③对外围元件集成电路，使用排除法更为快捷。对外围元件很多的集成电路，通常先检查一些重要引脚的外围元件和易损坏的元件。

2）代换法

代换法是指当怀疑集成电路可能损坏时，直接用同型号正常的集成电路代换，如果故障消失，则为原集成电路损坏，如果故障依旧，则可能是集成电路外围元件损坏、更换的集成电路不良，也可能是外围元件故障未排除导致更换的集成电路又被损坏，还有些集成电路可能是未接收到其他电路送来的控制信号。

代换法使用要点如下。

①由于在未排除外围元件故障时直接更换集成电路，可能会使集成电路再次损坏，因此，对于工作在高电压、大电流下的集成电路，最好在检查外围元件正常的情况下再更换集成电路，对于工作在低电压下的集成电路，也尽量在确定一些关键引脚的外围元件正常的情况下再更换集成电路。

②有些数字集成电路内部含有程序，如果程序发生错误，即使集成电路外围元件和有关控制信号都正常，集成电路也不能正常工作，对于这种情况，可使用一些设备重新给集成电路写入程序，或更换已写入程序的集成电路。

12.2.7 直插式集成电路的拆卸

在检修电路时，经常需要从印制电路板上拆卸集成电路，由于集成电路引脚多，拆卸起来比较困难，拆卸不当可能会损害集成电路及电路板。下面介绍几种常用的拆卸集成电路的方法。

1. 用注射器针头拆卸

在拆卸集成电路时，可借助图 12-22 所示不锈钢空芯套管或注射器针头（电子市场有售）来拆卸，拆卸方法如图 12-23 所示，用烙铁头接触集成电路的某一引脚焊点，当该引脚焊点的焊锡熔化后，将大小合适的注射器针头套在该引脚上并旋转，让集成电路的引脚与印制电路板焊锡铜箔脱离，然后将烙铁头移开，稍后拔出注射器针头，这样集成电路的一个引脚就与印制电路板铜箔脱离开来，再用同样的方法将集成电路其他引脚与电路板铜箔脱离，最后就能将该集成电路从电路板上拔下来了。

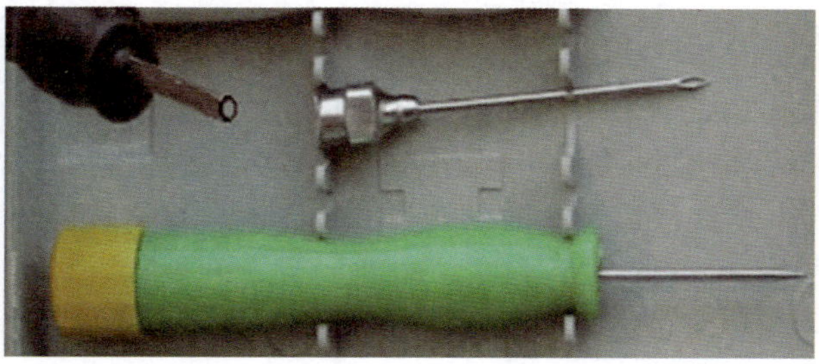

图 12-22　不锈钢空芯套管和注射器针头

图 12-23　用不锈钢空芯套管拆卸多引脚元件

2. 用吸锡器拆卸

吸锡器是一种利用手动或电动方式产生吸力，将焊锡吸离电路板铜箔的维修工具。吸锡器如图 12-24 所示，图中下方吸锡器具有加热功能，又称吸锡电烙铁。

利用吸锡器拆卸集成电路的操作如图 12-25 所示，具体过程如下。

①将吸锡器活塞向下压至卡住。

②用电烙铁加热焊点至焊料熔化。

③移开电烙铁，同时迅速把吸锡器吸嘴贴上焊点，并按下吸锡器按钮，让活塞弹起产生的吸力将焊锡吸入吸锡器。

④如果一次吸不干净，可重复操作多次。

当所有引脚的焊锡被吸走后，就可以从电路板上取下集成电路了。

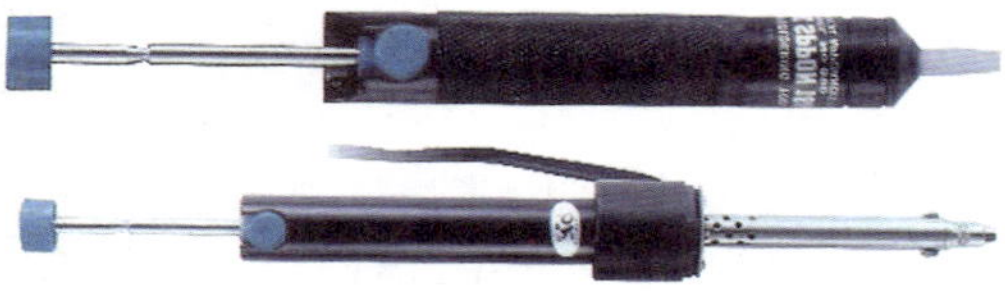

图 12-24　吸锡器

图 12-25　用吸锡器拆卸集成电路

3. 用毛刷配合电烙铁拆卸

这种拆卸方法比较简单，拆卸时只要一把电烙铁和一把小毛刷即可。在使用该方法拆卸集成块时，先用电烙铁加热集成电路引脚处的焊锡，待引脚上的焊锡熔化后，马上用毛刷将熔化的焊锡扫掉，再用这种方法清除其他引脚的焊锡，当所有引脚焊锡被清除后，用镊子或小型一字螺丝刀撬下集成电路。

4. 用多股铜丝吸锡拆卸

在使用这种方法拆卸时，需要用到多股铜芯导线，如图 12-26 所示。

用多股铜丝吸锡拆卸集成电路的操作过程如下。

①去除多股铜芯导线的塑胶外皮，将导线放在松香中用电烙铁加热，使导线蘸上松香。

②将多股铜芯丝放到集成块引脚上用电烙铁加热，这样引脚上的焊锡就会被沾有松香的铜丝吸附，吸上焊锡的部分可剪去，重复操作几次就可将集成电路引脚上的焊锡全部吸走，然后用镊子或小型一字螺丝刀轻轻将集成电路撬下。

5. 增加引脚焊锡熔化拆卸

这种拆卸方法无须借助其他工具材料，特别适合拆卸单列或双列且引脚数量不是很多

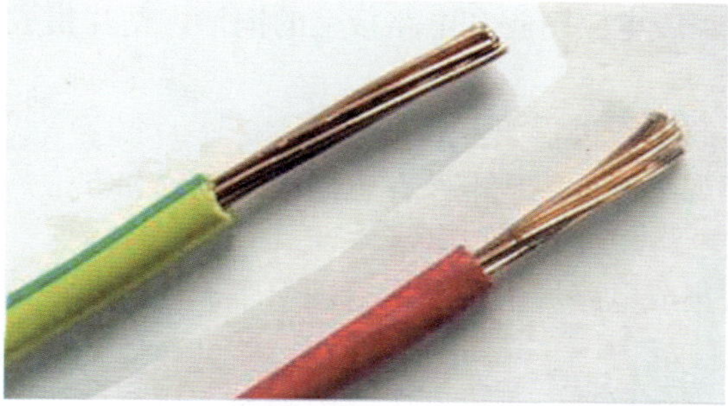

图 12-26　多股铜芯导线

的集成电路。

用增加引脚焊锡融化拆卸集成电路的操作过程如下。

在拆卸时，先给集成块电路一列引脚上增加一些焊锡，让焊锡将该列引脚所有的焊点连接起来，然后用电烙铁加热该列的中间引脚，并往两端移动，利用焊锡的热传导将该列所有引脚上的焊锡融化，再用镊子或小型一字螺丝刀偏向该列位置轻轻将集成电路往上撬一点，再用同样的方法对另一列引脚加热、撬动，对两列引脚轮换加热，直到拆下为止。一般情况下，每列引脚加热两次即可拆下。

6. 用热风拆焊台或热风枪拆卸

热风拆焊台或热风枪外形如图 12-27 所示，其喷头可以喷出温度达几百摄氏度的热风，利用热风将集成电路各引脚上的焊锡熔化，然后就可拆下集成电路。

在拆卸时要注意，用单喷头拆卸时，应让喷头和所拆的集成电路保持垂直，并沿集成电路周围引脚移动喷头，对各引脚焊锡均匀加热，喷头不要触及集成电路及周围的外围元件，吹焊的位置要准确，尽量不要吹到集成电路周围的元件。

图 12-27　热风拆焊台和热风枪

12.2.8　贴片集成电路的拆卸与焊接

1. 拆卸

贴片集成电路的引脚多且排列紧密，有的还四面都有引脚，在拆卸时若方法不当，轻则无法拆下，重则损坏集成电路引脚和电路板上的铜箔。贴片集成电路的拆卸通常使用热风拆焊台或热风枪拆卸。

贴片集成电路的拆卸操作过程如下。

①在拆卸前，仔细观察待拆集成电路在电路板的位置和方位，并做好标记，以便焊接时按对应标记安装集成电路，避免安装出错。

②用小刷子将贴片集成电路周围的杂质清理干净，再给贴片集成电路引脚上涂少许松香粉末或松香水。

③调好热风枪的温度和风速。温度开关一般调至 3 ～ 5 挡，风速开关调至 2 ～ 3 挡。

④用单喷头拆卸时，应注意使喷头和所拆集成电路保持垂直，并沿集成电路周围引脚移动，对各引脚均匀加热，喷头不可触及集成电路及周围的外围元件，吹焊的位置要准确，且不可吹到集成电路周围的元件。

⑤待集成电路的各引脚的焊锡全部熔化后，用镊子将集成电路掀起或夹走，且不可用力，否则极易损坏与集成电路连接的铜箔。

对于没有热风拆焊台或热风枪的维修的人员，可采用以下方法拆卸帖片集成电路。

先给集成电路某列引脚涂上松香，并用焊锡将该列引脚全部连接起来，然后用电烙铁对焊锡加热，待该列引脚上的焊锡熔化后，用薄刀片（如刮须刀片）从电路板和引脚之间推进去，移开电烙铁等待几秒后拿出刀片，这样集成电路该列引脚就和电路板脱离了，再用同样的方法将集成电路其他引脚与电路板分离开，最后就能取下整个集成电路。

2. 焊接

贴片集成电路的焊接过程如下。

①将电路板上的焊点用电烙铁整理平整，如有必要，可对焊锡较少焊点进行补锡，然后用酒精清洁干净焊点周围的杂质。

②将待焊接的集成电路与电路板上的焊接位置对好，再用电烙铁焊好集成电路对角线的四个引脚，将集成电路固定，并在引脚上涂上松香水或撒些松香粉末。

③如果用热风枪焊接，可用热风枪吹焊集成电路四周引脚，待电路板焊点上的焊锡熔化后，移开热风枪，引脚就与电路板焊点粘在一起。如果使用电烙铁焊接，可在烙铁头上蘸上少量焊锡，然后在一列引脚上拖动，焊锡会将各引脚与电路板焊点粘好。如果集成电路的某些引脚被焊锡连接短路，可先用多股铜线将多余的焊锡吸走，再在该处涂上松香水，用电烙铁在该处加热，引脚之间的剩余焊锡会自动断开，回到引脚上。

④焊接完成后，检查集成电路各引脚之间有无短路或漏焊，检查时可借助放大镜或万用表，若有漏焊，应用尖头烙铁进行补焊，最后用无水酒精将集成电路周围的松香清理干净。

12.2.9 集成电路型号命名方法

我国国家标准（国标）规定的半导体集成电路型号命名法由五部分组成，具体见表 12-7。

表 12-7　国家标准集成电路型号命名方法及含义

第一部分		第二部分		第三部分	第四部分		第五部分	
用字母表示器件符合国家标准		用字母表示器件类型		用阿拉伯数字表示器件的系列和品种代号	用字母表示器件的工作温度范围		用字母表示器件的封装	
符号	意 义	符号	意义	TTL 分为：	符号	意 义	符号	意 义
C	中国制造	T	TTL	54/74 ×××	C	0 ～ 70 ℃	W	陶瓷扁平
		H	HTL	54/74H ×××	E	-40 ～ 85 ℃	B	塑料扁平
		E	ECL	54/74L ×××	R	-55 ～ 85 ℃	F	全密封扁平
		C	CMOS	54/74LS ×××	M	-55 ～ 125 ℃	D	陶瓷直插
		F	线性放大器	54/74AS ×××	G	-25 ～ 70 ℃	P	塑料直插
		D	音响、电视电路	54/74ALS ×××	L	-25 ～ 85 ℃	J	黑陶瓷直插
		W	稳压器	54/74F ×××			L	金属菱形
		J	接口电路				T	金属圆形
		B	非线性电路	COMS 分为：			H	黑瓷低熔点玻璃
		M	存储器	4000 系列				
		S	特殊电路	54/74HC ×××				
		AD	模拟数字转换器	54/74HCT ×××				
		DA	数字模拟转换器					

例如：

C	T	4	020	M	D
(1)	(2)	(3)	(4)	(5)	(6)

第一部分（1）表示国家标准。

第二部分（2）表示 TTL 电路。

第三部分（3）表示系列品种代号。其中，1：标准系列，同国际 54/74 系列；2：高速系列，同国际 54H/74H 系列；3：肖特基系列，同国际 54S/74S 系列；4：低功耗肖特基系列，同国际 54LS/74LS 系列。（4）表示品种代号，同国际一致。

第四部分（5）表示工作温度范围。C：0 ～ +70 ℃，同国际 74 系列电路的工作温度范围；M：-55 ～ +125 ℃，同国际 54 系列电路的工作温度范围。

第五部分（6）表示封装形式为陶瓷双列直插。

国家标准型号的集成电路与国际通用或流行的系列品种相仿，其型号主干、功能、电特性及引出脚排列等均与国外同类品种相同，因此品种代号相同的产品可以互相代用。

第13章 数字万用表的测量原理与使用方法

13.1 数字万用表的结构与测量原理

13.1.1 数字万用表的面板介绍

数字万用表的种类很多，但使用方法大同小异，本章就以应用广泛的 VC890C+ 型数字万用表为例来说明其使用方法。VC890C+ 型数字万用表及配件如图 13-1 所示。

1. 面板说明

VC890C+ 型数字万用表的面板说明如图 13-2 所示。

2. 挡位开关及各功能挡

VC890C+ 型数字万用表的挡位开关及各功能挡如图 13-3 所示。

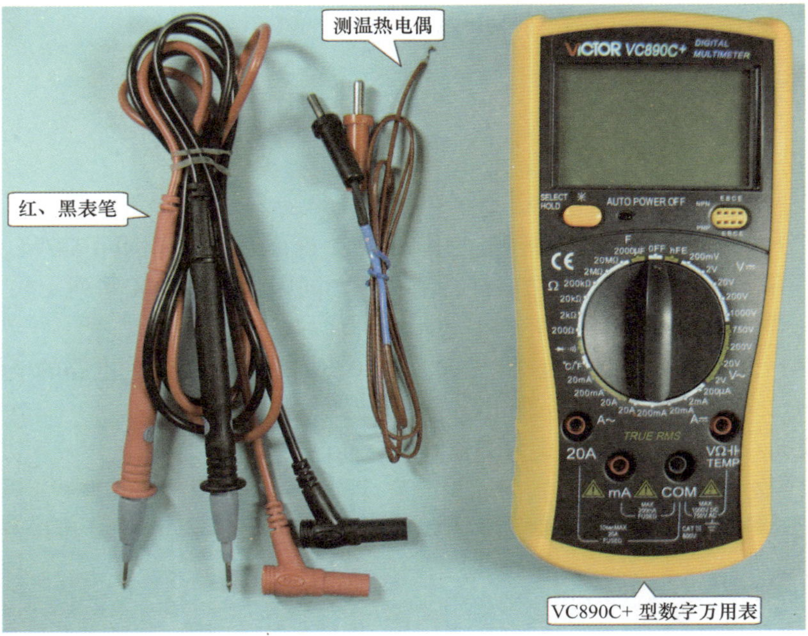

图 13-1　VC890C+ 型数字万用表及配件

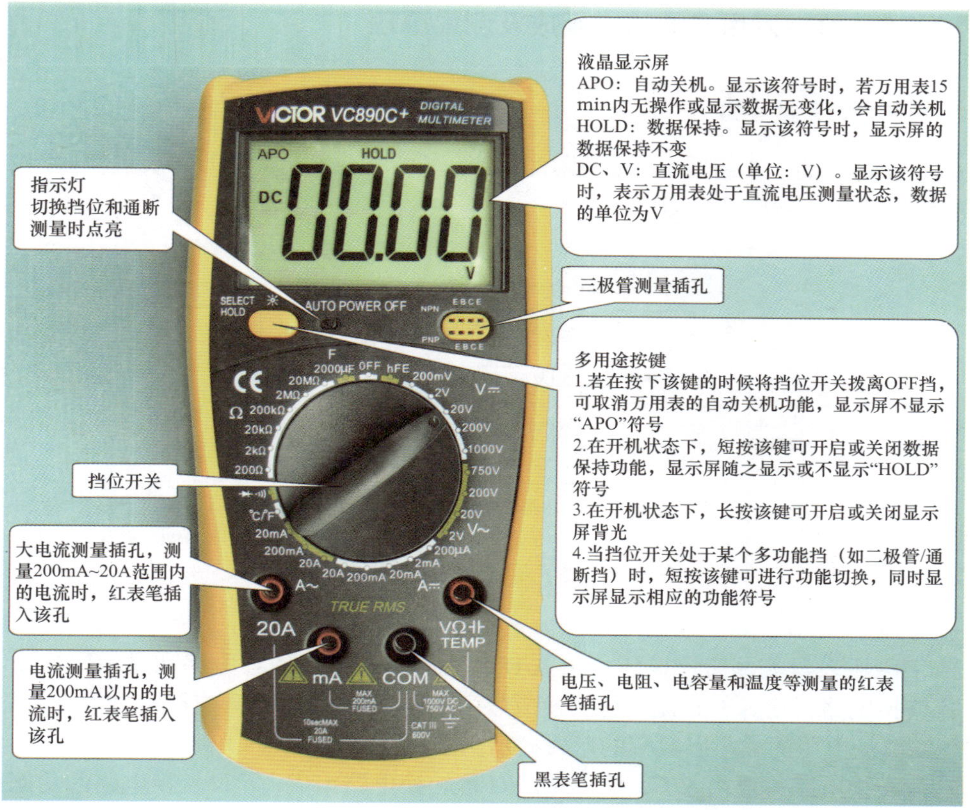
液晶显示屏
APO：自动关机。显示该符号时，若万用表15 min内无操作或显示数据无变化，会自动关机
HOLD：数据保持。显示该符号时，显示屏的数据保持不变
DC、V：直流电压（单位：V）。显示该符号时，表示万用表处于直流电压测量状态，数据的单位为V
指示灯
切换挡位和通断测量时点亮
三极管测量插孔
多用途按键
1.若在按下该键的时候将挡位开关拨离OFF挡，可取消万用表的自动关机功能，显示屏不显示“APO”符号
2.在开机状态下，短按该键可开启或关闭数据保持功能，显示屏随之显示或不显示“HOLD”符号
3.在开机状态下，长按该键可开启或关闭显示屏背光
4.当挡位开关处于某个多功能挡（如二极管/通断挡）时，短按该键可进行功能切换，同时显示屏显示相应的功能符号
挡位开关
大电流测量插孔，测量200mA~20A范围内的电流时，红表笔插入该孔
电流测量插孔，测量200mA以内的电流时，红表笔插入该孔
电压、电阻、电容量和温度等测量的红表笔插孔
黑表笔插孔
VICTOR VC890C+
DIGITAL MULTIMETER
APO
HOLD
DC
AUTO POWER OFF
TRUE RMS
20A
mA
COM
TEMP

图 13-2　VC890C+ 型数字万用表的面板说明

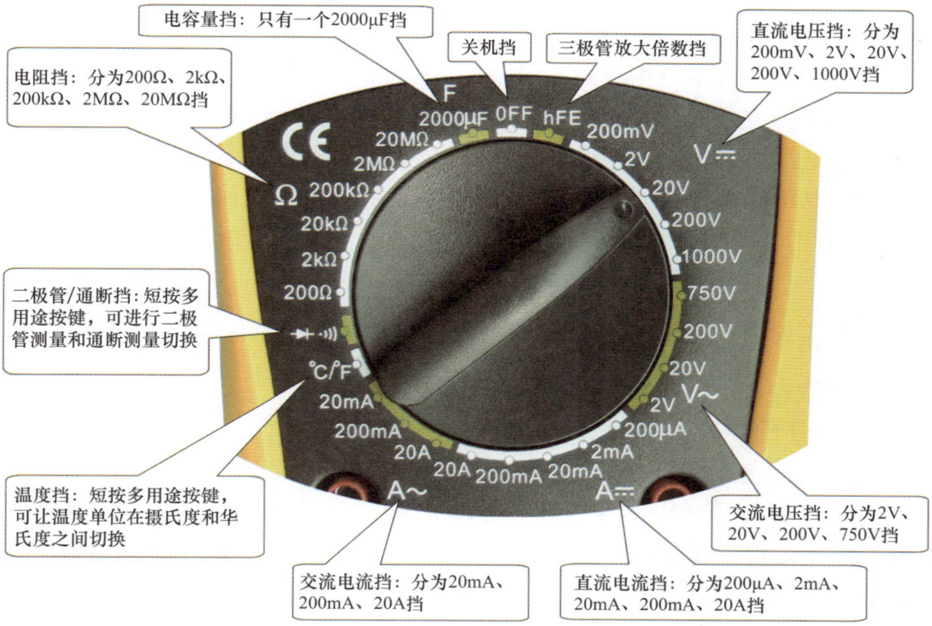
电容量挡：只有一个2000μF挡
关机挡
三极管放大倍数挡
直流电压挡：分为200mV、2V、20V、200V、1000V挡
电阻挡：分为200Ω、2kΩ、200kΩ、2MΩ、20MΩ挡
二极管/通断挡：短按多用途按键，可进行二极管测量和通断测量切换
温度挡：短按多用途按键，可让温度单位在摄氏度和华氏度之间切换
交流电压挡：分为2V、20V、200V、750V挡
交流电流挡：分为20mA、200mA、20A挡
直流电流挡：分为200μA、2mA、20mA、200mA、20A挡

图 13-3　VC890C+ 型数字万用表的挡位开关及各功能挡

13.1.2 数字万用表的基本组成及测量原理

1. 数字万用表的组成

数字万用表的基本组成框图如图 13-4 所示，可以看出，**数字万用表主要由挡位开关、功能转换电路和数字电压表组成。**

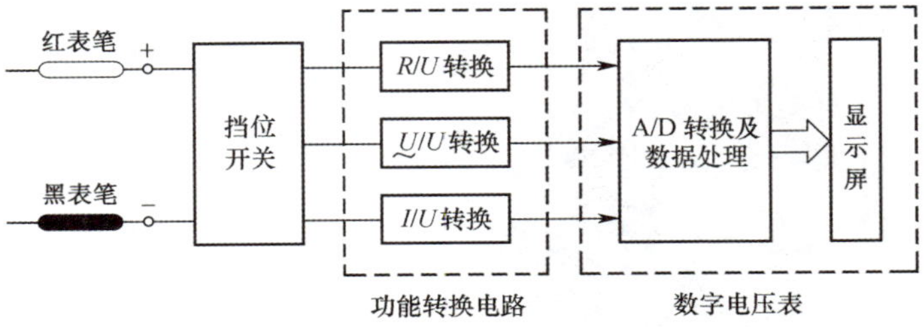

图 13-4 数字万用表的基本组成框图

数字电压表只能测直流电压，由 A/D 转换电路、数据处理电路和显示屏构成。它通过 A/D 转换电路将输入的直流电压转换成数字信号，再经数据处理电路处理后送到显示屏，将输入的直流电压的大小以数字的形式显示出来。

功能转换电路主要由 *R*/*U*、*U*/*U* 和 *I*/*U* 等转换电路组成。*R*/*U* 转换电路的功能是将电阻的大小转换成相应大小的直流电压，*U*/*U* 转换电路的功能是将大小不同的交流电压转换成相应的直流电压，*I*/*U* 转换电路的功能是将大小不同的电流转换成大小不同的直流电压。

挡位开关的作用是根据待测的量选择相应的功能转换电路。例如，在测电流时，挡位开关将被测电流送至 *I*/*U* 转换电路。

以测电流来说明数字万用表的工作原理：在测电流时，电流由表笔、插孔进入数字万用表，在内部经挡位开关（开关置于电流挡）后，电流送到 *I*/*U* 转换电路，转换电路将电流转换成直流电压再送到数字电压表，最终在显示屏显示数字。被测电流越大，转换电路转换成的直流电压越高，显示屏显示的数字越大，指示出的电流数值越大。

由上述可知，**不管数字万用表在测电流、电阻，还是测交流电压时，在内部都要转换成直流电压。**

2. 数字万用表的测量原理

数字万用表各种量的测量区别主要在于功能转换电路。

1）直流电压的测量原理

直流电压的测量原理如图 13-5 所示。被测电压通过表笔送入万用表，如果被测电压低，则直接送到电压表 IC 的 IN+（正极输入）端和 IN−（负极输入）端，被测电压经 IC 进行 A/D 转换和数据处理后在显示屏上显示出被测电压的大小。

如果被测电压很高，将挡位开关 S 置于“2”，被测电压经电阻 R1 降压后再通过挡位开关送到数字电压表的 IC 输入端。

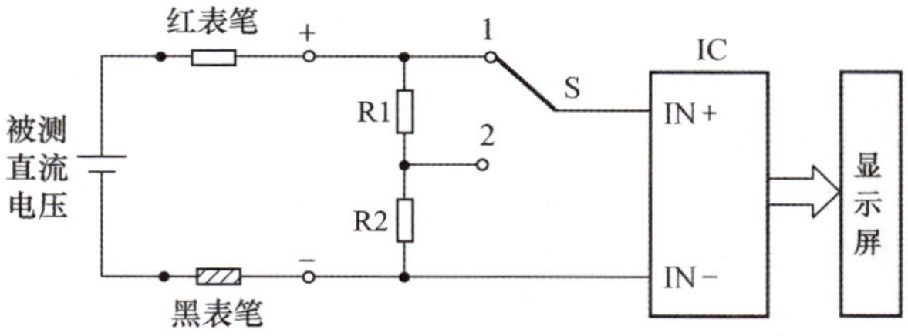

图 13-5　直流电压的测量原理

2）直流电流的测量原理

直流电流的测量原理如图 13-6 所示。被测电流通过表笔送入万用表，电流在流经电阻 R1、R2 时，在 R1、R2 上有直流电压，如果被测电流小，可将挡位开关 S 置于“1”，取 R1、R2 上的电压送到 IC 的 IN+ 端和 IN− 端，被测电流越大，R1、R2 上的直流电压越高，送到 IC 输入端的电压就越高，显示屏显示的数字越大（因为挡位选择的是电流挡，故显示的数值读作电流值）。

如果被测电流很大，将挡位开关 S 置于“2”，只取 R2 上的电压送到数字电压表的 IC 输入端，这样可以避免被测电流大时电压过高而超出电压表显示范围。

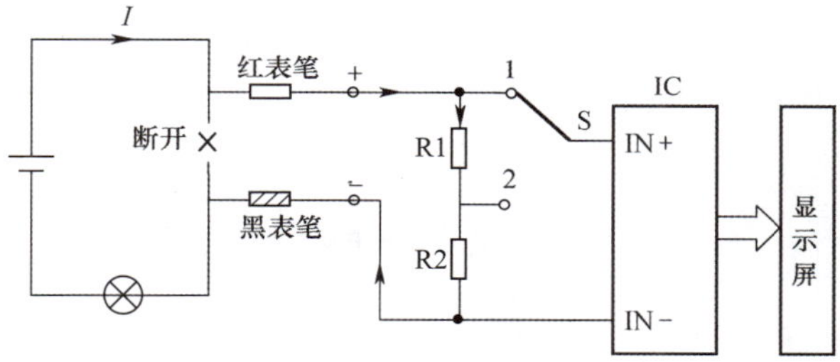

图 13-6　直流电流的测量原理

3）交流电压的测量原理

交流电压的测量原理如图 13-7 所示。被测交流电压通过表笔送入万用表，交流电压

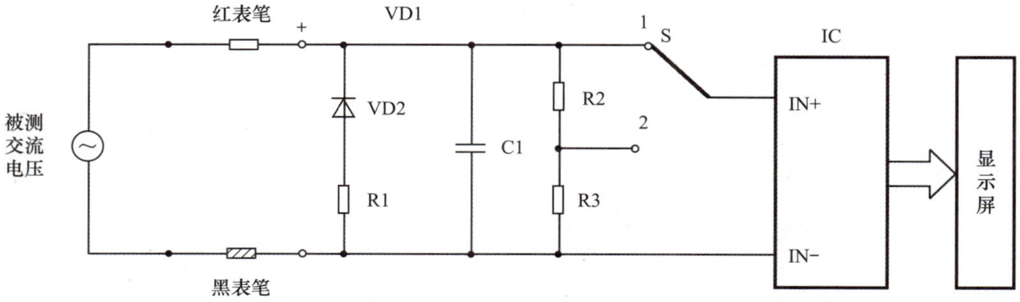

图 13-7　交流电压的测量原理

正半周经 VD1 对电容 C1 充得上正下负的电压，负半周则由 VD2、R1 旁路，C1 上的电压经挡位开关直接送到 IC 的 IN+ 端和 IN− 端，被测电压经 IC 处理后在显示屏上显示出被测电压的大小。

如果被测交流电压很高，C1 上的被充得电压很高，这时可将挡位开关 S 置于“2”，C1 上的电压经 R2 降压，再通过挡位开关送到数字电压表的 IC 输入端。

4）电阻阻值的测量原理

电阻阻值的测量原理如图 13-8 所示。在测电阻时，万用表内部的电源 VDD 经 R1、R2 为被测电阻 Rx 提供电压，Rx 上的电压送到 IC 的 IN+ 端和 IN− 端，Rx 阻值越大，Rx 两端的电压越高，送到 IC 输入端的电压越高，最终在显示屏上显示的数值越大。

如果被测电阻 Rx 阻值很小，它两端的电压就会很低，IC 无法正常处理，这时可将挡位开关 S 置于“2”，这样电源只经 R2 降压为 Rx 提供电压，Rx 上的电压不会很低，IC 可以正常处理并显示出来。

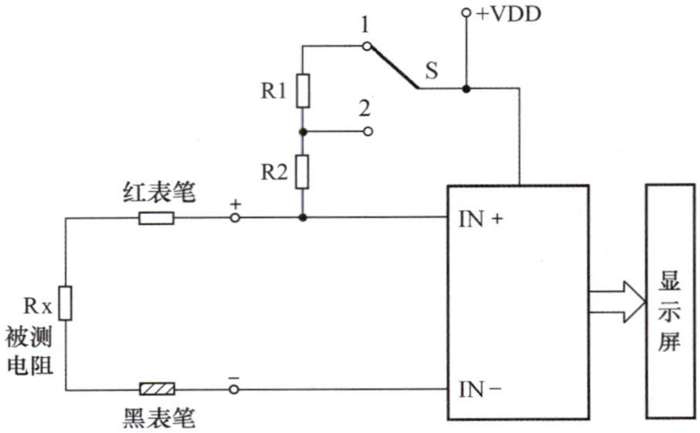

图 13-8　电阻阻值的测量原理

5）二极管的测量原理

二极管的测量原理如图 13-9 所示。万用表内部的 +2.8V 的电源经 VD1、R 为被测二极管 VD2 提供电压，如果二极管是正接（即二极管的正、负极分别接万用表的红表笔和黑表笔），二极管会正向导通，如果二极管反接则不会导通。对于硅管，它的正向导通电压 V_F 为 0.45 ～ 0.7V；对于锗管，它的正向导通电压 V_F 为 0.15 ～ 0.3V。

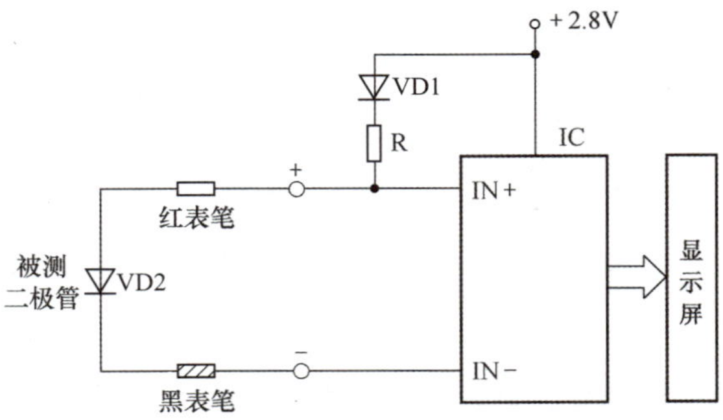

图 13-9　二极管的测量原理

在测量二极管时，如果二极管正接，送到 IC 的 IN+ 端和 IN− 端的电压不大于 0.7V，显示屏将该电压显示出来；如果二极管反接，二极管截止，送到 IC 输入端的电压为 2V，显示屏显示溢出符号“1”。

6）三极管放大倍数的测量原理

三极管放大倍数的测量原理如图 13-10 所示（以测量 NPN 型三极管为例）。

在数字万用表上标有“B”、“C”、“E”插孔，在测三极管时，将 3 个极插入相应的插孔中，万用表内部的电源 VDD 经 R1 为三极管提供 I_B 电流，三极管导通，有 I_E 电流流过 R2，在 R2 上得到电压（$U_{R2}=I_ER_2$），由于电阻 R1 阻值固定，所以 I_B 电流固定，根据 $I_C=I_Bb \approx I_E$ 可知，三极管的 b 值越大，I_E 也就越大，电阻 R2 上的电压就越高，送到 IC 输入端的电压越高，最终在显示屏上显示的数值越大。

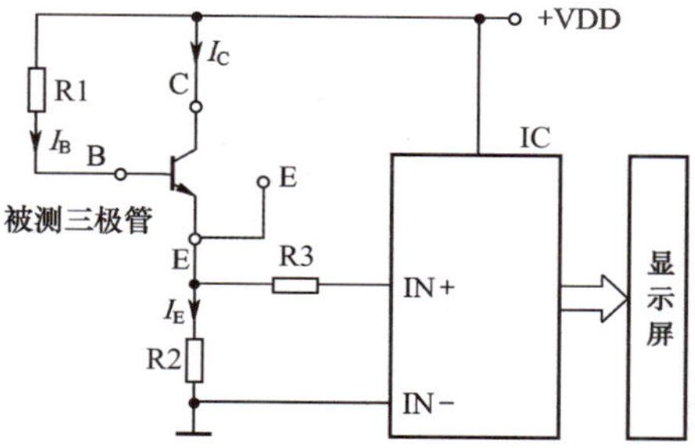

图 13-10　三极管放大倍数的测量原理

7）电容容量的测量原理

电容容量的测量原理如图 13-11 所示。

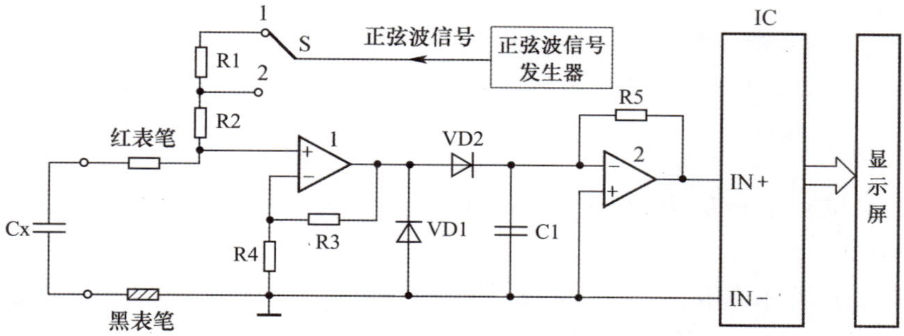

图 13-11　电容容量的测量原理

在测电容容量时，万用表内部的正弦波信号发生器会产生正弦波交流信号电压。交流信号电压经挡位开关 S 的“1”端、R1、R2 送到被测电容 Cx，根据容抗 $X_C=1/(2pfC)$ 可知，

在交流信号 f 不变的情况下，电容容量越大，其容抗越小，它两端的交流电压越低，该交流信号电压经运算放大器 1 放大后输出，再经 VD1 整流后在 C1 上充得上正下负的直流电压，此直流电压经运算放大器 2 倒相放大后再送到 IC 的 IN+ 端和 IN- 端。

如果电容 Cx 容量大，它两端的交流信号电压就低，在电容 C1 上充得的直流电压也低，该电压经倒相放大后送到 IC 输入端的电压越高，显示屏显示的容量越大。

如果电容 Cx 容量很大，它两端的交流信号电压就会很低，经放大、整流和倒相放大后送到 IC 输入端的电压会很高，显示的数字会超出显示屏显示范围。这时可将挡位开关选择“2”，这样仅经 R2 为 Cx 提供的交流电压仍较高，经放大、整流和倒相放大后送到 IC 输入端的电压不会很高，IC 可以正常处理并显示出来。

13.2 数字万用表的使用方法

数字万用表的主要功能有直流电压和直流电流的测量、交流电压和交流电流的测量、电阻阻值的测量、二极管和三极管的测量，一些功能较全的数字万用表还具有测量电容、电感、温度和频率等功能。VC890C+ 型数字万用表具有上述大多数测量功能，下面以该型号的数字万用表为例来说明数字万用表各测量功能的使用。

13.2.1 直流电压的测量

VC890C+ 型数字万用表的直流电压挡可分为 200mV、2V、20V、200V 和 1000V 挡。

1. 直流电压的测量步骤

①将红表笔插入“VΩ ⊣⊢ TEMP”插孔，黑表笔插入“COM”插孔。

②测量前先估计被测电压可能的最大值，选取比估计电压高且最接近的电压挡位，这样测量值更准确。若无法估计，可先选最高挡测量，再根据大致测量值重新选取合适的低挡位进行测量。

③测量时，红表笔接被测电压的高电位处，黑表笔接被测电压的低电位处。

④读数时，直接从显示屏读出的数字就是被测电压值，读数时要注意小数点。

2. 直流电压测量举例

下面以测量一节标称为 9V 电池的电压来说明直流电压的测量方法，测量操作如图 13-12 所示。

由于被测电池标称电压为 9V，根据选择的挡位数高于且最接近被测电压的原则，将挡位开关选择直流电压的“20V”挡最为合适，然后红表笔接电池的正极，黑表笔接电池的负极，再从显示屏直接读出数值即可，如果显示数据有变化，待其稳定后读值。图 13-12 中显示屏显示值为“08.66”，说明被测电池的电压为 8.66V。当然也可以将挡位开关选择“200V”、“1000V”挡测量，但准确度会下降，挡位偏离被测电压越大，测量出来的电压值误差越大。

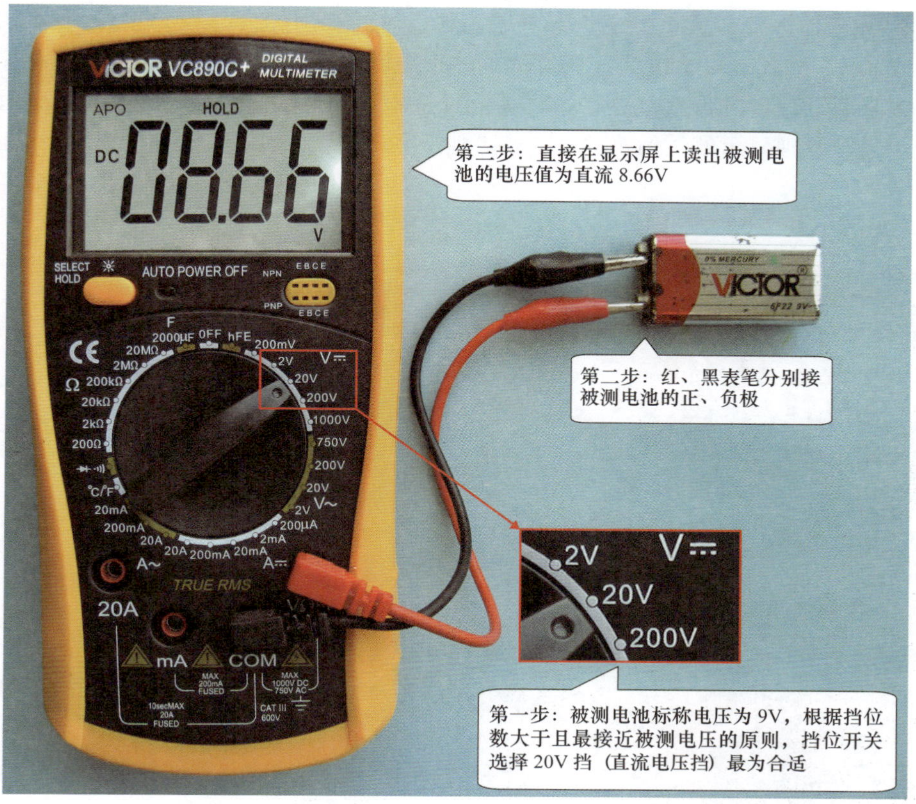
VICTOR VC890C+ DIGITAL MULTIMETER
APO
HOLD
DC
08.66
V
第三步：直接在显示屏上读出被测电池的电压值为直流 8.66V
第二步：红、黑表笔分别接被测电池的正、负极
2V
V⎓
20V
200V
第一步：被测电池标称电压为 9V，根据挡位数大于且最接近被测电压的原则，挡位开关选择 20V 挡（直流电压挡）最为合适
TRUE RMS
20A
mA
COM

图 13-12　用数字万用表测量电池的直流电压值

13.2.2　直流电流的测量

VC890C+ 型数字万用表的直流电流挡位可分为 200 μA、2mA、20mA、200mA 和 20A 挡。

1. 直流电流的测量步骤

①将黑表笔插入“COM”插孔，红表笔插入“mA”插孔；如果测量 200mA ～ 20A 电流，红表笔应插入“20A”插孔。

②测量前先估计被测电流的大小，选取合适的挡位，选取的挡位应大于且最接近被测电流值。

③测量时，先将被测电路断开，再将红表笔置于断开位置的高电位处，黑表笔置于断开位置的低电位处。

④从显示屏上直接读出电流值。

2. 直流电流测量举例

下面以测量流过一只灯泡的工作电流为例来说明直流电流的测量方法，测量操作如图 13-13 所示。

灯泡的工作电流较大，一般会超过 200mA，故挡位开关选择直流 20A 挡，并将红表笔插入“20A”插孔，再将电池连向灯泡的一根线断开，红表笔置于断开位置的高电位处，黑表笔置于断开位置的低电位处，这样才能保证电流由红表笔流进，从黑表笔流出，然后观察显示屏，发现显示的数值为“00.25”，则被测电流的大小为 0.25A。

图 13-13　用数字万用表测量灯泡的工作电流

13.2.3　交流电压的测量

VC890C+ 型数字万用表的交流电压挡可分为 2V、20V、200V 和 780V 挡。

1. 交流电压的测量步骤

①将红表笔插入“VΩ ⊣⊢ TEMP”插孔，黑表笔插入“COM”插孔。

②测量前，估计被测交流电压可能出现的最大值，选取合适的挡位，选取的挡位要大于且最接近被测电压值。

③红、黑表笔分别接被测电压两端（交流电压无正、负之分，故红、黑表笔可随意接）。

④读数时，直接从显示屏读出的数字就是被测电压值。

2. 交流电压测量举例

下面以测量市电电压的大小为例来说明交流电压的测量方法，测量操作如图 13-14 所示。

市电电压的标准值应为 220V，万用表交流电压挡只有 750V 挡大于且最接近该数值，故挡位开关选择交流“750V”挡，然后将红、黑表笔分别插入交流市电的电源插座，再从显示屏读出显示的数字，图中显示屏显示的数值为“237”，故市电电压为 237V。

数字万用表显示屏上的“T-RMS”表示真有效值。在测量交流电压或电流时，万用表测得的电压或电流值均为有效值，对于正弦交流电，其有效值与真有效值是相等的，对于非正弦交流电，其有效值与真有效值是不相等的，故对于无真有效值测量功能的万用表，在测量非正弦交流电时测得的电压值（有效值）是不准确的，仅供参考。

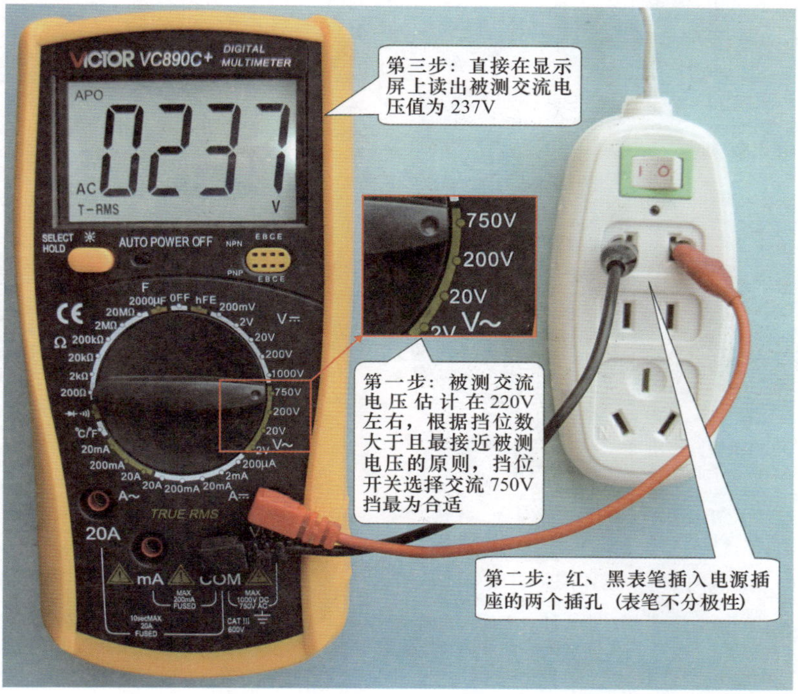

图 13-14　用数字万用表测量市电的电压值

13.2.4　交流电流的测量

VC890C+ 型数字万用表的交流电流挡可分为 20mA、200mA 和 20A 挡。

1. 交流电流的测量步骤

①将黑表笔插入“COM”插孔，红表笔插入“mA”插孔；如果测量 200mA ～ 20A 电流，红表笔应插入“20A”插孔。

②测量前先估计被测电流的大小，选取合适的挡位，选取的挡位应大于且最接近被测电流。

③测量时，先将被测电路断开，再将红、黑表笔各接断开位置的一端。

④从显示屏上直接读出电流值。

2. 交流电流测量举例

下面以测量一个电烙铁的工作电流为例来说明交流电流的测量方法，测量操作如

图 13-15 所示。

被测电烙铁的标称功率为 30W，根据 $I=P/U$ 可估算出其工作电流不会超过 200mA，挡位开关选择交流 200mA 最为合适，再按图 13-15 所示的方法将万用表的红、黑表笔与电烙铁连接起来，然后观察显示屏显示的数字为“123.7”，则流经电烙铁的交流电流大小为 123.7mA。

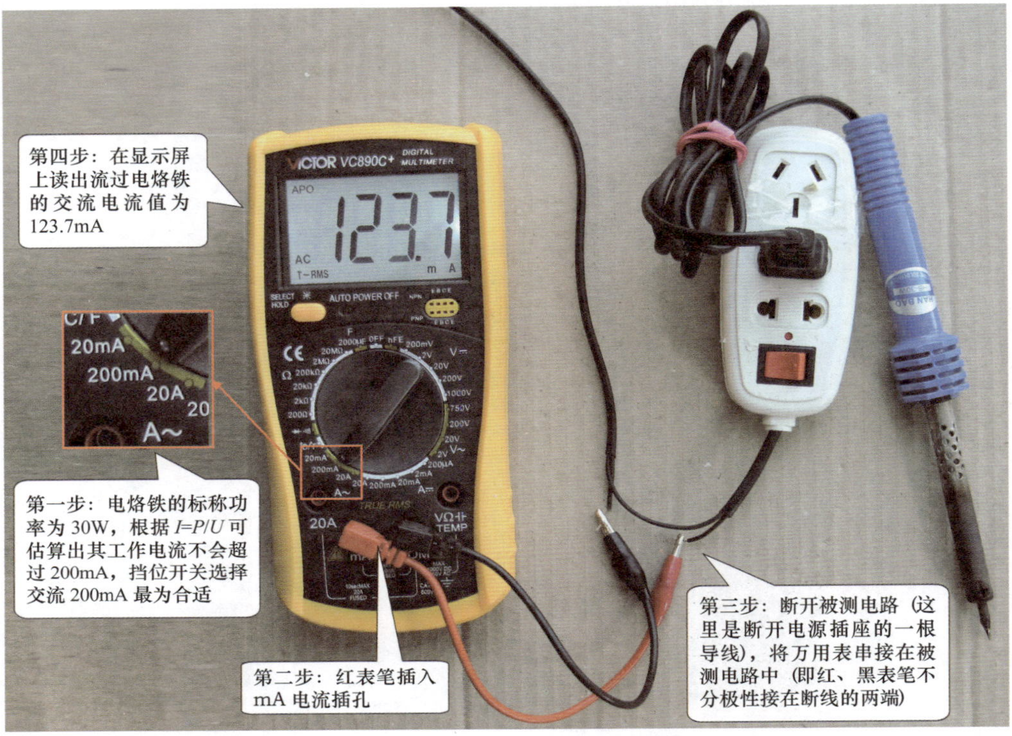
第四步：在显示屏上读出流过电烙铁的交流电流值为123.7mA
第一步：电烙铁的标称功率为30W，根据I=P/U可估算出其工作电流不会超过200mA，挡位开关选择交流200mA最为合适
第二步：红表笔插入mA电流插孔
第三步：断开被测电路（这里是断开电源插座的一根导线），将万用表串接在被测电路中（即红、黑表笔不分极性接在断线的两端）
VICTOR VC890C+
123.7
20mA
200mA
20A
A~

图 13-15　用数字万用表测量电烙铁的工作电流

13.2.5　电阻阻值的测量

VC890C+ 型数字万用表的电阻挡可分为 200Ω、2kΩ、20kΩ、200kΩ、2MΩ 和 20MΩ 挡。

1. 电阻阻值的测量步骤

①将红表笔插入“VΩ ┤├ TEMP”插孔，黑表笔插入“COM”插孔。

②测量前先估计被测电阻的大致阻值范围，选取合适的挡位，选取的挡位要大于且最接近被测电阻的阻值。

③红、黑表笔分别接被测电阻的两端。

④从显示屏上直接读出阻值大小。

2. 欧姆挡测量举例

下面以测量一个标称阻值为 1.5kΩ 的电阻为例来说明电阻挡的使用方法，测量操作如图 13-16 所示。

由于被测电阻的标称阻值为 1.5kΩ，根据选择的挡位大于且最接近被测电阻值的原则，挡位开关选择“2kΩ”挡最为合适，然后红、黑表笔分别接被测电阻两端，再观察显示屏显示的数字为“1.485”，则被测电阻的阻值为 1.485kΩ。

图 13-16　用数字万用表测量电阻的阻值

13.2.6　二极管的测量

VC890C+ 型数字万用表有一个二极管 / 通断测量挡，短按多用途键可在二极管测量和通断测量之间切换，利用二极管测量挡可以判断出二极管的正负极。

二极管的测量操作如图 13-17 所示，具体操作步骤如下：

①将红表笔插入“VΩ ⊣⊢ TEMP”插孔，黑表笔插入“COM”插孔，挡位开关选择“二极管 / 通断”挡，并短按多用途键切换到二极管测量状态，显示屏会显示二极管符号，如图 13-17（a）所示。

②红、黑表笔分别接被测二极管的两个引脚，并记下显示屏显示的数值，如图 13-17（a）所示，图中显示“OL”（超出量程）符号，说明二极管未导通；再将红、黑表笔对调后接被测二极管的两个引脚，记下显示屏显示的数值，如图 13-17（b）所示，图中显示数值为“0.581”，说明二极管已导通。以显示数值为“0.581”的一次测量为准，红表笔接的为二极管的正极，二极管正向导通电压为 0.581V。

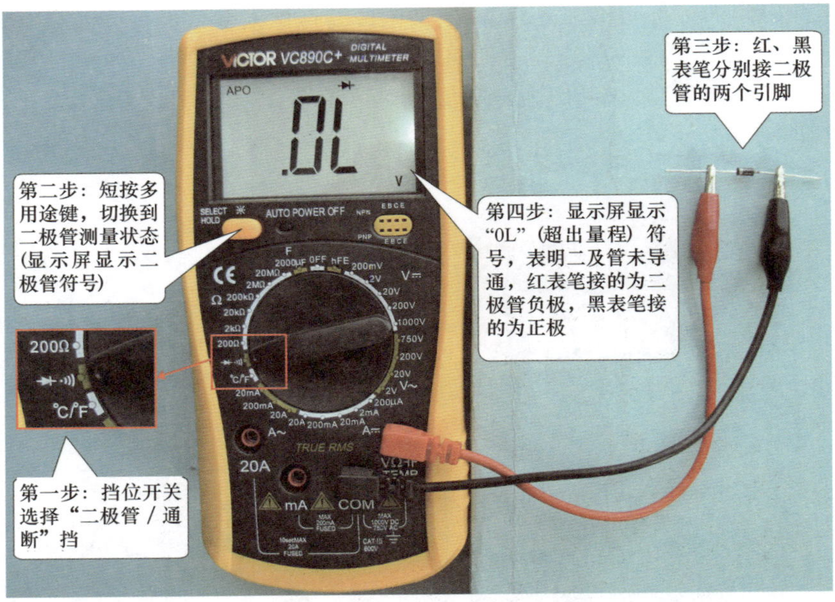
VICTOR VC890C+ DIGITAL MULTIMETER
.0L
第二步：短按多用途键，切换到二极管测量状态(显示屏显示二极管符号)
第一步：挡位开关选择“二极管 / 通断”挡
第三步：红、黑表笔分别接二极管的两个引脚
第四步：显示屏显示“0L”（超出量程）符号，表明二及管未导通，红表笔接的为二极管负极，黑表笔接的为正极

（a）测量时二极管未导通

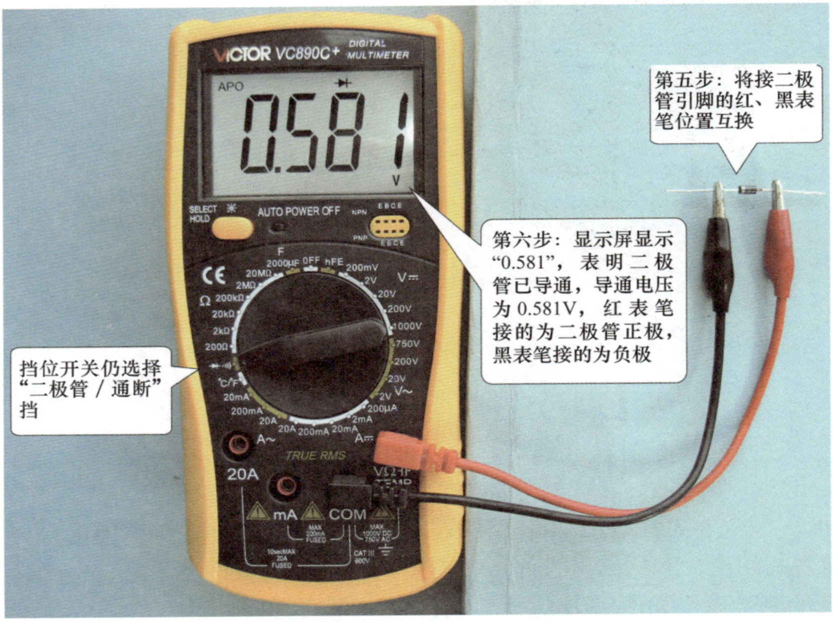
VICTOR VC890C+ DIGITAL MULTIMETER
0.581
挡位开关仍选择“二极管 / 通断”挡
第五步：将接二极管引脚的红、黑表笔位置互换
第六步：显示屏显示“0.581”，表明二极管已导通，导通电压为0.581V，红表笔接的为二极管正极，黑表笔接的为负极

（b）测量时二极管已导通

图 13-17　二极管的测量

13.2.7　电路通断测量

VC890C+ 型数字万用表有一个“二极管 / 通断”挡，该挡除了可以测量二极管外，还可以测量电路的通断，当被测电路的电阻低于 50Ω 时，万用表上的指示灯会亮，同时发出蜂鸣声，由于使用该挡测量电路时万用表会发出声光提示，故无须查看显示屏即可知

道电路的通断，适合快速检测大量电路的通断情况。

下面以测量一根导线为例来说明数字万用表通断测量挡的使用，测量操作如图 13-18 所示。

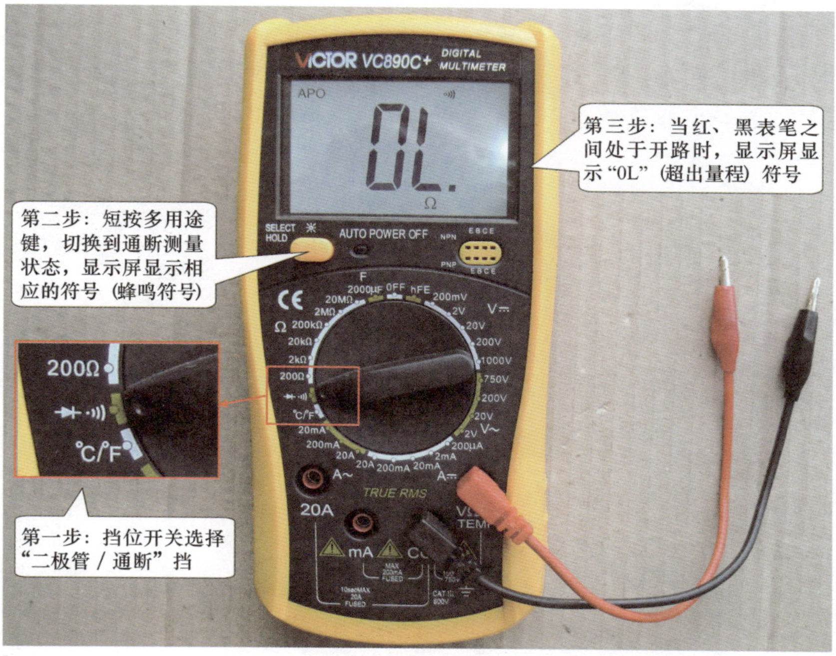
VICTOR VC890C+ DIGITAL MULTIMETER
0L.
第三步：当红、黑表笔之间处于开路时，显示屏显示“0L”（超出量程）符号
第二步：短按多用途键，切换到通断测量状态，显示屏显示相应的符号（蜂鸣符号）
AUTO POWER OFF
200Ω
°C/°F
第一步：挡位开关选择“二极管 / 通断”挡
TRUE RMS
20A

（a）电路断时

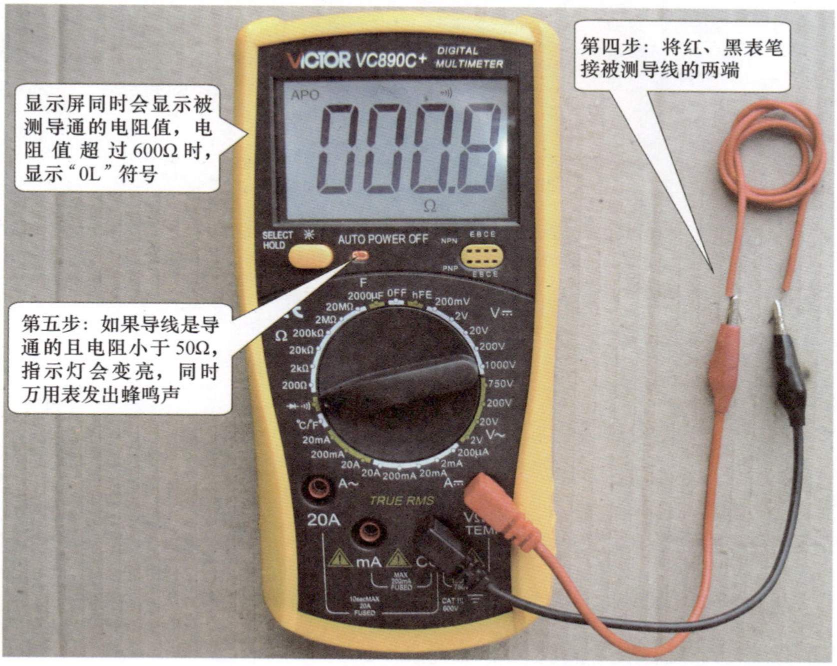
VICTOR VC890C+ DIGITAL MULTIMETER
000.8
第四步：将红、黑表笔接被测导线的两端
显示屏同时会显示被测导通的电阻值，电阻值超过 600Ω 时，显示“0L”符号
AUTO POWER OFF
第五步：如果导线是导通的且电阻小于 50Ω，指示灯会变亮，同时万用表发出蜂鸣声
TRUE RMS
20A

（b）电路通时

图 13-18　通断测量挡的使用

13.2.8 三极管放大倍数的测量

VC890C+ 型数字万用表有一个三极管测量挡，利用该挡可以测量三极管的放大倍数。下面以测量 NPN 型三极管的放大倍数为例来说明，测量操作如图 13-19 所示，具体步骤如下。

①挡位开关选择“hFE”挡。

②将被测三极管的 B、C、E 三个引脚插入万用表的 NPN 型 B、C、E 插孔。

③观察显示屏显示的数字为“215”，说明被测三极管的放大倍数为 215。

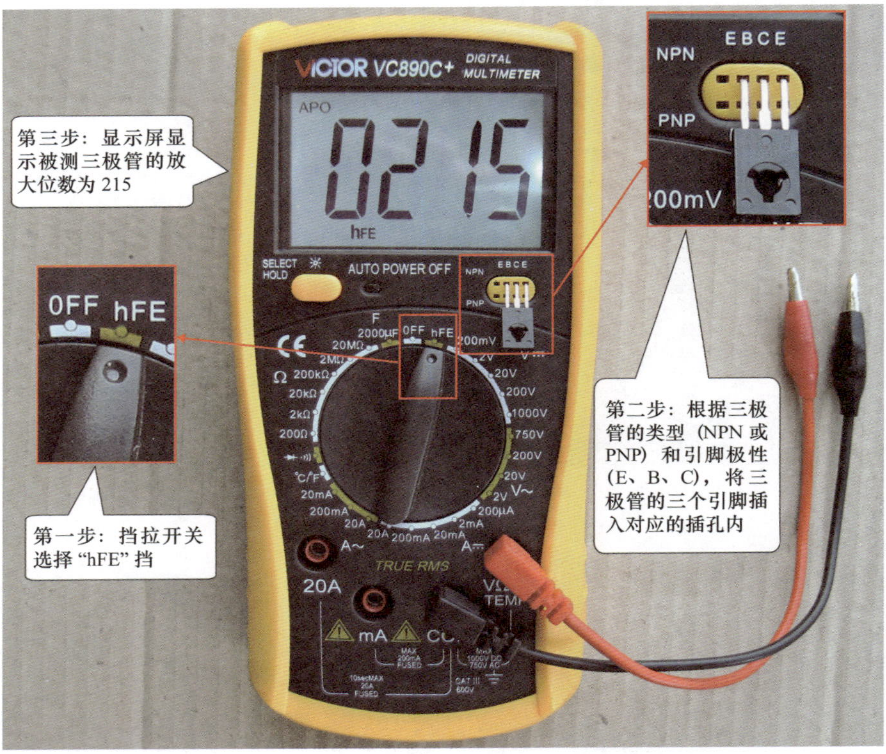
第三步：显示屏显示被测三极管的放大位数为 215
第一步：挡拉开关选择“hFE”挡
第二步：根据三极管的类型（NPN 或 PNP）和引脚极性（E、B、C），将三极管的三个引脚插入对应的插孔内
VICTOR VC890C+ DIGITAL MULTIMETER
0215
hFE
OFF hFE
NPN
PNP
EBCE
TRUE RMS
20A

图 13-19 三极管放大倍数的测量

13.2.9 电容容量的测量

VC890C+ 型数字万用表有一个电容测量挡，可以测量 2000μF 以内的电容量，在测量时可根据被测电容量大小，自动切换到更准确的挡位（2nF/20nF/200nF/200μF/2000μF）。

1. 电容容量的测量步骤

①将黑表笔插入“COM”插孔，红表笔插入“VΩ⊣⊢TEMP”插孔。

②测量前先估计被测电容容量的大小，选取合适的挡位，选取的挡位要大于且最接近被测电容容量值。VC890C+ 型数字万用表只有一个电容测量挡，测量前只要选择该挡位，

测量时万用表会根据被测电容量大小，自动切换到更准确的挡位

③对于无极性电容，红、黑表笔不分正、负极，分别接被测电容两端；对于有极性电容，红表笔接电容正极，黑表笔接电容负极。

④从显示屏上直接读出电容容量值。

2. 电容容量测量举例

下面以测量一个标称容量为 33μF 电解电容（有极性电容）的容量为例来说明容量的测量方法，测量操作如图 13-20 所示。在测量时，挡位开关选择“2000mF”挡（电容量测量挡），红表笔接电容正极，黑表笔接电容负极，再观察显示屏显示的数字为“31.78”，则被测电容容量为 31.78μF。

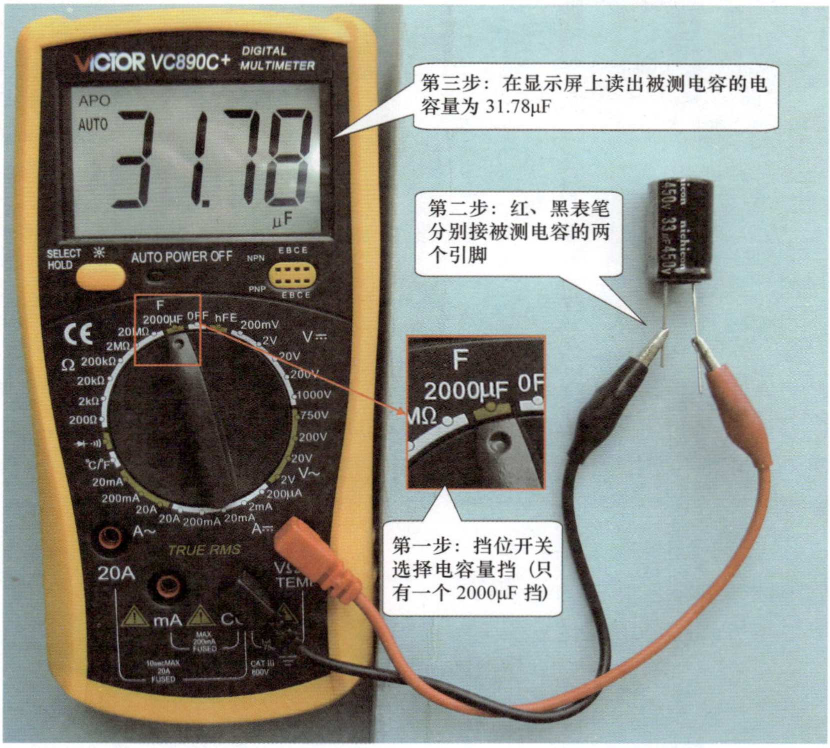

图 13-20　电容容量的测量

13.2.10　温度的测量

VC890C+ 型数字万用表有一个摄氏温度 / 华氏温度测量挡，温度测量范围是 −20 ～ 1000℃，短按多用途键可以将显示屏的温度单位在摄氏度和华氏度之间切换，如图 13-21 所示。摄氏温度与华氏温度的关系是：华氏温度值＝摄氏温度值 ×（9/5）+32。

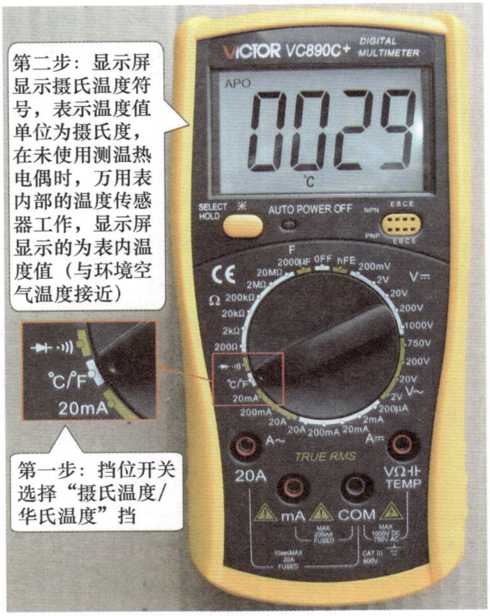

第二步：显示屏显示摄氏温度符号，表示温度值单位为摄氏度，在未使用测温热电偶时，万用表内部的温度传感器工作，显示屏显示的为表内温度值（与环境空气温度接近）
第一步：挡位开关选择“摄氏温度/华氏温度”挡

（a）默认为摄氏温度单位

短按多用途键，显示屏的摄氏温度符号变成华氏温度符号，同时温度值也发生变化，两者关系是：华氏温度值=摄氏温度值×(9/5)+32

（b）短按多用途键可切换到华氏温度单位

图 13-21　两种温度单位的切换

1. 温度测量的步骤

①将万用表附带的测温热电偶的红插头插入“VΩ ┤├ TEMP”孔，黑插头插入“COM”孔。测温热电偶是一种温度传感器，能将不同的温度转换成不同的电压，测温热电偶如图 13-22 所示。如果不使用测温热电偶，万用表也会显示温度值，该温度为表内传感器测得的环境温度值。

②挡位开关选择温度测量挡。

③将热电偶测温端接触被测温的物体。

④读取显示屏显示的温度值。

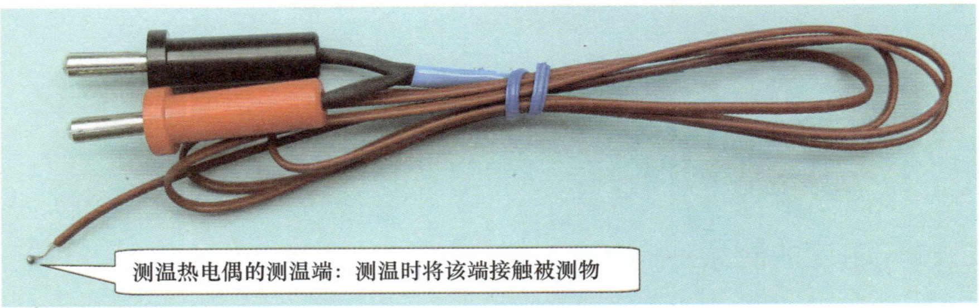

测温热电偶的测温端：测温时将该端接触被测物

图 13-22　测温热电偶

2. 温度测量举例

下面以测一只电烙铁的温度为例来说明温度测量方法，测量操作如图 13-23 所示。测量时将热电偶的黑插头插入“COM”孔，红插头插入“VΩ ⊣⊢ TEMP”孔，并将挡位开关置于“摄氏温度 / 华氏温度”挡，然后将热电偶测温端接触电烙铁的烙铁头，再观察显示屏显示的数值为“0230”，则说明电烙铁烙铁头的温度为 230℃。

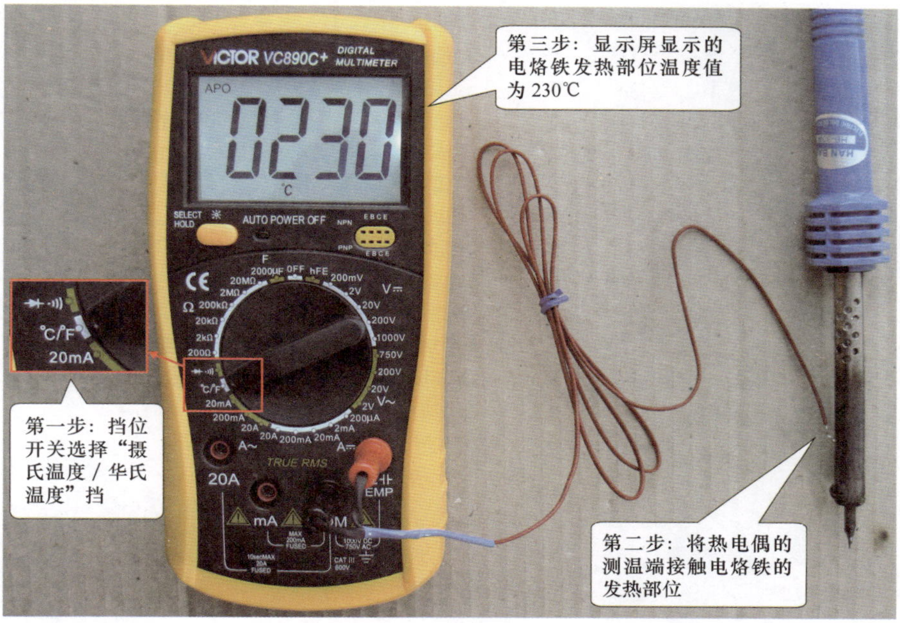

图 13-23　电烙铁温度的测量

13.2.11　数字万用表使用注意事项

数字万用表使用时要注意以下事项。

①选择各量程测量时，严禁输入的电参数值超过量程的极限值。

② 36V 以下的电压为安全电压，在测高于 36V 的直流电压或高于 25V 的交流电压时，要检查表笔是否可靠接触、是否正确连接、是否绝缘良好等，以免触电。

③转换功能和量程时，表笔应离开测试点。

④选择正确的功能和量程，谨防操作失误，数字万用表内部一般都设有保护电路，但为了安全起见，仍应正确操作。

⑤在电池没有装好和电池后盖没安装时，不要进行测试操作。

⑥测量电阻时，请不要输入电压值。

⑦在更换电池或保险丝（熔丝的俗称）前，请将测试表笔从测试点移开，再关闭电源开关。

附录 A　半导体器件型号命名方法

表 A-1　国产半导体分立器件型号命名方法

第一部分		第二部分		第三部分				第四部分	第五部分
用数字表示器件电极的数目		用汉语拼音字母表示器件的材料和极性		用汉语拼音字母表示器件的类型				用数字表示器件序号	用汉语拼音表示规格的区别代号
符号	意义	符号	意义	符号	意义	符号	意义		
2	二极管	A	N 型，锗材料	P	普通管	D	低频大功率管（$f_a<3$MHz，$P\geqslant1$W）		
		B	P 型，锗材料	V	微波管				
		C	N 型，硅材料	W	稳压管				
		D	P 型，硅材料	C	参量管	A	高频大功率管（$f_a\geqslant3$MHz，$P_c\geqslant1$W）		
				Z	整流管				
3	三极管	A	PNP 型，锗材料	L	整流堆				
		B	NPN 型，锗材料	S	隧道管	T	半导体闸流管（可控硅整流器）		
		C	PNP 型，硅材料	N	阻尼管				
		D	NPN 型，硅材料	U	光电器件	Y	体效应器件		
		E	化合物材料	K	开关管	B	雪崩管		
				X	低频小功率管（$f_a<3$MHz）	J	阶跃恢复管		
						CS	场效应器件		
				G	高频小功率管（$f_a\geqslant3$MHz）	BT	半导体特殊器件		
						FH	复合管		
						PIN	PN 型管		
						JG	激光器件		

举例：

（1）锗材料PNP型低频大功率三极管

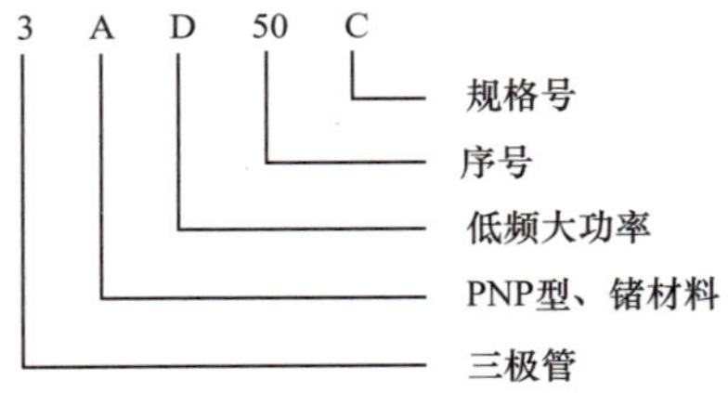

（2）硅材料NPN型高频小功率三极管

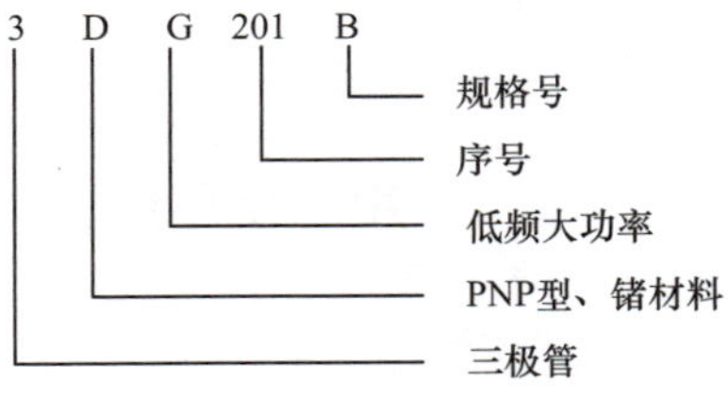

（3）N型硅材料稳压二极管

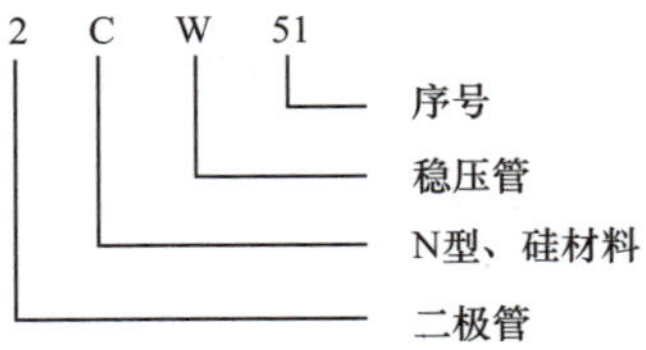

（4）单结晶体管

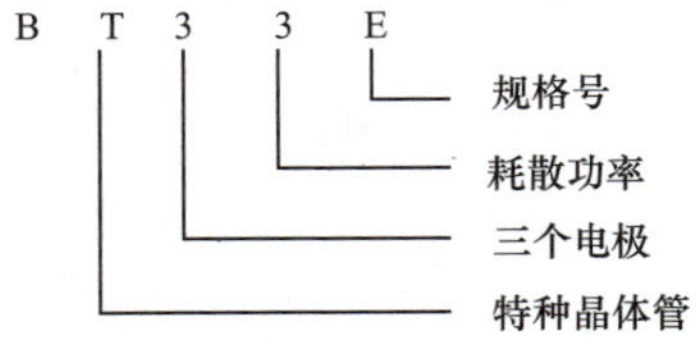

表 A-2 美国电子工业协会半导体器件型号命名方法

第一部分		第二部分		第三部分		第四部分		第五部分	
用符号表示用途的类型		用数字表示 PN 结的数目		美国电子工业协会（EIA）注册标志		美国电子工业协会（EIA）登记顺序号		用字母表示器件分挡	
符号	意义	符号	意义	符号	意义	符号	意义	符号	意义
JAN 或 J	军用品	1	二极管	N	该器件已在美国电子工业协会注册登记	多位数字	该器件在美国电子工业协会登记的顺序号	A B C D Λ	同一型号的不同挡别
		2	三极管						
无	非军用品	3	3 个 PN 结器件						
		n	*n* 个 PN 结器件						

举例：

(1) JAN2N2904

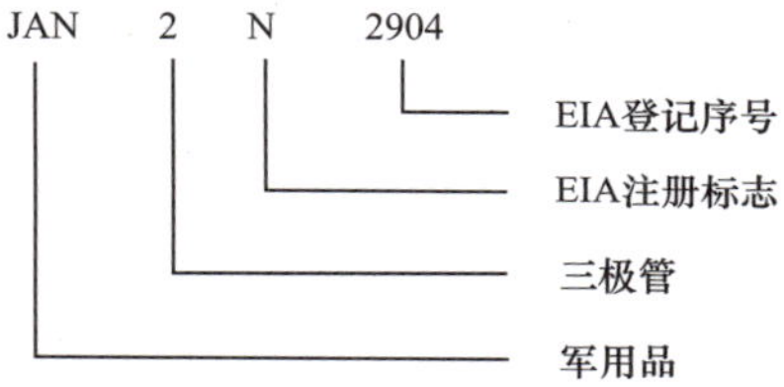

(2) 1N4001

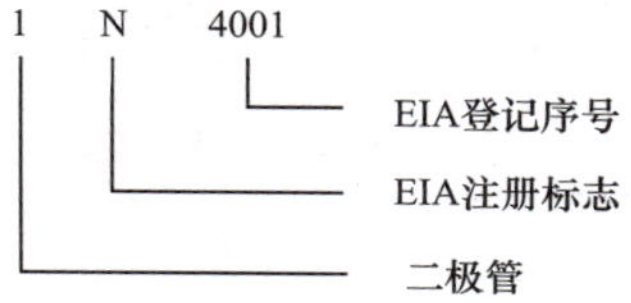

表 A-3 日本半导体器件型号命名方法

第一部分		第二部分		第三部分		第四部分		第五部分	
用数字表示类型或有效电极数		S 表示日本电子工业协会（EIAJ）的注册产品		用字母表示器件的极性及类型		用数字表示在日本电子工业协会登记的顺序号		用字母表示对原来型号的改进产品	
符号	意义	符号	意义	符号	意义	符号	意义	符号	意义
0	光电（即光敏）二极管、晶体管及其组合管	S	表示已在日本电子工业协会（EIAJ）注册登记的半导体分立器件	A	PNP 型高频管	四位以上的数字	从 11 开始，表示在日本电子工业协会注册登记的顺序号，不同公司性能相同的器件可以使用同一顺序号，其数字越大越是近期产品	A B C D E F Λ Λ	用字母表示对原来型号的改进产品
				B	PNP 型低频管				
				C	NPN 型高频管				
				D	NPN 型低频管				
1	二极管			F	P 控制极可控硅				
2	三极管、具有 2 个以上 PN 结的其他晶体管			G	N 控制极可控硅				
				H	N 基极单结晶体管				
				J	P 沟道场效应管				
				K	N 沟道场效应管				

续表

第一部分		第二部分		第三部分		第四部分		第五部分	
用数字表示类型或有效电极数		S表示日本电子工业协会（EIAJ）的注册产品		用字母表示器件的极性及类型		用数字表示在日本电子工业协会登记的顺序号		用字母表示对原来型号的改进产品	
符号	意义	符号	意义	符号	意义	符号	意义	符号	意义
3 ∧ ∧	具有4个有效电极或具有3个PN结的晶体管			M	双向可控硅				
n-1	具有n个有效电极或具有n-1个PN结的晶体管								

举例：

（1）2SC502A（日本收音机中常用的中频放大管）

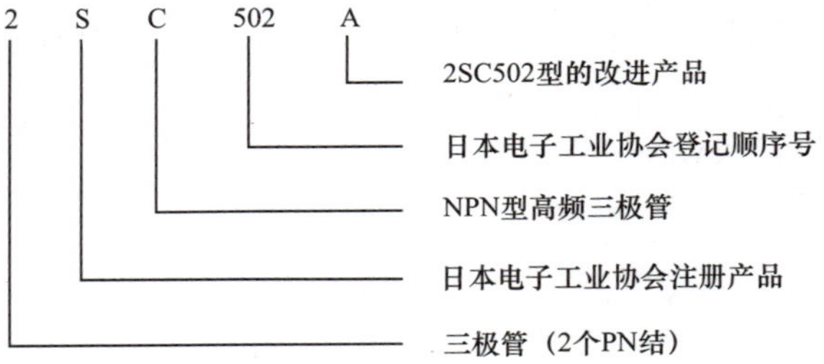

（2）2SA495（日本夏普公司GF—9494收录机用小功率管）

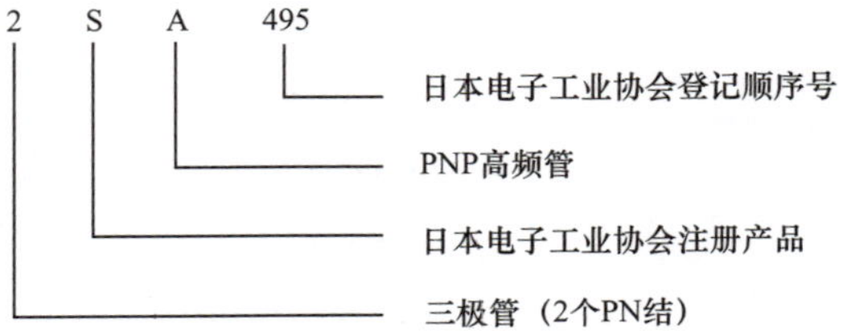

附录 B　常用三极管的性能参数及用途

型号	材料与极性	P_{CM}（W）	I_{CM}（mA）	BU_{CEO}（V）	f_T（MHz）	h_{FE}	主要用途
9011	硅 NPN	0.4	30	30	370	28~180	通用型，可作为高放
9012	硅 NPN	0.625	500	20		64~202	1W 输出，可用于功率放大
9013	硅 NPN		500	20			
9014			100	45	270	60~1000	低噪声放大通用型，低噪声放大
9015	硅 NPN	0.45	100	45	190	60~600	
9016	硅 NPN	0.4	25	20	620	28~198	低噪声，高频放大，振荡
9018			50	15	1100		
8050	硅 NPN	1	1.5A	25	190	85~300	高频功率放大
8055	硅 NPN		1.5A	25	200	60~300	
2N3903	硅 NPN	0.625	200	40	＞250		通用型，与 3DK4B 管对应
2N3904					＞300		
2N3905	硅 NPN			40	＞200		通用型，与 3DK3F 管对应
2N3906					＞250		
2N4124	硅 NPN	0.625	200	25	300		同 3DK40A
2N4401			600	40	＞250		同 3DK4B
2N5401	硅 NPN			150	＞100		放大，可作为视放
2N5551	硅 NPN			160			
2N6515			500	250	＞40		高反压管
2SA708	硅 NPN	0.8	700	60	50	150	低放，中速开关
2SA733		0.25	150	50	180	200	通用，高、低放
2SA928A		1	2A	30	120		功率放大
2SC388A	硅 NPN	0.3	50	25	＞300	20~200	高放，图像中放
2SC815		0.4	200	45	200	80	高放，中放振荡
2SC945		0.25	250	50	300	200	通用，高放振荡
2SC1008		0.8	700	60	50	150	高大，中速开关
2SC1137	硅 NPN	0.25	30	20	700	90	高放，图像中放
2SC1393A			20	30		100	低噪高放
2SC1674				20	600	90	高放，振荡混频
2SC1730			50	15	1100	100	VHF/UHF 振荡
2SC2310		0.2	200	150	230	100~320	低噪高放

续表

型号	材料与极性	P_{CM}（W）	I_{CM}（mA）	BU_{CEO}（V）	f_T（MHz）	h_{FE}	主要用途
2SC2330	硅 NPN	70	6A			60	功率放大
2SC2383		0.9	1A	160	＞20	60	功放，场输出
2SC2500			2A	10	150	140~320	闪光灯专用
2SD471A		0.8	1A	30	130	200	功率放大
MPS2222		0.625	600	30	＞250		通用型，高放
MPS2907			600	40	＞200		
MPS5179		0.2	50	12	900		高频放大
MPSA42		0.625	500	300	＞50		高压放大
MPSA92	硅 NPN		500	300	＞50		
2SA473		10	3A	30	100		功率放大
2SA614		15	1A	55	30	70~240	功放，稳流
2SA634		10	3A	30	55	80	功率放大
2SA940		25	1.5A	150	4	100	场输出，放大
2SB540	锗 NPN	6	2A	50	5	75	场输出，功放
2SB596	硅 NPN	30	4A	80	＞3	120	功率放大
2SB708		40	7A	80		40~240	功放，中速开关
2SB834		30	3A	60	9	40~200	功率放大
2SC1096	硅 NPN	10	3A	30	65	100	
2SC1173					100	60	
2SC1507		15	200	300	80	70~240	
2SC1520		10		250		80	
2SC2073	硅 NPN	25	1.5A	150	4	75	功放，场输出
2SC2688		10	200	300	80	40~250	功率放大
2SD288		25	3A	55	35	100	功放，稳流
2SD362		40	5A	150	10	45	功放，开关电路
2SD363		200	30A	250		30	功率放大
2SD401		20	2A	200	5	90	功放，场输出
2SD526		30	4A	80	8	40~240	功率放大
2SD888		50	6A	80		1000	功率放大

反侵权盗版声明

举报电话：（010）88254396；（010）88258888
传　　真：（010）88254397
E-mail：　dbqq@phei.com.cn
通信地址：北京市万寿路 173 信箱
　　　　　电子工业出版社总编办公室
邮　　编：100036